教育部高等学校
材料科学与工程教学指导委员会规划教材

○丛书主编　黄伯云

纳米材料学基础

（第二版）

主　编　陈翌庆　石　瑛
副主编　周如龙　贾　冲　秦海利
主　审　俞书宏

Fundamentals of Nanomaterials

中南大学出版社
www.csupress.com.cn

内 容 简 介

　　本书为教育部高等学校材料科学与工程教学指导委员会规划教材，根据教育部高等学校材料科学与工程教学指导委员会制定的本课程"教学基本要求"编写。

　　本书除绪论外，共分6章，第1章为纳米材料的物理学基础，第2章为纳米材料的基本效应，第3章为零维纳米材料，第4章为一维纳米材料，第5章为有序纳米结构及其应用，第6章为纳米固体及其制备。

　　本书特色在于对当今迅猛发展的纳米材料科学技术的知识点进行了认真的梳理和凝练，从教材的编写特点和要求出发，以"维度"作为教学线索，力图使学生通过学习掌握纳米材料奇异性能的本质和基本原理，掌握纳米材料合成、制备方法的内在规律和一些共性原理。使学生不但要知其然，还要知其所以然，以达到"授人以渔"的目的。

　　本书条理清晰，深入浅出，便于教学，可作为高校高年级本科生和研究生的教材，也可供相关专业师生、科技人员、工程技术人员参考。

教育部高等学校材料科学与工程教学指导委员会规划教材

编 审 委 员 会

主 任

黄伯云(教育部高等学校材料科学与工程教学指导委员会主任委员、中国工程院院士、
中南大学教授、博士生导师)

副主任

姜茂发(分指委*主任委员、东北大学教授、博士生导师)

吕 庆(分指委副主任委员、河北理工大学教授、博士生导师)

张新明(分指委副主任委员、中南大学教授、博士生导师)

陈延峰(材物与材化分指委**副主任委员、南京大学教授、博士生导师)

李越生(材物与材化分指委副主任委员、复旦大学教授、博士生导师)

汪明朴(教育部高等学校材料科学与工程教学指导委员会秘书长、中南大学教授、
博士生导师)

委 员
(以姓氏笔画为序)

于旭光(分指委委员、石家庄铁道学院教授)

韦 春(桂林工学院教授、博士生导师)

王 敏(分指委委员、上海交通大学教授、博士生导师)

介万奇(分指委委员、西北工业大学教授、博士生导师)

水中和(武汉理工大学教授、博士生导师)

孙 军(分指委委员、西安交通大学教授、博士生导师)

刘 庆(重庆大学教授、博士生导师)

刘心宇(分指委委员、桂林电子科技大学教授、博士生导师)

刘 颖(分指委委员、北京理工大学教授、博士生导师)

朱 敏(分指委委员、华南理工大学教授、博士生导师)

注：* 分指委：全称教育部高等学校金属材料工程与冶金工程专业教学指导分委员会；

　　** 材物与材化分指委：全称教育部高等学校材料物理与材料化学专业教学指导分委员会。

曲选辉(北京科技大学教授、博士生导师)

任慧平(教育部高职高专材料类教学指导委员会主任委员、内蒙古科技大学教授)

关绍康(分指委委员、郑州大学教授、博士生导师)

阮建明(中南大学教授、博士生导师)

吴玉程(分指委委员、合肥工业大学教授、博士生导师)

吴　化(分指委委员、长春工业大学教授)

李　强(福州大学教授、博士生导师)

李子全(分指委委员、南京航空航天大学教授、博士生导师)

李惠琪(分指委委员、山东科技大学教授、博士生导师)

余志明(中南大学教授、博士生导师)

余志伟(分指委委员、东华理工学院教授)

张　平(分指委委员、装甲兵工程学院教授、博士生导师)

张　昭(分指委委员、四川大学教授、博士生导师)

张　涛(分指委委员、北京航空航天大学教授、博士生导师)

张文征(分指委委员、清华大学教授、博士生导师)

张建新(河北工业大学教授)

张建勋(西安交通大学教授、博士生导师)

沈峰满(分指委秘书长、东北大学教授、博士生导师)

杨贤金(分指委委员、天津大学教授、博士生导师)

陈文哲(分指委委员、福建工程学院教授、博士生导师)

陈翌庆(材物与材化分指委委员、合肥工业大学教授、博士生导师)

周小平(湖北工业大学教授)

赵昆渝(昆明理工大学教授、博士生导师)

赵新兵(分指委委员、浙江大学教授、博士生导师)

姜洪义(武汉理工大学教授、博士生导师)

柳瑞清(江西理工大学教授)

聂祚仁(北京工业大学教授、博士生导师)

郭兴蓬(材物与材化分指委委员、华中科技大学教授、博士生导师)

黄　晋(分指委委员、湖北工业大学教授)

阎殿然(分指委委员、河北工业大学教授、博士生导师)

蒋　青(分指委委员、吉林大学教授、博士生导师)

蒋建清(分指委委员、东南大学教授、博士生导师)

潘春旭(材物与材化分指委委员、武汉大学教授、博士生导师)

戴光泽(分指委委员、西南交通大学教授、博士生导师)

总　序

　　材料是国民经济、社会进步和国家安全的物质基础与先导，材料技术已成为现代工业、国防和高技术发展的共性基础技术，是当前最重要、发展最快的科学技术领域之一。发展材料技术将促进包括新材料产业在内的我国高新技术产业的形成和发展，同时又将带动传统产业和支柱产业的改造和产品的升级换代。"十五"期间，我国材料领域在光电子材料、特种功能材料和高性能结构材料等方面取得了较大的突破，在一些重点方向迈入了国际先进行列。依据国家"十一五"规划，材料领域将立足国家重大需求，自主创新、提高核心竞争力、增强材料领域持续创新能力将成为战略重心。纳米材料与器件、信息功能材料与器件、高新能源转换与储能材料、生物医用与仿生材料、环境友好材料、重大工程及装备用关键材料、基础材料高性能化与绿色制备技术、材料设计与先进制备技术将成为材料领域研究与发展的主导方向。不难看出，这些主导方向体现了材料学科一个重要发展趋势，即材料学科正在由单纯的材料科学与工程向与众多高新科学技术领域交叉融合的方向发展。材料领域科学技术的快速进步，对担负材料科学与工程高等教育和科学研究双重任务的高等学校提出了严峻的挑战，为迎接这一挑战，高等学校不但要担负起材料科学与工程前沿领域的科学研究、知识创新任务，而且要担负起培养能适应材料科学与工程领域高速发展需求的、具有新知识结构的创新型高素质人才的重任。

　　为适应材料领域高等教育的新形势，2006—2010 年教育部高等学校材料科学与工程教学指导委员会积极组织了材料类高等学校教材的建设规划工作，成立了规划教材编审委员会，编审委员会由相关学科的分教学指导委员会主任委员、委员以及全国 30 余所有影响力和代表性的高校材料学院院长组成。编审委员会分别于 2006 年 10 月和 2007 年 5 月在湖南张家界和中南大学召开了教材建设研讨会和教材提纲审定会。经教学指导委员会和编审委员会推荐和遴选，逾百名来自全国几十所高校的具有丰富教学与科研经验的专家、学者参加了这套教材的编写工作。历经几年的努力，这套教材终于与读者见面了，它凝结了全体编写者与组织者的心血，充分体现了广大编写者对教育部"质量工程"精神的深刻体会，对当代材料领域知识结构的牢固掌握和对高等教育规律的熟练把握，是我国材料领域高等教育工作者集体智慧的结晶。

这套教材基本涵盖了金属材料工程专业的主要课程，同时还包含了材料物理专业和材料化学专业部分专业基础课程，以及金属、无机非金属和高分子三大类材料学科的实验课程。整体看来，这套教材具有如下特色：①根据教育部高等学校教学指导委员会相关课程的"教学大纲"及"基本要求"编写；②统一规划，结构严谨，整套教材具有完整性、系统性，基础课与专业课之间的内容有机衔接；③注重基础，强调实践，体现了科学性、实用性；④编委会及作者由材料领域的院士、知名教授及专家组成，确保了教材的高质量及权威性；⑤注重创新，反映了材料科学领域的新知识、新技术、新工艺、新方法；⑥深入浅出，说理透彻，便于老师教学及学生自学。

教材的生命力在于质量，而提高质量是永恒的主题。希望教材的编审委员会及出版社能做到与时俱进，根据高等教育改革和发展的形势及材料专业技术发展的趋势，不断对教材进行修订、改进、完善，精益求精，使之更好地适应高等教育人才培养的需要，也希望他们能够一如既往地依靠业内专家，与科研、教学、产业第一线人员紧密结合，加强合作，不断开拓，出版更多的精品教材，为高等教育提供优质的教学资源和服务。

衷心希望这套教材能在我国材料高等教育中充分发挥它的作用，也期待着在这套教材的哺育下，新一代材料学子能茁壮成长，脱颖而出。

前　言

　　纳米材料核心的内容是"材料奇异的性能和材料尺度、维度相关联"，因此我们要让学生通过学习，弄清为什么纳米材料的性能和尺寸、维度密切相关，尺寸和维度如何影响着纳米材料的电子结构、表面性质等等，进而影响纳米材料的物理、化学等性能。基于这一思路，我们先编写有关纳米材料的物理学基础，使学生理解量子尺寸效应等基本效应，从而能够正确分析和理解纳米材料特异性能的物理本质。纳米材料往往通过制备成功能纳米器件或工程纳米块体材料实现其应用，但无论是功能纳米器件中的纳米结构(图案)体系还是纳米块体材料，一般都是由纳米"基本单元"构筑的。因此，本教材以维度为线索，依次讲解零维和一维纳米材料的制备(合成)、电子结构和物理、化学特性。在此基础上，再讲授纳米块体材料和应用于纳米器件中的有序纳米结构。另外，编者还注意到不同维度纳米材料除了电子结构不同，其合成(生长)机理往往也不相同。不同维度纳米材料的生长自身有一定的规律性可循，因此制备过程不应该是一些事例的简单堆砌，而是应该找出各种制备方法中的内在规律和一些共性原理。这样，同学们就不会死记硬背一些具体制备(合成)事例，而是通过运用基本原理"举一反三"地开展一些新方法的研究和探索，这就是我们想要达到的"授人以渔"的目的。

　　本教材绪论和第4章4.1~4.2节由合肥工业大学陈翌庆教授编写，第1章由合肥工业大学周如龙博士编写，第2、3、6章以及第4章4.3节由武汉大学石瑛教授编写，第5章由合肥工业大学贾冲副教授编写。全书由陈翌庆教授负责制定编写大纲，筹划协调和修订稿件，中国科学技术大学俞书宏教授主审。

　　在编写过程中得到合肥工业大学、武汉大学和中南大学等有关领导和教师的大力支持，中南大学出版社的领导和周兴武主任为本书的出版做了大量细致的工作，合肥工业大学张新华、周庆涛博士为本书的图表做了大量绘制工作，在此一并向他们表示衷心感谢！由于编者水平、能力有限，书中难免有错漏和达不到要求之处，诚恳希望读者批评指正。

编　者

2008 年 12 月

第二版前言

自 2009 年《纳米材料学基础》教材出版以来，编者使用该教材历经 11 年的教学实践发现，很多材料类专业的学生缺乏有关固体材料电子结构等方面的基础理论知识，因此对纳米材料所具有的独特物理性能的内在原因难以理解和掌握。因此，在第二版编写中，我们在第一章增加了量子力学基础和固体物理基础等内容，为理解和掌握纳米材料（结构）中电子的运动行为奠定必要的理论基础。此外，增加了"二维纳米材料"一章，使课程体系更加完整。同时对原书第三章"零维纳米材料"进行了部分改写。

《纳米材料学基础》（第二版）教材的绪论、第三章 3.1.1 节和第四章 4.1~4.2 节由合肥工业大学陈翌庆教授编写，第一章由合肥工业大学周如龙教授编写，第二、七章、第三章 3.1.3 节、3.2 节以及第四章 4.3 节由武汉大学石瑛教授编写，第五章由合肥工业大学秦海利副教授编写，第三章 3.1.2 节和第六章由合肥工业大学贾冲副教授编写。全书由陈翌庆教授负责制定编写大纲，筹划协调和修订稿件，中国科学院院士、中国科学技术大学俞书宏教授主审。

在编写过程中得到合肥工业大学、武汉大学和中南大学等有关领导和教师的大力支持，中南大学出版社的领导和周兴武主任为本书的出版做了大量细致的工作，合肥工业大学博士生朱子昂同学绘制了部分图表，在此一并向他们表示衷心感谢！由于编者水平、能力有限，书中难免有错漏和达不到要求之处，诚恳希望读者批评指正。

编　者

2019 年 11 月

目　录

绪 论

0.1 纳米科技的内涵和发展

纳米科技是在 20 世纪 80 年代末、90 年代初才逐步发展起来的前沿、交叉性新兴学科领域，它的迅猛发展将在 21 世纪促使几乎所有工业领域产生一场革命性的变化。

纳米科技是指在纳米尺度（$1\sim100$ nm 即 $10^{-9}\sim10^{-7}$ m）上研究物质（包括原子、分子的操纵）的特性和相互作用以及利用这些特性的多学科交叉的科学和技术。当物质小到 $1\sim100$ nm 时，由于其量子效应、物质的局域性及巨大的表面及界面效应，使物质的很多性能发生质变，呈现出许多既不同于宏观物体，也不同于单个孤立原子的奇异现象。纳米科技的最终目标是直接利用原子、分子及物质在纳米尺度上表现出来的新颖的物理、化学和生物学特性制造出具有特定功能的产品。

1959 年，著名物理学家、诺贝尔奖获得者理查德·费曼（Richard P. Feynman）预言，人类可以用小的机器做更小的机器，最后将变成根据人类意愿，逐个地排列原子，制造产品，这是关于纳米技术最早的梦想。

20 世纪 70 年代，科学家从不同角度提出有关纳米科技的构想，1974 年，日本东京科技大学谷口纪男（Taniguchi）最早使用纳米技术一词描述精密机械加工。

1982 年，科学家发明研究纳米的重要工具——扫描隧道显微镜，为我们揭示一个可见的原子、分子世界，对纳米科技发展产生了积极促进作用。

1990 年 7 月，第一届国际纳米科学技术会议在美国巴尔的摩（Baltimore）举办，标志着纳米科学技术的正式诞生。

1991 年，碳纳米管（图 0-1）被人类发现，它的质量是相同体积钢的 1/6，强度却是钢的 10 倍，成为纳米技术研究的热点。诺贝尔化学奖得主斯莫利（Smalley）教授认为，纳米碳管将是未来最佳纤维的首选材料，也将被广泛用于超微导线、超微开关以及纳米级电子线路等。

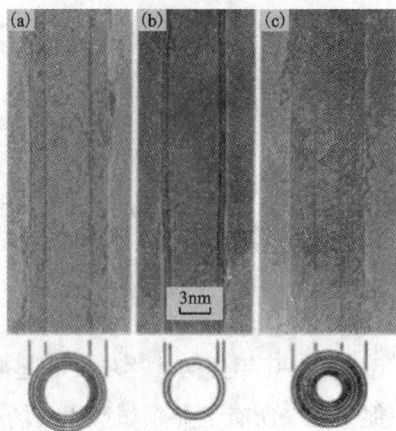

图0－1　1991年Iijima发现碳纳米管(Carbon nanotube，CNT)

继1989年美国斯坦福大学搬走原子团"写"下斯坦福大学英文名字、1990年美国国际商用机器公司在镍表面用36个氙原子排出"IBM"(图0－2)之后，1993年，中国科学院北京真空物理实验室自如地操纵原子成功写出"中国"二字(图0－3)，标志着我国开始在国际纳米科技领域占有一席之地。

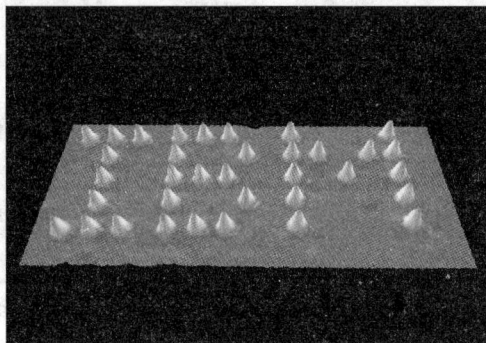

图0－2　美国国际商用机器公司(IBM)在
镍表面用36个氙原子排出"IBM"字样

图0－3　中国科学院北京真空物理
实验室操纵原子写出的"中国"二字

1997 年，美国科学家首次成功地用单电子移动单电子，利用这种技术可望在 20 年后研制成功速度和存贮容量比现在提高成千上万倍的量子计算机。

1999 年，巴西和美国科学家在进行纳米碳管实验时发明了世界上最小的"秤"，它能够称量十亿分之一克的物体，即相当于一个病毒的重量；此后不久，德国科学家研制出能称量单个原子重量的秤，打破了美国和巴西科学家联合创造的纪录。

2007 年初，基于压电电子学原理，佐治亚理工学院教授、中国国家纳米科学中心海外主任王中林教授研究小组用超声波带动纳米线阵列运动，研制出能独立从外界吸取机械能、并将之转化为电能的纳米发电机模型（图 0 - 4）。在超声波带动下，这种纳米发电机已能产生上百纳安的电流。

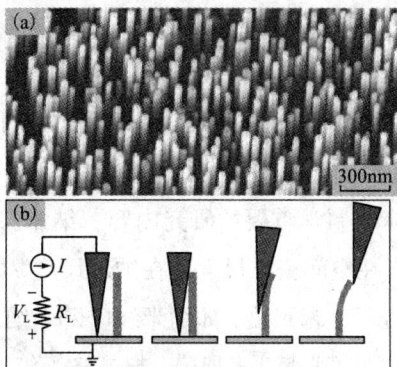

图 0 - 4　基于有序氧化锌纳米线
阵列的纳米发电机

0.2　纳米材料的概念

纳米材料是纳米科技发展的基础。什么是纳米材料？纳米材料必须同时满足两个基本条件：① 在三维空间中至少有一维处于纳米尺度（1 ~ 100nm）或由它们作为"基本单元"（building blocks）构建的材料；②与块体材料（bulk materials）相比，在性能上有突变或者大幅提高的材料。如果仅在尺寸上满足了条件，但不具有尺寸减小所产生的奇异性能，那还不是纳米材料。

纳米材料的本质在于：当材料进入纳米尺度时，材料的物性之间由几个与尺度效应、边界效应等直接相关的特征物理尺度（如电子的德布罗意波长、波尔激子半径、隧穿势垒厚度、铁磁性临界尺寸等）所决定。只要结构几何尺寸接近这些特征物理尺度（绝大部分在纳米科学定义的尺度范围内），材料的电子结构、输运、磁学、光学、热力学和力学性能均要发生明显的变化。在这些特征尺度内，物质的局域场强度与外场强度可比拟，局域场、外场、原子分子构型形变的耦合变得突出，原子间相互位置或分子构型的变化必然引起局部电子云密度变化和纳米尺度物质的物理、生化性能变化。

0.3 纳米材料的研究对象和研究内容

0.3.1 纳米"基本单元"

从纳米材料的定义中可以看出，纳米材料是指在三维空间中至少有一维处于纳米尺度（1～100 nm）或由它们作为"基本单元"（building blocks）构建的材料，因此，纳米"基本单元"是纳米材料学首要的研究内容。纳米"基本单元"一般按照空间维度来分，分为三类：①零维，指在空间三维尺度均在纳米尺度，如纳米尺度颗粒、原子团簇等；②一维，指在空间二维尺度处于纳米尺度，如纳米线（棒）、纳米管等；③二维，指在空间三维尺度中有一维在纳米尺度，如超薄膜、多层膜、超晶格等等。由于这些"基本单元"往往具有量子性质，所以零维、一维、二维的纳米"基本单元"分别又有量子点、量子线和量子阱之称。

纳米材料学首先要研究这些纳米"基本单元"的合成、结构、性能及其应用，从而为进一步研究这些"基本单元"构造的纳米材料及其应用奠定基础。

二维纳米材料主要是一些纳米尺度的薄膜材料，已有《薄膜材料与薄膜技术》、《薄膜物理与技术》等专门课程讲授。因此，本书主要讲授零维和一维纳米材料方面的内容。

0.3.2 纳米结构和纳米块体

纳米材料的应用需要构建由纳米"基本单元"组成的纳米结构（nanostructure），进而组装成纳米器件或制备成由纳米"基本单元"组成的纳米块体材料以便在工程中应用。纳米块体材料通常是先制备成纳米粉体再将其压制成纳米块体。德国萨尔大学格莱德和美国阿贡国家实验室席格先后研究成功纳米陶瓷氟化钙和二氧化钙，在室温下显示良好的韧性，在180℃经受弯曲而不产生裂纹，这一突破性进展，使那些为陶瓷增韧奋斗将近一个世纪的材料科学家们看到了希望。2000年，中国科学院金属研究所卢柯研究小组利用电解沉积技术成功制备出高密度、高纯度的三维块状纳米晶 Cu 样品。该样品在室温条件下冷轧，延伸率超过5100%，具有超塑延展性（图0-5）。

纳米结构（纳米图案）是纳米"基本单元"按一定规律构筑的一种新的纳米结构体系。纳米结构一方面具有"基本单元"所充分展现出的量子效应，同时又具有由纳米结构组合所引起的新的效应，如量子耦合效应和协同效应等。此外，纳米结构体系很容易通过外场（电、磁、

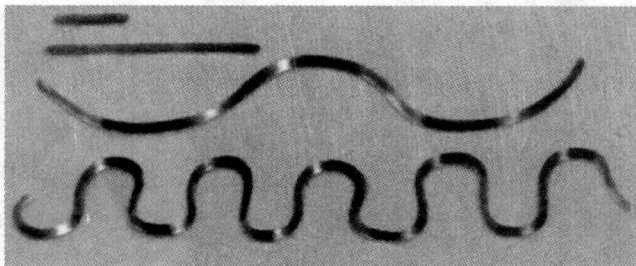

图 0-5　具有超塑延展性的纳米铜

光)实现对其性能的调控,因此纳米结构是功能纳米器件的设计基础。

　　纳米结构的制备路线有两种,分别为"自上而下"(top-down)和"自下而上"(bottom-up)。"自上而下"方法是指在宏观块体材料(如半导体)上利用蚀刻技术制造纳米尺度结构,如纳米蚀刻技术等。图 0-6 是利用"自上而下"方法通过电子束刻蚀技术生长的纳米原型器件。"自下而上"的方法是指人们按需要用一个个原子或一个个分子组装出新的纳米结构(纳米图案)或者新的器件。

　　根据纳米结构体系构筑过程中的驱动力是靠外因还是内因大致划分为:一是人工组装;二是自组装。《纳米材料学基础》(本书)主要涉及自组装体系。纳米结构自组装(如图 0-7)是在合适的物理、化学条件下,原子、分子、粒子和其他

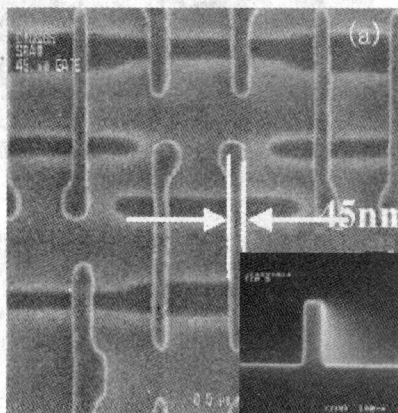

图 0-6　由"自上而下"方式通过电子束刻蚀技术生长的纳米原型器件

结构单元通过氢键、范德瓦尔斯键、静电力等非共价键的相互作用或亲水-疏水相互作用,在系统能量最低性原理的驱动下,自发地形成具有纳米结构(纳米图案)的过程。自组装也指如果体系拆分成相应的基本结构单元,在适当的条件下,这些基本结构单元会混合重新形成完整结构。

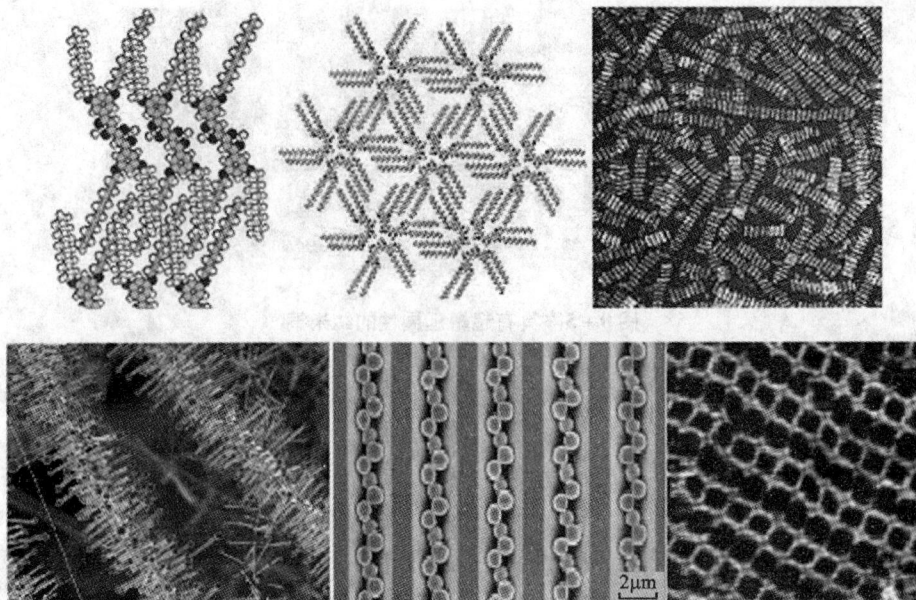

图 0 - 7 由"自下而上"方式自组装合成的几种纳米结构

纳米结构的研究可为进一步研究纳米器件奠定基础。进入 21 世纪，美国宣布了一项新的国家计划——国家纳米技术计划（NNI）。它充分运用分子的自组织概念，根据人为设计来合成和加工纳米材料结构单元及系统组件。把构筑分子结构与超微型化结合起来，对纳米系统的结构、原理以及纳米器件的特性进行研究，已成为美国国家纳米技术计划（NNI）的优先领域之一，可见纳米结构及其纳米系统的研究具有重要的理论意义和实际应用的价值。

第1章　纳米材料的物理学基础

纳米材料因其独特的物理化学性质和广泛的应用前景受到各个领域的学者的广泛关注。当材料进入纳米尺度时，其电子结构将发生很大变化，正是由于纳米体系的电子结构的显著变化导致纳米材料表现出与块体材料不同的、独特的物理、化学性质，如量子尺寸效应、量子限域效应等。而不同维度的纳米材料，其电子态的分布又表现出不同的形式，因而具有不同的性质和应用前景。因此了解纳米材料的电子能级分布是理解纳米材料独特物性的基础。本章第一节介绍量子力学的基本原理。第二节介绍固体物理基础知识，从最基础的原子结合出发，介绍晶体材料的能带形成及能带结构特征，然后讨论量子束缚对材料能带结构的影响，从电子能态密度角度描述纳米材料电子状态分布，用有效质量方程描述半导体纳米材料内部电子的输运特征。第三节从电子能级的统计分布讨论纳米材料的量子尺寸效应。

1.1　量子力学基础

纳米材料之所以表现出不同于块体材料的特殊性质，在于其中电子的运动在某一个或两个维度受到了限制，因此，深入理解纳米材料的独特性质，必须从其中电子的运动状态出发。电子是一种微观粒子，具有波动和粒子二象性，描述经典粒子运动的牛顿力学与描述经典波的传播的波动力学均不能准确描述微观粒子的状态及其运动规律，固体中电子的运动问题只能用量子力学原理进行描述。本节中，将简单介绍初等量子力学的基本理论，为理解块体周期结构和纳米结构中电子的运动行为奠定一定的理论基础。

1.1.1　量子力学公设

十九世纪末二十世纪初，随着实验手段的发展，实验观察到了一些"奇特"的物理现象，例如黑体辐射能谱、线性原子光谱等，这些新的物理现象采用经典物理理论均无法进行完美解释。1900 年，普朗克（M. Planck）为了解释黑体辐射的实验现象，大胆的提出"能量量子"的概念，即假设黑体辐射空腔中振子的能量和振子的频率 ν 成正比并且只能取离散值 $0, h\nu,$

$2h\nu$, $3h\nu$, $\cdots$。h 称为普朗克常数。1905 年, 爱因斯坦(A. Einstein)的光电效应实验证实了光不仅具有波动性也具有粒子性, 光能量的基本单元称为"光子", 光子的能量由光子的频率决定, 即 $\varepsilon = h\nu$。1923 - 1924 年, 德布罗意(L. V. de Broglie)将普朗克和爱因斯坦的光量子假设进行进一步推广, 开创性的提出所有实物粒子不仅具有粒子性, 而且具有波动性, 即波粒二象性, 其波长和频率与粒子的动量和能量满足关系式:

$$\begin{cases} E = h\nu \\ p = \dfrac{h}{\lambda} \end{cases} \qquad (1-1)$$

称为德布罗意关系式。德布罗意的物质波假设, 为量子力学理论的产生奠定了基础。1926 年, 薛定谔(E. Schrödinger)提出了描述微观粒子状态随时间演化的波动方程即薛定谔方程, 并逐步完善形成了量子力学的波动力学理论体系。除了薛定谔的波动力学体系之外, 海森堡(W. Heisenberg)等几乎在薛定谔提出量子力学的波动力学理论的同时提出了矩阵力学理论。薛定谔的波动力学理论体系和海森堡的矩阵力学理论体系是完全等价的, 只是采用了两种不同的数学手段来表述同样的问题。

量子力学理论是建立在几条基本公设的基础之上的。所谓"公设"类似于几何学中的"公理", 是无法用严密的数学手段证明的一些基本假设, 当我们接受了这些"公设"之后, 就可以用量子力学理论完美的解释很多经典物理无法解释的微观粒子运动问题。对于量子力学的初学者而言, 这些"公设"可能看上去非常难以理解, 是"非物理"的。这是由于在大家的脑子里经典力学已经深深的烙下了它们的印记, 以至于所有跟它们相悖的假设均被认为是"非物理"的。然而, 在我们最初学习经典牛顿力学的时候, 又何尝不是同样认为它难以理解呢。因此, 在学习量子力学时, 需要大家短暂的忘记经典力学, 像我们最初学习牛顿力学一样学习量子力学, 尽可能的接受量子力学的这些"公设"。当我们坦然接受了量子力学"公设"后, 就会发现量子力学理论是自洽的、完备的, 能够很好的解决很多经典物理无法解释的微观粒子运动问题。

1. 公设一(波函数公设)

微观粒子在任意时刻的状态用复变函数 $\psi(r, t)$ 表示, 称为波函数; 波函数模平方 $|\psi(r, t)|^2$ 描述了微观粒子在空间中各个位置出现的概率分布, 称为概率密度, 粒子在 r 附近小体积元 dr 中出现的概率为 $|\psi(r, t)|^2 dr$。

根据波函数含义, 波函数应当具有以下性质: 单值、连续、模平方可积。$\psi(r, t)$ 与

$C\psi(\boldsymbol{r}, t)$（C 为复常数）表示相同的概率分布，因此它们表示同一态。通过选择合适的常数 C 使得 $\int |C\psi(\boldsymbol{r}, t)|^2 \mathrm{d}\boldsymbol{r} = 1$，用 $\varphi(\boldsymbol{r}, t) = C\psi(\boldsymbol{r}, t)$ 表示粒子的"归一化"波函数，通常选择正实数作为归一化系数。

对于一个自由粒子，任意时刻均具有相同的动量 p 和能量 $E = \dfrac{p^2}{2m}$，可以采用平面波形式表示它的状态，即 $\psi_{\mathbf{p}}(\boldsymbol{r}, t) = C\mathrm{e}^{\frac{i}{\hbar}(\boldsymbol{p}\cdot\boldsymbol{r} - Et)}$，其中 $\hbar = \dfrac{h}{2\pi}$。由于平面波模平方全空间积分发散，$\psi_{\mathbf{p}}(\boldsymbol{r}, t)$ 只能通过式（1－2）进行归一化

$$\int \psi_{\mathbf{p}}^{*\prime}(\boldsymbol{r}, t)\psi_{\mathbf{p}}(\boldsymbol{r}, t)\mathrm{d}\boldsymbol{r} = \delta(\boldsymbol{p} - \boldsymbol{p}') \qquad (1-2)$$

其中，δ 函数的定义为：

$$\delta(x) = \begin{cases} 0, & x \neq 0 \\ \infty, & x = 0 \end{cases} \qquad (1-3)$$

关于 δ 函数的基本性质请参阅高等数学教材，这里不再赘述。根据公式（1－2）可得自由粒子归一化波函数为

$$\psi_{\mathbf{p}}(\boldsymbol{r}, t) = \frac{1}{(2\pi\hbar)^{3/2}}\mathrm{e}^{\frac{i}{\hbar}(\boldsymbol{p}\cdot\boldsymbol{r} - Et)} \qquad (1-4)$$

2. 公设二（力学量算符公设）

可测量的力学量 F 用线性厄密算符 $\hat{F}$ 表示；力学量之间的关系由它们对应的算符的对易关系 $[\hat{F}, \hat{G}] = \hat{F}\hat{G} - \hat{G}\hat{F}$ 决定，当 $\hat{F}$ 和 $\hat{G}$ 对易（即 $[\hat{F}, \hat{G}] = 0$）时，力学量 F 和 G 可以同时被准确测量，而当它们的算符不对易时，满足测不准关系（不确定关系）$\Delta F \Delta G \geqslant \dfrac{1}{2}|\overline{[\hat{F}, \hat{G}]}|$。

例如坐标 r 和动量 p，用算符 $\hat{r}$ 和 $\hat{p}$ 表示，在坐标表象中，坐标和动量算符分别为

$$\hat{r} = r, \quad \hat{r}\psi(r) = r\psi(r) \qquad (1-5)$$

$$\hat{p} = \frac{\hbar}{i}\nabla$$

即

$$\hat{p}\psi(r) = \frac{\hbar}{i}\left(\frac{\partial}{\partial x}\mathbf{e}_x + \frac{\partial}{\partial y}\mathbf{e}_y + \frac{\partial}{\partial z}\mathbf{e}_z\right)\psi(r) \qquad (1-6)$$

$$[\hat{x}, \hat{p}_x]\psi = x\frac{\hbar}{i}\frac{\partial}{\partial x}\psi - \frac{\hbar}{i}\frac{\partial}{\partial x}(x\psi) = i\hbar\psi \qquad (1-7)$$

所以，$[\hat{x}, \hat{p}_x] = i\hbar$，同理，$[\hat{y}, \hat{p}_y] = i\hbar$，$[\hat{z}, \hat{p}_z] = i\hbar$。因为坐标和动量算符不对易，坐标和动量不可能同时被准确测量，它们满足测不准关系 $\Delta x \Delta p_x \geqslant \dfrac{\hbar}{2}$。

对于任意两波函数 ψ_1 和 ψ_2，如果算符 $\hat{F}$ 满足

$$\int \psi_1^* \hat{F} \psi_2 \mathrm{d}\boldsymbol{r} = \int (\hat{F}\psi_1)^* \psi_2 \mathrm{d}\boldsymbol{r},$$

则 $\hat{F}$ 为厄密算符。

假设，$\hat{F}\psi = f\psi$，f 为常数，则 ψ 为算符 $\hat{F}$ 的本征态，f 为算符 $\hat{F}$ 对应于这个本征态的本征值。

可以证明，厄密算符的本征值为实数，厄密算符对应于不同本征值的本征态互相正交，即如果 ψ_i 和 ψ_j 是 $\hat{F}$ 对应于本征值 f_i 和 f_j 的本征态，且 $f_i \neq f_j$，则 $\int \psi_i^* \psi_j \mathrm{d}\boldsymbol{r} = 0$。力学量算符为线性厄密算符，所以力学量算符的本征值均为实数，不同本征值的本征态相互正交。

还可以证明，力学量所有本征值的本征态可以组成正交归一完备本征函数系，体系任意一个波函数均可以表示为它们的线性组合，即，假设 $\{\psi_k, k = 1, 2, 3, \cdots\}$ 是力学量算符 $\hat{F}$ 相互正交的归一化本征函数系，则对于体系任意波函数 φ 可表示为

$$\varphi = \sum_k c_k \psi_k \tag{1-8}$$

其中

$$c_k = \int \psi_k^* \varphi \mathrm{d}\boldsymbol{r} \tag{1-9}$$

3. 公设三(测量公设)

设粒子处于波函数 $\varphi(r)$ 描述的状态中，在此状态测量该粒子的力学量 F，得到的测量值为 $\hat{F}$ 算符的某个本征值，得到 f_k 这个测量值的概率为 $\left| \int \psi_k^* \varphi \mathrm{d}\boldsymbol{r} \right|^2$，测量后粒子将由状态 $\varphi(\boldsymbol{r})$ 转变为 $\hat{F}$ 的本征态 ψ_k，并将以它为初态随时间进行演化。

由于测量的不确定性，对同一个状态的粒子进行不同次的测量可能得到不同的测量值，然而，由于得到各测量值的概率确定，它们的统计平均值是确定的，我们把测量值的统计平均称为期望值。期望值的计算公式为

$$\langle \hat{F} \rangle \text{ 或 } \bar{F} = \int \varphi^* \hat{F} \varphi \mathrm{d}\boldsymbol{r} \tag{1-10}$$

由式(1-8)和(1-9)得

$$\langle \hat{F} \rangle = \int \sum_k c_k^* \psi_k^* \hat{F} \sum_l c_l \psi_l \mathrm{d}\boldsymbol{r} = \sum_{k, l} c_k^* c_l \int \psi_k^* \hat{F} \psi_l \mathrm{d}\boldsymbol{r}$$

$$= \sum_{k,l} c_k^* c_l f_l \int \psi_k^* \psi_l \mathrm{d}r = \sum_{k,l} c_k^* c_l f_l \delta_{kl} = \sum_k |c_k|^2 f_k \qquad (1-11)$$

如果粒子处于 $\hat{F}$ 的本征态 ψ_k，则由式（1 – 10）或（1 – 11）可得测量力学量 F 的期望值为 f_k，即得到唯一的确定的测量值。

4. 公设四（量子态演化公设）

粒子状态波函数随时间的演化满足薛定谔方程，即

$$i\hbar \frac{\partial}{\partial t} \psi(r, t) = \hat{H} \psi(r, t) \qquad (1-12)$$

其中，$\hat{H} = \dfrac{\hat{p}^2}{2m} + \hat{V} = -\dfrac{\hbar^2}{2m} \nabla^2 + V(r, t)$ 为哈密顿算符。

若势能算符不随时间变化，则薛定谔方程可以进行分离变量，得

$$\hat{H}\varphi(r) = E\varphi(r) \qquad (1-13)$$

$$\psi(r, t) = \varphi(r) \mathrm{e}^{-\frac{i}{\hbar}Et} \qquad (1-14)$$

公式（1 – 13）称为定态薛定谔方程。显然，定态薛定谔方程实际就是哈密顿算符的本征方程。哈密顿算符是线性厄密算符，对应于哈密顿量，因此它的本征值对应于粒子的总能量。通过求解定态薛定谔方程即可得到粒子的所有可能的能量测量值及其对应的本征态。哈密顿算符的所有本征态构成正交归一完备系，可以以它们作为基函数展开粒子的任意一个可能的状态波函数。

设粒子处于波函数 $\psi(r, t)$ 描述的状态中，则 $\psi(r, t)$ 可以表示为

$$\psi(r, t) = \sum_n C_n(t)\varphi_n(r) \qquad (1-15)$$

其中，$\varphi_n(r)$ 为哈密顿的本征态，对应本征值 E_n（这里假设本征值不连续），将式（1 – 15）代入薛定谔方程（1 – 12）可得

$$C_n(t) = C_n(0) \mathrm{e}^{-\frac{i}{\hbar}E_n t} \qquad (1-16)$$

$$\psi(r, t) = \sum_n C_n(0)\varphi_n(r)\mathrm{e}^{-\frac{i}{\hbar}E_n t} \qquad (1-17)$$

$$C_n(0) = \int \varphi_n^*(r)\psi(r, 0)\mathrm{d}r \qquad (1-18)$$

不论粒子原来处于什么状态，假设在 $t = 0$ 时刻测量它的能量，得到 E_n 的测量值。测量后该粒子将"坍缩"到 E_n 对应的本征态 φ_n，并以此状态作为初始状态随着时间进行演化。由公式（1 – 16）–（1 – 18）得 t 时刻粒子状态波函数为 $\psi(r, t) = \varphi_n(r)\mathrm{e}^{-\frac{i}{\hbar}E_n t}$，由于哈密顿算符不显

含时间，它仍是哈密顿算符的本征态，即以后的任意时刻测量粒子的能量均会得到相同的值 E_n。我们把测量值不随时间变化的可观测量称为"守恒量"。当粒子所处势场不随时间变化时，哈密顿量即能量一定是守恒量。

守恒量在量子力学中非常重要，这是由于只有对守恒量才能进行反复测量而得到确定的值。力学量算符与哈密顿算符的对易关系决定了这个力学量是否为守恒量。当一个力学量算符 $\hat{F}$ 与哈密顿算符 $\hat{H}$ 对易时，可以证明它们具有相同的本征函数系，即 $\hat{H}$ 的所有本征态同时也是 $\hat{F}$ 的本征态，为了方便我们把它们的共同本征态用 $\varphi_{n\alpha}$ 表示，

$$\hat{H}\varphi_{n\alpha} = E_n\varphi_{n\alpha} \tag{1-19}$$

$$\hat{F}\varphi_{n\alpha} = f_\alpha\varphi_{n\alpha} \tag{1-20}$$

假如初始时测量粒子的力学量 F 得到测量值 f_α，则测量后粒子状态变为 $\psi_\alpha = \sum_n c_n\varphi_{n\alpha}$（考虑到简并情况），因为 $\varphi_{n\alpha}$ 也是哈密顿算符的本征态，所以，由（1-17）得 t 时刻粒子状态波函数为

$$\psi_\alpha(t) = \sum_n c_n\varphi_{n\alpha}e^{-\frac{i}{\hbar}E_n t} \tag{1-21}$$

显然，$\psi_\alpha(t)$ 仍然满足 $\hat{F}$ 的本征方程，对应本征值 f_α，即以后任意时刻测量力学量 F 都会得到确定的值 f_α，因此 F 是守恒量。

对于非守恒量，期望值比测量值具有更重要的意义。算符的期望值随时间的演化关系为

$$\frac{d}{dt}\langle\hat{F}\rangle = \frac{d}{dt}\int\psi^*\hat{F}\psi d\boldsymbol{r} \tag{1-22}$$

由薛定谔方程（1-12）可得

$$\frac{d}{dt}\langle\hat{F}\rangle = \frac{1}{i\hbar}\overline{[\hat{F},\hat{H}]} \tag{1-23}$$

如果 $\hat{F}$ 与哈密顿算符对易，即 $[\hat{F},\hat{H}] = 0$，F 为守恒量，可见 F 的期望值不随时间发生变化。

以上讨论均是对于单粒子而言的，当粒子系统是由多个粒子组成的体系时，描述粒子系统的波函数及体系力学量算符表示为粒子系统内各个粒子坐标和动量的函数。例如，N 个粒子组成的多粒子系统的波函数表示为 $\Psi(\boldsymbol{r}_1, \boldsymbol{r}_2\cdots, \boldsymbol{r}_N, t)$，体系的哈密顿算符为

$$\hat{H}(\boldsymbol{r}_1, \boldsymbol{r}_2\cdots, \boldsymbol{r}_N) = \sum_{i=1}^N\left(-\frac{\hbar^2}{2m_i}\nabla_i^2\right) + V(\boldsymbol{r}_1, \boldsymbol{r}_2\cdots, \boldsymbol{r}_N)，多粒子体系薛定谔方程$$

$$i\hbar\frac{\partial}{\partial t}\Psi(\boldsymbol{r}_1, \boldsymbol{r}_2\cdots, \boldsymbol{r}_N, t) = \hat{H}(\boldsymbol{r}_1, \boldsymbol{r}_2\cdots, \boldsymbol{r}_N)\Psi(\boldsymbol{r}_1, \boldsymbol{r}_2\cdots, \boldsymbol{r}_N, t) \tag{1-24}$$

　　微观粒子通常处于一些分立的能量状态，因此处于相同的能量状态、内禀属性相同的微观粒子将无法明确区分，即微观粒子存在"全同性"。例如，He 原子中两个电子，当它们均处于 1s 原子轨道时，我们将无法区分这两个电子。微观粒子的全同性导致由全同粒子组成的多粒子系统波函数满足一定的规律。

　　5. 公设五（全同性公设）

　　由全同微观粒子组成的多粒子体系，其总波函数对于粒子间的置换要么对称，要么反对称，不存在其他类型的状态。玻色子体系（自旋为整数）波函数交换对称，体系遵从玻色 – 爱因斯坦统计，而费米子体系（自旋为半整数）波函数交换反对称，体系遵从费米 – 狄拉克统计。

　　这里所说的自旋是微观粒子所特有的一种角动量，对于电子而言，它只能取两个值，分别为 $\pm\dfrac{\hbar}{2}$，自旋角量子数为 $\dfrac{1}{2}$，因此，电子为费米子。设两个电子分别处于单粒子态 φ_1 和 φ_2，则由这两个电子组成的全同粒子系统的归一化总波函数为 $\varPhi(1,2)=\dfrac{\sqrt{2}}{2}[\varphi_1(1)\varphi_2(2)-\varphi_2(1)\varphi_1(2)]$，显然 φ_1 和 φ_2 不能为相同的单粒子态，否则 $\varPhi(1,2)=0$。这就是泡利不相容原理，即任意两个费米子不可能处于相同的单粒子态。由于电子具有两个自旋态，因此当两个电子处于相同的轨道时，其自旋必须反平行排列，这就是原子中每个原子轨道中只能容纳两个自旋相反的电子以及共价键是由一对自旋反平行排列的电子形成的原因。

1.1.2　一维势场中粒子运动问题求解

　　当我们掌握了量子力学的五条公设后，就基本上进入了量子力学理论体系的大门了。微观粒子都是处于一定的势场中运动，不同的势场导致微观粒子具有不同的能量状态，即测量粒子能量时得到不同的测量值。根据测量公设我们知道，在某一状态下测量粒子能量得到的可能测量值只能是粒子在此势场中的哈密顿算符的本征值。当我们解得粒子哈密顿算符的本征值和本征态后，就可以用哈密顿算符的本征态的线性组合表示粒子的任意一个状态波函数，得到粒子的状态波函数后就可以进一步的了解粒子在该势场中如何运动。因此，量子力学处理具体问题的关键是求解该粒子系统的哈密顿算符的本征方程，即定态薛定谔方程。本节我们通过一些简单的例子，来看一看如何求解定态薛定谔方程，从而进一步了解微观粒子在这些典型势场中运动的特点。

1. 自由空间中运动的粒子

我们首先讨论自由空间中粒子的运动问题。当粒子所处的势场势能为常数时，可以通过选择势能零点，将势函数变为0，即 $V(x) = 0$，粒子的哈密顿算符为 $\hat{H} = -\dfrac{\hbar^2}{2m}\dfrac{d^2}{dx^2}$，代入薛定谔方程得

$$\frac{d^2}{dx^2}\psi(x) + \frac{2mE}{\hbar^2}\psi(x) = 0 \qquad (1-25)$$

方程 $(1-25)$ 的通解是

$$\psi(x) = A\exp(ikx) + B\exp(-ikx) \qquad (1-26)$$

其中，$k^2 = \dfrac{2mE}{\hbar^2}$，$\exp(ikx)$ 和 $\exp(-ikx)$ 分别表示向右和向左传播的行波。含时波函数为

$$\Psi(x,t) = \psi(x)e^{-\frac{i}{\hbar}Et} = \psi(x)e^{-i\omega t} \qquad (1-27)$$

其中，定义 $\omega = \dfrac{E}{\hbar}$。

假设初始时，自由粒子向右传播，即 $\Psi(x,0) = \psi(x) = A\exp(ikx)$，则 t 时刻自由粒子的波函数为 $\Psi(x,t) = A\exp(ikx - i\omega t)$，归一化后可得系数 $A = \dfrac{1}{\sqrt{2\pi\hbar}}$。

自由粒子，$\hat{H} = \dfrac{\hat{p}^2}{2m}$，所以 $[\hat{p}, \hat{H}] = 0$，即动量为守恒量，动量算符和哈密顿算符具有共同的本征态。$\psi(x) = \dfrac{1}{\sqrt{2\pi\hbar}}\exp\left(\dfrac{ipx}{\hbar}\right)$ 是 $\hat{p}$ 和 $\hat{H}$ 共同的本征态。

由于自由粒子 $E = \dfrac{p^2}{2m}$，所以，

$$k = \sqrt{\frac{2mE}{\hbar^2}} = \frac{p}{\hbar} \qquad (1-28)$$

$$\lambda = \frac{2\pi}{k} = \frac{2\pi\hbar}{p} \qquad (1-29)$$

自由粒子的德布罗意波长与粒子动量成反比，动量越大，对应波长越短。

2. 无限深方势阱中粒子的运动

当粒子处于一个在实空间中变化的势场时，该粒子的运动特征将显著不同于自由粒子（势能为0或一常数）。例如，粒子处于一个无限深的方势阱中运动，如图 $1-1$ 所示，由于势

阱外部势能无穷大,粒子不可能具有那么大的动能摆脱
势阱的束缚而跑到势阱之外,因此粒子将被限制在势阱
中运动。限制在一定区域中运动的粒子,它们的可能能
量状态具有什么样的特点呢?下面我们通过求解定态薛
定谔方程来确定无限深势阱中的粒子的能量本征值和本
质态。

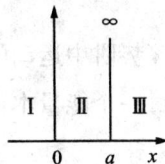

图 1 - 1　无限深方势阱

势能函数,

$$V(x) = \begin{cases} 0, & 0 < x < a \\ \infty, & x > a \text{ 或 } x < 0 \end{cases} \tag{1-30}$$

可以将势场分为三个区域,Ⅰ区:$x < 0$;Ⅱ区:$0 < x < a$;Ⅲ区:$x > a$。第Ⅰ,Ⅲ区中,粒
子波函数满足定态薛定谔方程

$$\frac{\mathrm{d}^2}{\mathrm{d}x^2}\psi(x) = -\frac{2m}{\hbar^2}(E - \infty)\psi(x), \quad x < 0 \text{ 或 } x > a \tag{1-31}$$

在Ⅱ区中,粒子波函数满足定态薛定谔方程

$$\frac{\mathrm{d}^2}{\mathrm{d}x^2}\psi(x) + \frac{2mE}{\hbar^2}\psi(x) = 0, \quad 0 < x < a \tag{1-32}$$

由于波函数必须有限,因此方程(1 - 31)的解为 $\psi(x) = 0$。

方程(1 - 32)的通解为

$$\psi(x) = A\cos(kx) + B\sin(kx) \tag{1-33}$$

其中,$k^2 = \dfrac{2mE}{\hbar^2}$。注意,方程(1 - 32)与(1 - 25)相同,而它们的通解却选择了不同的形式,

这是由于在无限深势阱中,粒子将束缚在势阱中运动,它的波应当为驻波而不是行波,而自
由粒子可以在全空间中传播,它的波动为行波。

由于波函数还必须满足连续条件,在Ⅰ区和Ⅱ区边界,以及Ⅱ区和Ⅲ区边界,波函数
必须连续,因此得

$$\begin{cases} A = 0 \\ A\cos ka + B\sin ka = 0 \end{cases} \tag{1-34}$$

得 $ka = n\pi$,n 为整数,即 $k = \dfrac{n\pi}{a} = \sqrt{\dfrac{2mE}{\hbar^2}}$,于是得到无限深势阱中粒子的能量本征值

$$E_n = \frac{n^2 \pi^2 \hbar^2}{2ma^2} \tag{1-35}$$

可见,无限深势阱中运动的粒子能量取值不连续,即测量它们的能量时只能得到一些分立的值,我们把每一个能量本征值称为一个"能级"。能量本征值不连续是处于"束缚态"的粒子的典型特征。

粒子的归一化波函数为

$$\psi(x) = \begin{cases} 0, & x < 0 \text{ 或 } x > a \\ \dfrac{2}{\sqrt{a}}\sin\dfrac{n\pi}{a}x, & 0 < x < a \end{cases} \tag{1-36}$$

由于 n 和 $-n$ 对应相同的能量和相同的态(波函数差一个常系数表示同一个态),并且 $n = 0$ 时波函数恒为 0,因此 n 的取值为所有的自然数。

波函数的模平方表示粒子在空间各处出现的概率密度,显然,无限深势阱中运动的粒子在无限远处出现的概率为 $0(\mid \psi(x) \mid \xrightarrow{x \to \pm \infty} 0)$,即粒子束缚在有限区域中运动,把这种状态称为"束缚态"。束缚态波函数在无穷远处趋向于 0,而对应的能量本征值谱为分立谱。

3. 方势垒(量子隧穿)

图 1-2 方势垒

如图 1-2 所示,当一个粒子以能量 $E(E < V_0)$ 入射,由于粒子所处的势场不随时间发生变化,能量为守恒量,粒子满足定态薛定谔方程

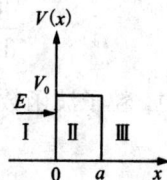

$$-\frac{\hbar^2}{2m}\frac{\mathrm{d}^2}{\mathrm{d}x^2}\psi(x) = E\psi(x), \quad x < 0 \text{ 或 } x > a \tag{1-37}$$

$$-\frac{\hbar^2}{2m}\frac{\mathrm{d}^2}{\mathrm{d}x^2}\psi(x) + V_0\psi(x) = E\psi(x), \quad 0 < x < a \tag{1-38}$$

Ⅰ 区,方程(1-37)的通解为

$$\psi(x) = A\mathrm{e}^{ikx} + B\mathrm{e}^{-ikx}, \quad x < 0 \tag{1-39}$$

Ⅲ 区,方程(1-37)的通解为

$$\psi(x) = C\mathrm{e}^{ikx} + D\mathrm{e}^{-ikx}, \quad x > a \tag{1-40}$$

其中,$k = \sqrt{\dfrac{2mE}{\hbar^2}}$

粒子由左侧入射，Ae^{ikx} 表示入射波，Be^{-ikx} 表示反射波，Ce^{ikx} 表示透射波。由于没有粒子从右侧无限远处向左入射，系数 $D = 0$。

Ⅱ 区，方程（1 - 38）的通解为

$$\psi(x) = Fe^{-qx} + Ge^{qx} \qquad (1 - 41)$$

其中，$k = \sqrt{\dfrac{2m(V_0 - E)}{\hbar^2}}$。

对于有限高的势垒，可以证明粒子波函数及其一阶导数处处连续，因此由 Ⅰ 区和 Ⅱ 区以及 Ⅱ 区和 Ⅲ 区边界处的连续条件，可得方程组

$$\begin{cases} A + B = F + G \\ ikA - ikB = -qF + qG \\ Ce^{ika} = Fe^{-qa} + Ge^{qa} \\ ikCe^{ika} = -qFe^{-qa} + qGe^{qa} \end{cases} \qquad (1 - 42)$$

有五个未知数 A，B，C，F，G，而只有四个方程，因此严格求解出所有的系数是不可能的。实际上，波函数前面的系数的绝对值并没有太多的意义，而相对值才有意义。对于粒子入射势垒的问题，我们更关心粒子有多大的概率被势垒反射以及多大的概率贯穿过势垒，即反射率和透射率。

反射率和透射率分别定义为

$$R = \frac{反射概率流密度}{入射概率流密度} \qquad (1 - 43)$$

$$T = \frac{透射概率流密度}{入射概率流密度} \qquad (1 - 44)$$

当粒子处于状态 $\Psi(r, t)$ 时，其概率密度随时间的变化率

$$\frac{\partial \rho}{\partial t} = \frac{\partial}{\partial t}(\Psi^* \Psi) = \Psi^* \frac{\partial}{\partial t}\Psi + \Psi \frac{\partial}{\partial t}\Psi^* \qquad (1 - 45)$$

由薛定谔方程（1 - 12）可得

$$\frac{\partial \rho}{\partial t} = -\frac{i\hbar}{2m}(\Psi \nabla^2 \Psi^* - \Psi^* \nabla^2 \Psi)$$

$$= -\frac{i\hbar}{2m} \nabla \cdot (\Psi \nabla \Psi^* - \Psi^* \nabla \Psi) \qquad (1 - 46)$$

定义概率流密度

$$J = \frac{i\hbar}{2m} \nabla \cdot (\Psi \nabla \Psi^* - \Psi^* \nabla \Psi) \tag{1-47}$$

式(1-46)变为

$$\nabla \cdot J + \frac{\partial \rho}{\partial t} = 0 \tag{1-48}$$

式(1-48)即连续性方程。

由公式(1-47)可得入射波、反射波和透射波的概率流密度分别为

$$J_入 = \frac{\hbar k}{m} |A|^2 \tag{1-49}$$

$$J_反 = \frac{\hbar k}{m} |B|^2 \tag{1-50}$$

$$J_透 = \frac{\hbar k}{m} |C|^2 \tag{1-51}$$

所以反射率和投射率分别为

$$R = \left| \frac{B}{A} \right|^2, \quad T = \left| \frac{C}{A} \right|^2 \tag{1-52}$$

由方程组(1-42)可解得

$$R = \left[1 + \frac{4E(V_0 - E)}{V_0^2 \sinh^2(qa)} \right]^{-1} \tag{1-53}$$

$$T = \left[1 + \frac{V_0^2 \sinh^2(qa)}{4E(V_0 - E)} \right]^{-1} \tag{1-54}$$

进一步的,透射率可以简化为

$$T \approx 16 \frac{E}{V_0} \left(1 - \frac{E}{V_0} \right) e^{-2\sqrt{2m(V_0-E)}a/\hbar} \tag{1-55}$$

即尽管粒子能量低于势垒高度,然而粒子仍以一定的概率穿过势垒,透过势垒的概率与粒子质量、势垒宽度以及势垒高度有关。微观粒子的这一现象称为量子隧穿。量子隧穿效应在半导体器件、纳米器件中具有非常重要的应用。

1.2　固体物理基础

通过上一节的学习,我们了解了量子力学的基本原理,知道如何通过求解定态薛定谔方

程得到不同势场中粒子的能谱及相应的本征态。有了量子力学的基础后，我们就可以来讨论固体中电子的能量状态了。

固体根据其中原子排列的方式不同可以分为晶体、非晶体和准晶体三种基本类型。晶体中原子或分子长程有序排列，具有周期性。晶体的长程序既包含长程取向序也包含长程平移序。非晶体原子排列仅具有短程序而无长程序，即不具有周期性。准晶体中原子排列仅具有长程取向序不具有长程平移序，表现为具有特定的宏观旋转对称性，不具备周期性。

由于晶体、非晶体、准晶体中原子排列方式不同，其中的电子的运动行为往往表现的不尽相同。固体能带理论的发展已经可以对各种晶体中电子的运动行为进行很好的描述和解释，而关于非晶体和准晶体中电子运动的固体理论还不完善。

由于晶体中原子排列具有周期性，晶体中的电子处于晶格周期势场中运动。不同的晶格周期性会导致晶体中电子的能谱分布表现为不同的形式，因此，在用量子力学方法计算晶体中电子的能谱之前我们需要首先了解晶格结构及其周期性的描述方法。

1.2.1　晶体的周期结构

1. 原胞和晶胞

晶体中原子呈周期性排列，晶体中原子排列的具体形式称为晶格。典型的晶格结构有简单立方晶格、体心立方晶格、面心立方晶格、密排六方晶格、金刚石型晶格、NaCl 型晶格、CsCl 型晶格等等。理想晶格可以通过对一个基本的复制单元沿特定的方向进行不断的平移复制而得到。复制单元的选择不是唯一的，如图 1 - 3 所示。晶格中最小的复制单元称为原胞。三维晶格原胞为平行六面体，该平行六面体的边矢量称为基矢，记为 a_1，a_2，a_3。a_1，a_2，a_3 满足右手螺旋法则，但不一定正交。原胞沿基矢方向平移复制得到完整晶格。由于原子排列的有序性，晶体都表现出一定的宏观对称性。从原胞的形状通常无法直观的看出晶格的对称性，例如面心立方晶格和体心立方晶格均表现出立方对称性，而它们的原胞却不是立方体，如图 1 - 4 所示。为了能直观的判断晶格所具有的宏观对称性，通常选择一个稍大的复制单元来表示这个晶格，这个复制单元能够直观的反应出晶体所具有的宏观对称性，我们把这样的复制单元称为晶胞。晶胞体积是原胞的整数倍，每个晶胞中可以包含两个以上的格点。例如，面心立方晶格和体系立方晶格的晶胞均为立方体，面心立方晶胞中包含四个格点，分别是立方体顶点和相邻三个面的面心，而体心立方晶胞包含两个格点，分别是立方体顶点和体心。

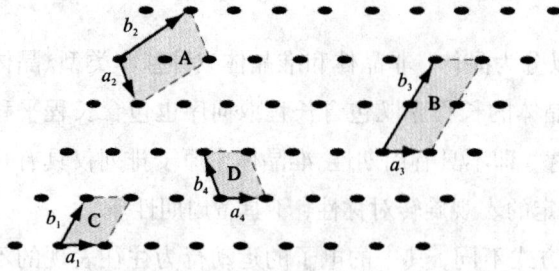

图1-3　二维晶格中复制单元选择的多样性

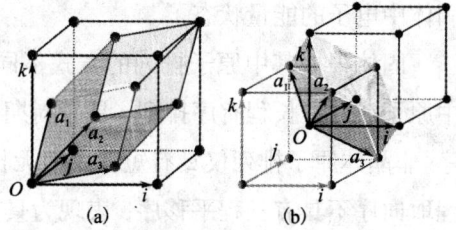

图1-4　立方晶格的原胞与基矢

（a）面心立方；（b）体心立方

2. 简单晶格和复式晶格

晶格根据复杂性不同分为简单晶格和复式晶格。当晶格中只存在一种不等价原子时，此晶格为简单晶格；而当晶格中包含两种以上的不等价原子时，此晶格则为复式晶格。这里所说的不等价原子既包括元素种类的不同又包含空间位置的不等价。化合物晶体由于含有两种以上的元素自然是复式晶格；元素晶体同样有可能为复式晶格。例如金刚石，如图1-5(a)所示，它完全由碳原子构成，然而在金刚石结构中存在两类位置不等价的碳原子，一类位于立方体的顶点和面心位置，另一类位于立方体的体对角线上，所以金刚石是复式晶格。复式晶格可以看成是相同的简单晶格套构而成，例如金刚石结构由两类不等价的碳原子构成的面心立方格子沿体对角线方向平移四分之一体对角线长度套构而成，如图1-5(b)所示。

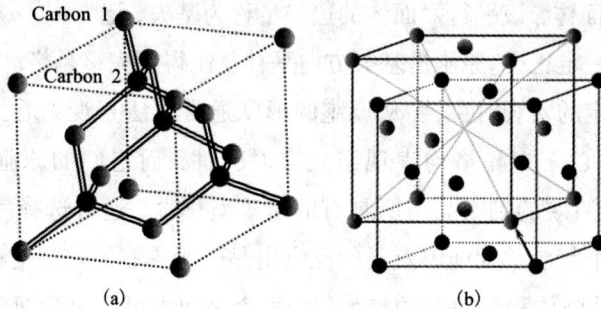

图1-5　金刚石结构示意图

（a）晶胞结构；（b）两套面心立方套构

3. 布拉伐格子和基元

为了更简单的描述晶格结构，人们引入布拉伐格子和基元的概念。如上所述，金刚石结构是由两个完全相同的面心立方网格套构而成的，因此它的周期性由这个面心立方网格决定。我们可以把金刚石结构抽象的看成是在一个面心立方网格的每个格点上放置一对碳原子，这一对碳原子的距离为立方体体对角线长度的四分之一，取向沿着立方体体对角线方向。这个面心立方网格就是金刚石结构的布拉伐格子，而这一对碳原子即为基元。引入布拉伐格子的好处是可以对不同晶体进行归类，具有相似布拉伐格子的晶体属于一个晶系，而同一晶系的晶体具有相近的宏观对称性。

布拉伐格子上每个格点的位置都可以用公式（1 – 56）来表示

$$\boldsymbol{R}_l = l_1 \boldsymbol{a}_1 + l_2 \boldsymbol{a}_2 + l_3 \boldsymbol{a}_3 \tag{1 – 56}$$

其中，l_1，l_2，l_3 为整数，$\boldsymbol{a}_1$，$\boldsymbol{a}_2$，$\boldsymbol{a}_3$ 为晶格原胞基矢。$\boldsymbol{R}_l$ 也称为晶格矢量。

晶体中第（l_1，l_2，l_3）个原胞中各不等价原子位置则表示为

$$\boldsymbol{r}_l^i = \boldsymbol{R}_l + \boldsymbol{\tau}_i = l_1 \boldsymbol{a}_1 + l_2 \boldsymbol{a}_2 + l_3 \boldsymbol{a}_3 + \boldsymbol{\tau}_i \tag{1 – 57}$$

$\boldsymbol{\tau}_i$ 为第 0 个原胞中相应各不等价原子相对于原点的位矢。

4. 晶向和晶面

由于晶格的周期性，布拉伐格子中所有的格点可以看成是位于一族等间距的平行直线上，这一族等间距的平行直线成为一个晶列，每一族晶列都定义了方向相反的两个方向，称为晶向。晶向可以用晶向指数来标记。取晶列中一条直线上的一个格点为原点，设这条直线上最近邻格点位置为 $l_1 \boldsymbol{a}_1 + l_2 \boldsymbol{a}_2 + l_3 \boldsymbol{a}_3$，则晶向指数记为 $[l_1 l_2 l_3]$。如图 1 – 6 所示，$\overrightarrow{OA}$ 方向的晶向指数记为 $[311]$，它的反向记为 $[\bar{3}\,\bar{1}\,\bar{1}]$。

由于晶格具有对称性，某些晶向是等效的，把与 $[l_1 l_2 l_3]$ 等效的所有晶向用 $\langle l_1 l_2 l_3 \rangle$ 表示。例如，简单立方晶格，$[100]$，$[\bar{1}00]$，$[010]$，$[0\bar{1}0]$，$[001]$，$[00\bar{1}]$ 六个方向是等价的，这一组晶向记为 $\langle 100 \rangle$。

同理，布拉伐格子上的所有格点都可以看成是落在一族等间距的平行平面上，这一族平行的平面称为晶面。不同的晶面用晶面指数（又称密勒指数）标记。晶面指数的确定方法是：取晶面系中某个晶面中的某个格点为坐标原点，以晶格基矢为坐标轴，设 $\boldsymbol{a}_1$，$\boldsymbol{a}_2$，$\boldsymbol{a}_3$ 末端的格点分别落在距离原点所在晶面的第 h_1，h_2，h_3 个晶面，即最靠近原点的晶面在三个坐标轴上的截距分别为 $\dfrac{\boldsymbol{a}_1}{h_1}$，$\dfrac{\boldsymbol{a}_2}{h_2}$，$\dfrac{\boldsymbol{a}_3}{h_3}$，则此晶面系的晶面指数记为（$h_1 h_2 h_3$），如图 1 – 7 所示。

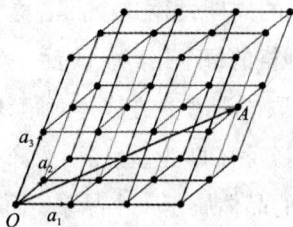

图 1 – 6   晶向与晶向指数

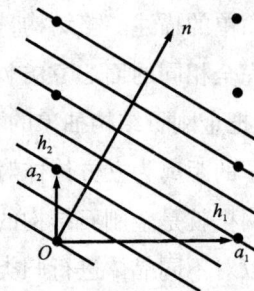

图 1 – 7   晶面指数的确定

5. 倒格子

晶体中原子间距一般为几个埃(Å，即 10^{-10} 米)，如此短的距离实验手段很难直接观察到。实验上通常通过 X 射线衍射来判断晶体的结构。X 射线衍射就是将晶体在坐标空间(正空间)中的周期性排布投影到动量空间(倒空间)，数学上对应着傅里叶变换。

由于晶格具有周期性，晶体中各种物理量均具有相同的晶格周期性，即：

$$V(\boldsymbol{r}) = V(\boldsymbol{r} + \boldsymbol{R}_l) \tag{1-58}$$

周期函数可以展开为傅里叶级数

$$V(\boldsymbol{r}) = \sum_{G_n} V_{G_n} e^{iG_n \cdot \boldsymbol{r}} \tag{1-59}$$

其中

$$V_{Gn} = \frac{1}{\Omega} \int V(\boldsymbol{r}) e^{-iG_n \cdot \boldsymbol{r}} d\boldsymbol{r} \tag{1-60}$$

即 $V(r)$ 的傅里叶变换；Ω 为晶格原胞体积。

$$V(\boldsymbol{r} + \boldsymbol{R}_l) = \sum_{G_n} V_{G_n} e^{iG_n \cdot (\boldsymbol{r} + \boldsymbol{R}_l)} = V(\boldsymbol{r}) = \sum_{G_n} V_{G_n} e^{iG_n \cdot \boldsymbol{r}} \tag{1-61}$$

所以

$$e^{iG_n \cdot \boldsymbol{R}_l} = 1 \Rightarrow \boldsymbol{G}_n \cdot \boldsymbol{R}_l = 2\pi m \tag{1-62}$$

m 为整数。

可以定义一组基矢 $\boldsymbol{b}_1$，$\boldsymbol{b}_2$，$\boldsymbol{b}_3$，使得 $\boldsymbol{G}_n$ 可表示为

$$\boldsymbol{G}_n = n_1 \boldsymbol{b}_1 + n_2 \boldsymbol{b}_2 + n_3 \boldsymbol{b}_3 \tag{1-63}$$

n_1，n_2，n_3 全为整数。

根据式(1-62)，$\boldsymbol{b}_1$，$\boldsymbol{b}_2$，$\boldsymbol{b}_3$ 和晶格基矢 $\boldsymbol{a}_1$，$\boldsymbol{a}_2$，$\boldsymbol{a}_3$ 应满足公式(1-64)关系

$$a_i \cdot b_j = 2\pi\delta_{ij} = \begin{cases} 2\pi, & i = j \\ 0, & i \neq j \end{cases} \tag{1-64}$$

由于 $\boldsymbol{b}_1$, $\boldsymbol{b}_2$, $\boldsymbol{b}_3$ 和晶格基矢 $\boldsymbol{a}_1$, $\boldsymbol{a}_2$, $\boldsymbol{a}_3$ 呈公式(1-64)所示的倒易关系, 我们把 $\boldsymbol{b}_1$, $\boldsymbol{b}_2$, $\boldsymbol{b}_3$ 称为倒格子基矢, 由 $\boldsymbol{b}_1$, $\boldsymbol{b}_2$, $\boldsymbol{b}_3$ 定义的空间网格称为倒格子或倒点阵。$\boldsymbol{R}_l$ 为正空间中晶格矢量, 即正格子矢量, 于是把 $\boldsymbol{G}_n$ 称为倒格子矢量, 简称倒格矢。

由公式(1-64)可以进一步得到

$$\begin{cases} \boldsymbol{b}_1 = 2\pi \dfrac{\boldsymbol{a}_2 \times \boldsymbol{a}_3}{\boldsymbol{a}_1 \cdot (\boldsymbol{a}_2 \times \boldsymbol{a}_3)} = 2\pi \dfrac{\boldsymbol{a}_2 \times \boldsymbol{a}_3}{\Omega} \\[3mm] \boldsymbol{b}_2 = 2\pi \dfrac{\boldsymbol{a}_3 \times \boldsymbol{a}_1}{\boldsymbol{a}_2 \cdot (\boldsymbol{a}_3 \times \boldsymbol{a}_1)} = 2\pi \dfrac{\boldsymbol{a}_3 \times \boldsymbol{a}_1}{\Omega} \\[3mm] \boldsymbol{b}_3 = 2\pi \dfrac{\boldsymbol{a}_1 \times \boldsymbol{a}_2}{\boldsymbol{a}_3 \cdot (\boldsymbol{a}_1 \times \boldsymbol{a}_2)} = 2\pi \dfrac{\boldsymbol{a}_1 \times \boldsymbol{a}_2}{\Omega} \end{cases} \tag{1-65}$$

可见, 由正格子基矢很容易由公式(1-65)得到倒格子基矢。

倒格子和正格子满足一定的关系:

(1) 正格子原胞体积和倒格子原胞体积满足关系

$$\Omega^* = \frac{(2\pi)^3}{\Omega} \tag{1-66}$$

(2) 倒格矢 $\boldsymbol{G}_n = n_1\boldsymbol{b}_1 + n_2\boldsymbol{b}_2 + n_3\boldsymbol{b}_3$ 垂直于正格子中的晶面 $(n_1 n_2 n_3)$

(3) $(n_1 n_2 n_3)$ 晶面间距为

$$d = \frac{2\pi}{|\boldsymbol{G}_n|} = \frac{2\pi}{|n_1\boldsymbol{b}_1 + n_2\boldsymbol{b}_2 + n_3\boldsymbol{b}_3|} \tag{1-67}$$

6. 晶体的 X 射线衍射

X 射线的基本原理如图 1-8 所示, 当一束 X 射线以入射角 θ(入射 X 射线波矢 $\boldsymbol{k}_i$ 与反射晶面的夹角)入射, 受到晶面反射, 被两个晶面反射的散射波相干叠加, 形成衍射花样。X 射线可以被晶面反射, 是由于 X 射线光子受到晶面中原子的散射, 原子散射截面与电子密度函数 $n(\boldsymbol{r})$ 有关。散射强度正比于散射波幅的模的平方, 散射波幅表示为电子密度的傅里叶积分, 即

$$F = \int n(\boldsymbol{r}) \exp[i(\boldsymbol{k}_f - \boldsymbol{k}_i)] \mathrm{d}\boldsymbol{r} \tag{1-68}$$

晶体中电子密度具有晶格周期性, 可以展开为傅里叶级数

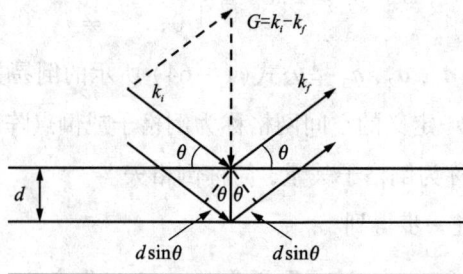

图 1 – 8   X 射线衍射示意图

$$n(\boldsymbol{r}) = \sum_G n_G \exp[i\boldsymbol{G} \cdot \boldsymbol{r}] \qquad (1-69)$$

其中，$\boldsymbol{G}$ 是倒格式。于是，式(1 – 68) 改写为

$$F = \sum_G n_G \int \exp[i(\boldsymbol{G} + \boldsymbol{k}_f - \boldsymbol{k}_i) \cdot \boldsymbol{r}] \mathrm{d}\boldsymbol{r} \qquad (1-70)$$

公式(1 – 70) 中积分部分可以表示为 δ 函数，即

$$\frac{1}{\Omega} \int \exp[i(\boldsymbol{G} + \boldsymbol{k}_f - \boldsymbol{k}_i) \cdot \boldsymbol{r}] \mathrm{d}\boldsymbol{r} = \delta(\boldsymbol{G} + \boldsymbol{k}_f - \boldsymbol{k}_i) \qquad (1-71)$$

所以，散射波幅不为 0 的条件，即 X 射线衍射条件为

$$\boldsymbol{k}_i - \boldsymbol{k}_f = \boldsymbol{G} \qquad (1-72)$$

对于弹性散射，散射前后 X 射线光子能量不变，即 $|\boldsymbol{k}_f|^2 = |\boldsymbol{k}_i|^2 = |\boldsymbol{k}|^2$，则式(1 – 72) 可变换为

$$\left(\boldsymbol{k} + \frac{1}{2}\boldsymbol{G}\right) \cdot \boldsymbol{G} = 0 \qquad (1-73)$$

满足式(1 – 73) 的入射波矢位于倒格矢 $-\boldsymbol{G}$ 的垂直平分面上。

在固体物理中，倒格矢的垂直平分面十分重要。当我们以倒格子原点为中心，做原点到所有倒格点连线的垂直平分面，这些垂直平分面将倒空间分割为很多区域，称这些区域为布里渊区。其中最内部的仅包围倒格子原点的区域称为第一布里渊区。由内向外分别为第一布里渊区、第二布里渊区、第三布里渊区、……。每个布里渊区具有相同的体积，并等于倒格子原胞体积。所有布里渊区都可以通过向内折叠的方式完全覆盖第一布里渊区，如图 1 – 9 所示简单平方晶格的各布里渊区。第一布里渊区在固体物理学中具有举足轻重的地位。常见的面心立方晶格、体心立方晶格和六方晶格的第一布里渊区如图1-10所示。

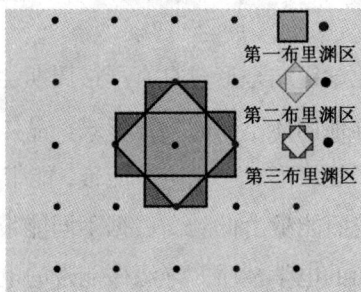

图1-9 简单平方晶格布里渊区

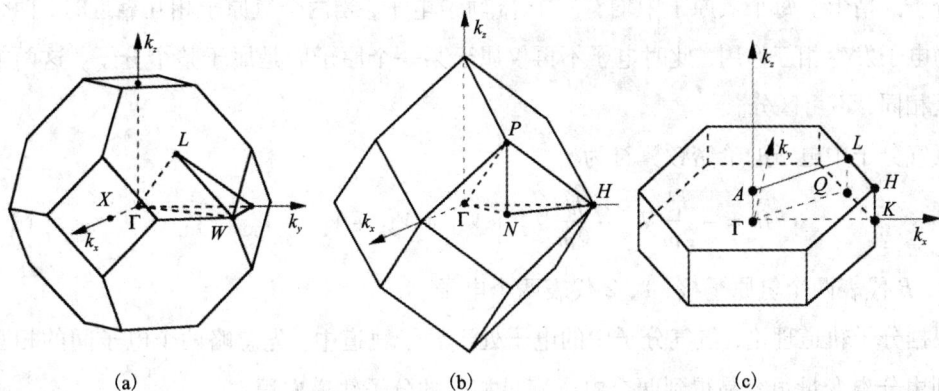

图1-10 常见晶格的第一布里渊区

(a)面心立方；(b)体心立方；(d)六方

由公式(1-73)可知，当入射X射线波矢恰好位于布里渊区边界时，经过晶格散射的X射线才会产生相干散射而形成衍射花样。不仅是X射线可以在布里渊区边界发生反射，晶体中传播的其他波，如格波(晶格振动波)、电子波等均会在布里渊区边界发生反射，入射和反射波的相干叠加产生不允许的能量状态，从而使得晶体的晶格振动频率(或声子能量)和晶体中电子能量呈带状分布，即能带。

1.2.2 晶体能带理论简介

1. 能带的形成

晶体中大量原子通过各种化学键结合形成具有严格周期性的结构,这种周期性的结构导致晶体中电子的状态表现出与其他固体不同的特殊形式。晶体中电子的能级分布表现为能带结构。大量的准连续分布的电子能级形成一个电子能带,能带与能带之间存在电子禁忌区称为禁带。基态下,晶体中电子按照能量由低到高占据不同能带中的各个能级,由于电子占据情况的不同使得晶体表现为不同的电学性质。绝缘体能带的电子占据情况为全满或全空,无半满带,而导体中存在一个或多个未被电子占满的能带。为了理解绝缘体和导体的不同,我们有必要了解周期结构中电子的状态及其运动行为。

为了了解晶体中电子能带的形成,我们先来看一个简单的例子,考察两个氢原子结合形成氢分子的情形。每个氢原子中均有一个 $1s$ 轨道电子,当两个氢原子相互靠近时,两个氢原子中的电子发生相互作用,此时电子不再仅属于某一个原子而是属于整个分子,这两个电子将完全相同,不可区分。

氢气分子中电子的哈密顿算符为

$$\hat{H} = -\frac{\hbar^2}{2m}\nabla_1^2 - \frac{\hbar^2}{2m}\nabla_2^2 + V_{A1} + V_{A2} + V_{B1} + V_{B2} + V_{12} \qquad (1-74)$$

其中 A, B 代表两个氢原子核,1,2 代表两个电子。

根据分子轨道理论,氢气分子中的电子处于分子轨道中,先忽略两个电子间的相互作用 V_{12},则由分离变量很容易得到两个电子满足相同的分子轨道方程

$$\left(-\frac{\hbar^2}{2m}\nabla^2 + V_A + V_B\right)\psi = \varepsilon\psi \qquad (1-75)$$

当两个氢原子相距很远时分子轨道方程即为原子轨道方程。因此,分子轨道波函数可以写成两个原子的原子轨道波函数的线性叠加,即

$$\psi = c_1\varphi_A + c_2\varphi_B \qquad (1-76)$$

两个 $1s$ 原子轨道波函数完全相同,电子处于这两个 $1s$ 原子轨道的概率相同,因此,两个氢原子的 $1s$ 原子轨道线性组合得到两个分子轨道波函数

$$\psi_{\pm} = C_{\pm}(\varphi_A \pm \varphi_B) \qquad (1-77)$$

可以证明,对应于 ψ_+ 的能量本征值 E_+ 低于对应于 ψ_- 态的能量本征值 E_-,即两个电子

的相互作用导致原先简并的电子能级发生分裂，一个能量降低，一个能量升高。由于电子总能量越低体系越稳定，因而当两个氢原子结合时，两个电子应当占据在能量较低的那个轨道中，从而形成共价键，因此我们把 ψ_+ 对应的轨道称为成键轨道，而把 ψ_- 对应的轨道称为反键轨道。形成氢分子后，电子不再只属于某一个原子，而为两个原子所有共有。E_+ 和 E_- 随着两个氢原子距离的变化而变化。如图 1 - 11 所示，E_+ 有个极小值，对应于氢分子处于平衡键长位置，而 E_+ 没有极值。

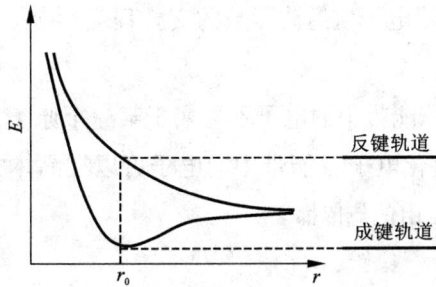

图 1 - 11　氢分子能级分裂

类似于氢分子中电子能级的分裂，晶体能带同样是由于形成晶体的各原子的原子轨道能级的分裂而形成的，如图 1 - 12 所示。晶格每个格点上的原子均与周围近邻原子发生相互作用，因而晶体中电子的波函数为所有原子中电子的原子轨道波函数的线性叠加，即

$$\psi = \sum_{R_l} C_l \psi_\alpha (r - R_l) \tag{1-78}$$

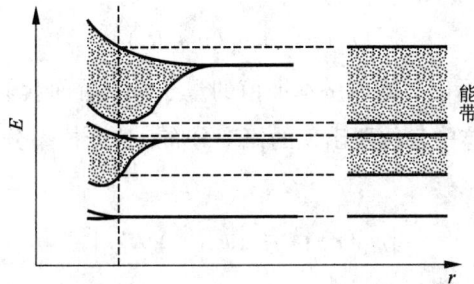

图 1 - 12　能级分裂和能带形成

其中，$\psi_\alpha(\boldsymbol{r} - \boldsymbol{R}_l)$ 为位于 R_l 格点的原子的某个原子轨道波函数。晶格中各原子的原子轨道波函数的交叠导致原先 N 重简并的原子轨道能级分裂为 N 个准连续分布的能级，平衡态下，电子按能量由低到高排列在这些能级之中。如图 1 – 12 所示，每一条原子轨道能级都展宽为一个由 N 条准连续分布的能级组成的能带，不同原子轨道能级对应的能带之间存在禁带。可见，晶体能带是由晶体中各原子的原子轨道波函数的交叠导致的能级分裂而形成的，因此，波函数交叠程度决定了能带的宽度。原子的价电子轨道波函数在空间中较大的范围内分布，而内层轨道波函数主要分布在原子核周围较小的区域，因此，当原子靠近时，价电子轨道波函数的交叠程度将显著得大于内层电子轨道波函数的交叠程度，致使价电子能带很宽，而内层原子轨道能级对应能带较窄。

如同氢气分子一样，晶体能带中的电子不再属于某一个原子，而是属于整个晶体中所有原子所共有，因此称为"共有化电子"。能带中的电子可以在晶体中任意位置出现，即晶体能带电子可以在晶体中比较"自由的"传播。

2. 布洛赫(Bloch) 波

以上我们定性的了解了晶体能带形成的原因，然而若要更深入的了解晶体能带的特点以及电子在晶体中如何运动，我们需要从量子力学的角度研究晶格周期势场中电子的运动。

晶体中电子处于周期性势场 $V(\boldsymbol{r})$ 中运动，满足薛定谔方程

$$\left[-\frac{\hbar^2}{2m}\nabla^2 + V(\boldsymbol{r}) \right]\psi(\boldsymbol{r}) = E\psi(\boldsymbol{r}) \tag{1-79}$$

由于势场的周期性 $V(\boldsymbol{r}) = V(\boldsymbol{r} + \boldsymbol{R}_l)$，方程的解应当具有如下形式：

$$\psi_k(\boldsymbol{r}) = u_k(\boldsymbol{r})f_k(\boldsymbol{r}) \tag{1-80}$$

其中 $u_k(\boldsymbol{r})$ 具有晶格周期性，即

$$u_k(\boldsymbol{r}) = u_k(\boldsymbol{r} + \boldsymbol{R}_l) \tag{1-81}$$

$f_k(\boldsymbol{r})$ 为一调幅因子，k 为标记不同能量本征值的量子数，后面我们会看到它对应着波矢。波函数模平方代表电子在晶体中各位置出现的概率分布，这个概率分布自然也要满足晶格周期性，即

$$|\psi_k(\boldsymbol{r})|^2 = |\psi_k(\boldsymbol{r} + \boldsymbol{R}_l)|^2 \tag{1-82}$$

于是要求调幅因子要满足条件

$$|f_k(\boldsymbol{r})|^2 = |f_k(\boldsymbol{r} + \boldsymbol{R}_l)|^2 \tag{1-83}$$

易得，只有 $\exp(i\boldsymbol{k} \cdot \boldsymbol{r})$ 对于所有的 R_l 均满足式(1 – 83) 条件，因此晶体中电子波函数应具有

如下形式:

$$\psi_k(r) = u_k(r) e^{ik \cdot r} \tag{1-84}$$

这就是布洛赫波函数。由式(1-84)易得布洛赫定理

$$\psi_k(r + R_l) = \psi_k(r) e^{ik \cdot R_l} \tag{1-85}$$

3. 周期势场中的电子态

为了量子力学求解晶体中电子的能级,我们首先需要了解晶体电子势场的特点。为简单起见,我们考虑由相同原子组成的一维晶体。对于单个原子,电子势场为指向原子核的中心势场,电子势函数一般表示为 $V(r)$,r 为位置矢量 r 球坐标系下的径向分量。通常 $V(r)$ 比较复杂,很难用一个特定的解析函数表示。但对于氢原子,$V(r)$ 就是库伦势,$V(r) \propto \dfrac{1}{r}$,即 $V(r)$ 为关于 r 的双曲函数,如图 1-13 所示。通常将自由电子

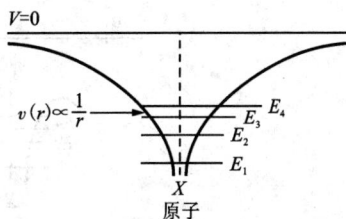

图 1-13　氢原子中价电子势能函数

的势能作为势能零点,因此原子中电子的势能 $V(r)$ 取负值。对于其他原子,价电子电子势能函数具有与氢原子的价电子势能相似的关系。

当大量原子相互靠近形成晶体时,各原子的价电子势场相互叠加,形成晶体周期势场,如图 1-14 所示。可见,真实晶体的电子势场是非常复杂的,不同原子形成的晶体其电子势场也表现得很不相同,通过求解定态薛定谔方程确定晶体中电子的能量本征值和本征态是非常困难的。为了了解周期性势场中电子能级分布的一般规律,我们对原子势场进行简化处理,首先考察图 1-15 所示的简单的一维周期性势场中电子的状态及能级分布,这一模型称为 Kronig - Penney 模型。

$$U(x) = \begin{cases} U_0, & -b < x < 0 \\ 0, & 0 < x < a \end{cases} \tag{1-86}$$

在 $0 < x < a$ 区间的薛定谔方程为

$$-\frac{\hbar^2}{2m}\frac{\mathrm{d}^2}{\mathrm{d}x^2}\psi(x) = E\psi(x) \tag{1-87}$$

波函数 $\psi(x)$ 可以表示为

$$\psi(x) = A e^{iKx} + B e^{-iKx} \tag{1-88}$$

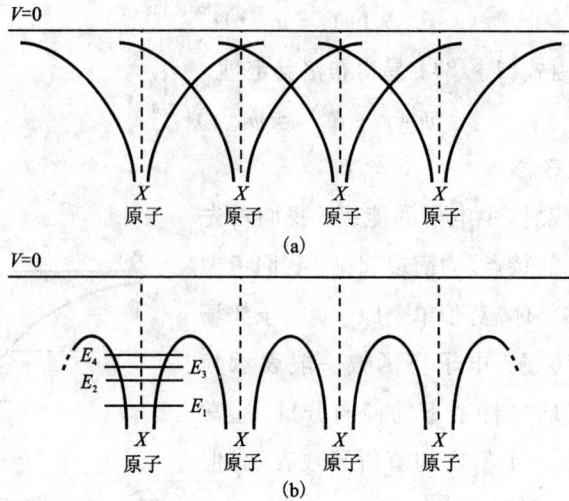

图 1 – 14

（a）原子势函数交叠；（b）一维晶体的势函数

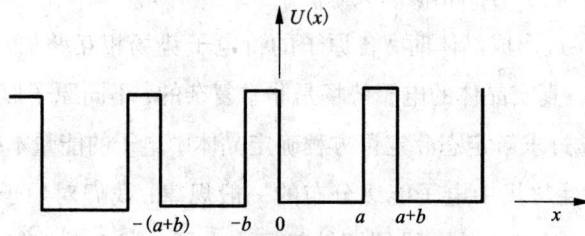

图 1 – 15 Kronig – Penney 模型

其中，$E = \dfrac{\hbar^2 K^2}{2m}$，在 $-b < x < 0$ 区间薛定谔方程为

$$-\frac{\hbar^2}{2m}\frac{\mathrm{d}^2}{\mathrm{d}x^2}\psi(x) = (E - U_0)\psi(x) \tag{1-89}$$

波函数 $\psi(x)$ 可以表示为

$$\psi(x) = Ce^{Qx} + De^{-Qx} \tag{1-90}$$

其中，$U_0 - E = \dfrac{\hbar^2 Q^2}{2m}$。根据布洛赫定理可知，在 $a < x < a + b$ 区间，电子波函数可以表示为

$$\psi(a < x < a + b) = \psi(-b < x < 0)e^{ik(a+b)} \tag{1-91}$$

其中 k 为与晶体平移对称性相关的简约波矢。由边界 $x = 0$ 和 $x = a$ 处波函数及其一阶导数连续条件可得，在 $x = 0$ 处，

$$A + B = C + D \tag{1-92}$$

$$iK(A - B) = Q(C - D) \tag{1-93}$$

在 $x = a$ 处，

$$Ae^{iKa} + Be^{-iKa} = (Ce^{-Qb} + De^{Qb})e^{ik(a+b)} \tag{1-94}$$

$$iK(Ae^{iKa} - Be^{-iKa}) = Q(Ce^{-Qb} - De^{Qb})e^{ik(a+b)} \tag{1-95}$$

以上四式有非平庸解的条件为 A，B，C，D 的系数行列式为零，得

$$[(Q^2 - K^2)/2QK]\sinh(Qb)\sin(Ka) + \cosh(Qb)\cos(Ka) = \cos k(a+b) \tag{1-96}$$

考虑一种更简单的情况，若 $b = 0$，$U_0 = \infty$ 则容易得，

$$(P/Ka)\sin Ka + \cos Ka = \cos ka \tag{1-97}$$

其中，$P = Q^2 ba/2$。采用作图法可以确定满足($1-97$)式的 K 的取值，从而确定电子能量本征值 E 的取值。

如图 $1-16$ 所示，只有那些使函数 $f(Ka) = (P/Ka)\sin Ka + \cos Ka$ 取值在(-1, 1)区间的能量 E 才是允许的能量本征值（图 $1-16$ 中阴影部分所示）。对于其他的能量值，不存在满足薛定谔方程的布洛赫波（图 $1-16$ 中空白区域），因此形成电子禁带。由图 $1-16$ 可得 $E-k$ 关系图，如图 $1-17$ 所示。可见，允带和禁带交替出现，每个布里渊区对应一个能带。

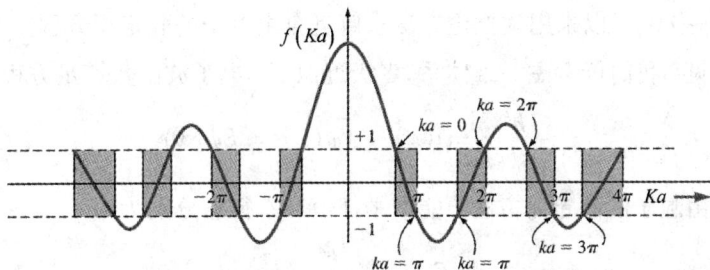

图 1 - 16　$f(Ka) = (P/Ka)\sin Ka + \cos Ka$ 函数图

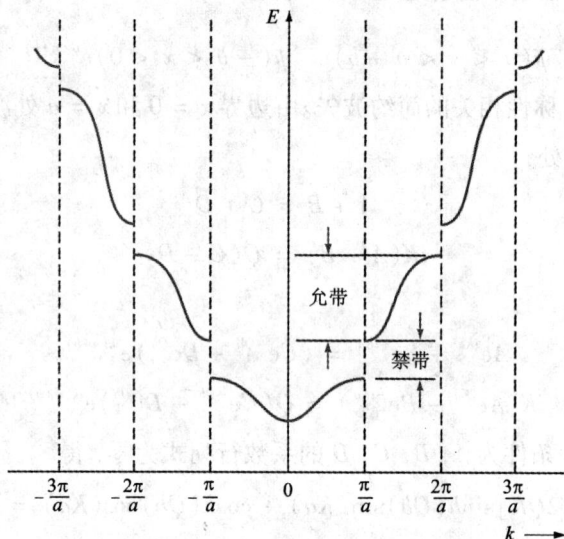

图 1 – 17   由图 1 – 16 生成的 E – k 关系图

4. 晶体能带的近自由电子近似理论

实际晶体中电子的势场要比 Kronig – Penney 模型复杂的多，准确求解薛定谔方程是不可能的，只能采用近似方法。对于金属晶体，金属离子实对价电子的束缚作用很弱，各个原子的价电子很容易摆脱金属原子的束缚，形成近自由的"电子气"。因此，金属晶体中电子势场波动很小，势能函数可以表示成

$$V(r) = \overline{V} + \Delta V \tag{1 – 98}$$

的形式，其中 $\Delta V \to 0$。可以采用微扰论方法求解近自由电子的薛定谔方程。

为了简单起见，我们仅考虑一维体系。零级近似下，电子波函数满足方程

$$-\frac{\hbar^2}{2m}\frac{\mathrm{d}^2}{\mathrm{d}x^2}\psi(x) + \overline{V}\psi(x) = E\psi(x) \tag{1 – 99}$$

这实际上就是自由粒子的薛定谔方程，能量本征值和本征态分别为

$$E_k^{(0)} = \frac{\hbar^2 k^2}{2m} + \overline{V} \tag{1 – 100}$$

$$\psi_k^{(0)}(x) = \frac{1}{\sqrt{Na}}\mathrm{e}^{ikx} \tag{1 – 101}$$

其中 a 为晶格常数，晶体包含 N 个原胞。波函数要满足周期性边界条件，即

$$\psi_k^{(0)}(x) = \psi_k^{(0)}(x + Na) \qquad (1-102)$$

所以波矢 k 只能取一些分立的值 $\dfrac{l}{N}\dfrac{2\pi}{a}$，$l = 0, \pm 1, \pm 2, \cdots$。需要指出的是，这里的 k 是近自由电子的波矢，对应于电子的动量，而不是布洛赫定理中的简约波矢。电子波矢 k 也在倒空间取值，但可以取到第一布里渊区以外，而简约波矢对应的是晶体平移对称操作算符的本征值，只能在第一布里渊区中取值。在第一布里渊区范围内近自由电子波矢和简约波矢取相同的值。

根据微扰理论(参见附录 1)，一级近似能量为

$$E_k^{(1)} = H'_{kk} = \int \psi_k^{(0)*} [V(x) - \bar{V}] \psi_k^{(0)} \mathrm{d}x = 0 \qquad (1-103)$$

二级近似能量为

$$E_k^{(2)} = \sum_{k' \neq k} \frac{|H'_{k'k}|^2}{E_k^{(0)} - E_{k'}^{(0)}} \qquad (1-104)$$

$$H'_{k'k} = \int \psi_{k'}^{(0)*} [V(x) - \bar{V}] \psi_k^{(0)} \mathrm{d}x = \int \psi_{k'}^{(0)*} V(x) \psi_k^{(0)} \mathrm{d}x \qquad (1-105)$$

利用晶格周期性可得，

$$H'_{k'k} = \begin{cases} V_n, & k' - k = n\dfrac{2\pi}{a} \\[2mm] 0, & k' - k \neq n\dfrac{2\pi}{a} \end{cases} \qquad (1-106)$$

其中，$V_n = \dfrac{1}{a}\int V(x)\mathrm{e}^{-\mathrm{i}n\frac{2\pi}{a}x}\mathrm{d}x$，即 $V(x)$ 的傅里叶变换。所以，二级近似能量为

$$E_k^{(2)} = \sum_{n \neq 0} \frac{|V_n|^2}{\dfrac{\hbar^2}{2m}\left[k^2 - \left(k + n\dfrac{2\pi}{a}\right)^2\right]} \qquad (1-107)$$

一级近似波函数为

$$\psi_k^{(1)} = \sum_{k' \neq k} \frac{H'_{k'k}}{E_k^{(0)} - E_{k'}^{(0)}} \psi_{k'}^{(0)} = \frac{1}{\sqrt{Na}}\mathrm{e}^{\mathrm{i}kx}\sum_{n \neq 0} \frac{V_n}{\dfrac{\hbar^2}{2m}\left[k^2 - \left(k + n\dfrac{2\pi}{a}\right)^2\right]}\mathrm{e}^{\mathrm{i}n\frac{2\pi}{a}x} \qquad (1-108)$$

由于 $E_k^{(2)} \ll E_k^{(0)}$，电子能量与波矢的关系 $E(k)$ 近似为抛物线。

注意，当 $k^2 = \left(k + n\dfrac{2\pi}{a}\right)^2$ 时，即当 $k = -\dfrac{n\pi}{a}$ 时，式(1-107)和(1-108)中分母趋向

于 0，非简并态微扰将不再实用，这时 $E - k$ 曲线将偏离抛物线。$k = -\dfrac{n\pi}{a}$ 对应于布里渊区边界。

$k \approx -\dfrac{n\pi}{a}$ 时，$k' \approx \dfrac{n\pi}{a}$，按照近简并态微扰论的基本方法，仅考虑这两个近简并态之间的相互耦合，波函数可表示为

$$\psi = c_1\psi_1 + c_2\psi_2 \qquad (1-109)$$

其中，

$$\psi_1 = \frac{1}{\sqrt{Na}}e^{-i\frac{n\pi}{a}x} \qquad (1-110)$$

$$\psi_2 = \frac{1}{\sqrt{Na}}e^{i\frac{n\pi}{a}x} \qquad (1-111)$$

哈密顿矩阵元

$$H_{11} = \int \psi_1^* \hat{H}\psi_1 \mathrm{d}x = E_1^{(0)} \qquad (1-112)$$

$$H_{22} = \int \psi_2^* \hat{H}\psi_2 \mathrm{d}x = E_2^{(0)} \qquad (1-113)$$

$$E_1^{(0)} \approx E_2^{(0)} \qquad (1-114)$$

$$H_{12} = V_n \qquad (1-115)$$

由行列式

$$\begin{vmatrix} H_{11} - E & H_{12} \\ H_{21} & H_{22} - E \end{vmatrix} = 0 \qquad (1-116)$$

解得

$$E_{\pm} = \frac{1}{2}\{E_1^{(0)} + E_2^{(0)} \pm [(E_2^{(0)} - E_1^{(0)})^2 + 4V_n]^{1/2}\} \qquad (1-117)$$

当 $E_2^{(0)} = E_1^{(0)}$，即 $k = -\dfrac{n\pi}{a}$ 时，

$$E_{\pm} = E_1^{(0)} \pm |V_n| \qquad (1-118)$$

所以在每个布里渊区边界上，存在能隙

$$E_{\mathrm{g}} = 2|V_n| \qquad (1-119)$$

至此，我们已经得到了一维体系近自由电子近似能带结构，其在倒空间（k 空间）的表示

如图 1 - 18(a) 所示。近自由电子能带的特点是：(1) 每个布里渊区对应一个能带；(2) 每个能带中远离布里渊区边界时 $E(k)$ 接近抛物线；(3) 布里渊区边界 $E(k)$ 曲线分别向下和向上弯曲，形成禁带。显然，近自由电子近似能带结构与 Kronig - Penney 模型的能带结构非常相似，实际上，当 U_0 很小时 Kronig - Penny 势场即满足近自由电子近似条件。

在图 1 - 18(a) 能带表示方法中，每个能带分别表示在不同的布里渊区，这种表示方法称为扩展布里渊区表示法。扩展布里渊区表示法通常只能表示很少的几个能带。除此之外，还有一种更简单和通用的能带表示方法，称为简约布里渊区表示法，如图 1 - 18(b) 所示。简约布里渊区表示法将所有能带都表示在第一布里渊区中。

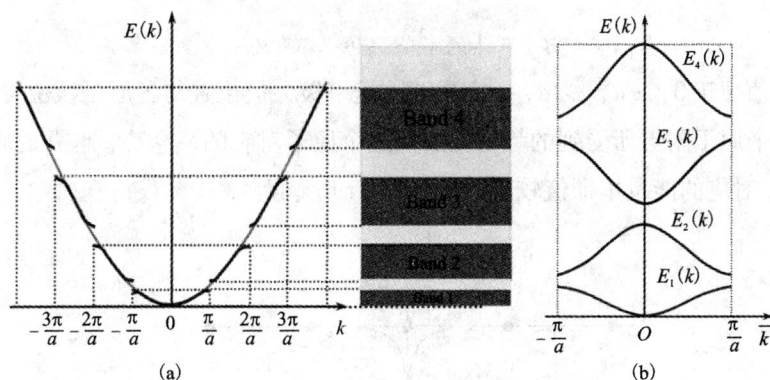

图 1 - 18　近自由电子近似能带

(a) 扩展布里渊区表示；(b) 简约布里渊区表示

布里渊区边界处带隙产生的原因是什么呢？我们考虑布里渊区边界处电子的波函数，对应于 E_+ 和 E_- 的波函数分别为

$$\psi_+ = \frac{1}{\sqrt{2}}(\psi_1 + \psi_2) \tag{1 - 120}$$

$$\psi_- = \frac{1}{\sqrt{2}}(\psi_1 - \psi_2) \tag{1 - 121}$$

为简单起见，考虑第一布里渊区边界，即 $n = 1$。$\psi_2 = \frac{1}{\sqrt{Na}}\exp\left(i\frac{\pi}{a}x\right)$ 为向右传播的行波（入射波），$\psi_1 = \frac{1}{\sqrt{Na}}\exp\left(-i\frac{\pi}{a}x\right)$ 为向左传播的行波（反射波），因此有

$$\psi_+ = \frac{1}{\sqrt{2}}\left[\frac{1}{\sqrt{Na}}\exp\left(-i\frac{\pi}{a}x\right) + \frac{1}{\sqrt{Na}}\exp\left(i\frac{\pi}{a}x\right)\right] = \sqrt{\frac{2}{Na}}\cos\left(\frac{\pi}{a}x\right)$$

$$(1-122)$$

$$\psi_- = \frac{1}{\sqrt{2}}\left[\frac{1}{\sqrt{Na}}\exp\left(-i\frac{\pi}{a}x\right) - \frac{1}{\sqrt{Na}}\exp\left(i\frac{\pi}{a}x\right)\right] = \sqrt{\frac{2}{Na}}\sin\left(\frac{\pi}{a}x\right)$$

可见，ψ_+ 和 ψ_- 均为驻波。

与行波不同的是，驻波函数 ψ_+ 和 ψ_- 分别使电子在不同区域中聚集，从而对应于不同的能量，导致晶体禁带的形成。对于单纯的行波而言，几率密度为 $\rho = |\psi|^2 = \psi^*\psi = \frac{1}{Na}\exp(-ikx)\exp(ikx) = \frac{1}{Na}$，在晶体中任意位置电子出现的概率相同。而对于驻波 ψ_+ 其概率密度为

$$\rho_+ = |\psi_+|^2 \propto \cos^2(\pi x/a) \tag{1-123}$$

概率密度极大值位于 0，$\pm a$，$\pm 2a$，… 等位置，概率极大值位置与各原子核位置重合。考虑到一个电子在某个原子附近所受到的势场主要是这个原子对它的库仑势，越靠近原子核库仑势越小，因此 ψ_+ 对应的能量本征值较小，如图 1 – 19 所示。

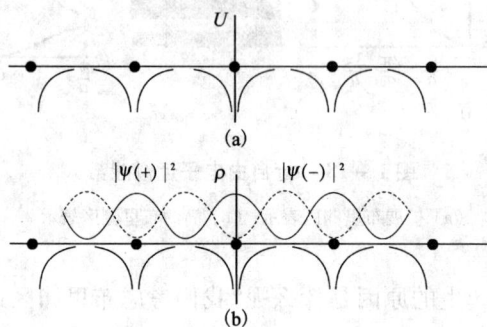

图 1 – 19　布里渊区边界处电子几率密度分布

对于驻波 ψ_-，其概率密度为

$$\rho_- = |\psi_-|^2 \propto \sin^2(\pi x/a) \tag{1-124}$$

概率密度极大值位于 $\pm\dfrac{a}{2}$，$\pm\dfrac{3a}{2}$，… 等位置，这些位置恰好对应于电子势能的极大值位置，因此体系能量比 ψ_+ 对应的能量高，从而在布里渊区边界 $\pm\dfrac{\pi}{a}$ 处形成能隙。

由以上分析可知，当自由电子波的波矢 $k = \pm\dfrac{\pi}{a}$，$\pm\dfrac{2\pi}{a}$，$\cdots$，$\pm\dfrac{n\pi}{a}$，$\cdots$ 等值时，它们将受到布里渊区边界的散射，入射波和散射波相干叠加形成驻波，从而使得电子能量偏离自由电子的 $E(k)$ 关系，形成电子禁带。可见，与晶体的 X 射线衍射类似，电子能带形成的原因是电子波被布里渊区边界散射而引起的。

5. 晶体能带的紧束缚近似理论

对于非金属晶体，电子势场的波动剧烈，电子在一个原子附近时主要受到该原子势场的作用，其他原子的平均势场对它的作用较微弱，把它当作微扰，采用微扰论方法研究晶体中电子的能量状态，这种晶体能带近似研究方法称为紧束缚近似方法。

设在晶体中某格点 R_m 附近的电子束缚态波函数为 $\varphi_i(r - R_m)$，则 $\varphi_i(r - R_m)$ 满足方程

$$\left[-\frac{\hbar^2}{2m}\nabla^2 + V(r - R_m) \right]\varphi_i(r - R_m) = \varepsilon_i\varphi_i(r - R_m) \qquad (1 - 125)$$

$V(r - R_m)$ 为 R_m 格点处原子对电子的势场。

晶体中共有化电子满足薛定谔方程

$$\left(-\frac{\hbar^2}{2m}\nabla^2 + U(r) \right)\psi(r) = E\psi(r) \qquad (1 - 126)$$

令

$$\hat{H}_0 = -\frac{\hbar^2}{2m}\nabla^2 + V(r - R_m) \qquad (1 - 127)$$

$$\hat{H}' = U(r) - V(r - R_m) \qquad (1 - 128)$$

则根据微扰论的结论，总波函数应当是所有微扰态的线性叠加。在紧束缚近似理论中，把其他原子对 R_m 格点附近的电子的作用当作微扰，因此电子总波函数可表示成

$$\psi(r) = \sum_m a_m\varphi_i(r - R_m) \qquad (1 - 129)$$

代入式（1 - 126）中得

$$\sum_m a_m\left[\varepsilon_i + \hat{H}' \right]\varphi_i(r - R_m) = E\sum_m a_m\varphi_i(r - R_m) \qquad (1 - 130)$$

为简单起见，假设电子在不同格点位置附近的束缚态波函数相互正交，即

$$\int\varphi_i^*(r - R_m)\varphi_i(r - R_n)\mathrm{d}r = \delta_{mn} \qquad (1 - 131)$$

方程（1 - 130）两边用 $\varphi_i^*(r - R_m)$ 左乘并全空间积分，可得

$$- \sum_m a_m J(\boldsymbol{R}_n - \boldsymbol{R}_m) = (E - \varepsilon_i) a_n \qquad (1-132)$$

其中

$$J(\boldsymbol{R}_n - \boldsymbol{R}_m) = -\int \varphi_i^* [\boldsymbol{\xi} - (\boldsymbol{R}_n - \boldsymbol{R}_m)][U(\boldsymbol{\xi}) - V(\boldsymbol{\xi})]\varphi_i(\boldsymbol{\xi}) \mathrm{d}\boldsymbol{\xi} \qquad (1-133)$$

称为交叠积分,它反映了不同格点处原子的原子轨道波函数的交叠程度。晶体中电子波函数要满足布洛赫定理,因此,系数 a_m 应具有 $a_m \sim \mathrm{e}^{ik \cdot R_m}$ 的形式(注意这里的 k 为简约波矢,只能在第一布里渊区中取值),即晶体中电子的归一化的紧束缚近似波函数可表示为

$$\psi_k(r) = \frac{1}{\sqrt{N}} \sum_m \mathrm{e}^{-k \cdot R_m} \varphi_i(\boldsymbol{r} - \boldsymbol{R}_m) \qquad (1-134)$$

由式(1-132)可得电子能量

$$E(\boldsymbol{k}) = \varepsilon_i - \sum_{R_s} J(\boldsymbol{R}_s) \mathrm{e}^{-ik \cdot R_s} \qquad (1-135)$$

通常只有近邻格点上原子的波函数之间的交叠积分才比较显著,因此式(1-135)中的求和一般只对考虑到最近邻情况。

由式(1-135)易得紧束缚近似电子能带的特点:(1)每个原子轨道能级对应一个能带;(2)能带宽度与近邻格点上原子的相应原子轨道波函数交叠程度有关,交叠越强能带越宽,因此价电子能带很宽而内层电子能带很窄;(3)禁带宽度由相邻原子轨道能级间的能量差和能带宽度共同决定,价电子能带可能发生能带重叠;(4)每个能带中各能级值与简约波矢 $\boldsymbol{k}$ 一一对应,简约波矢 $\boldsymbol{k}$ 的数目为晶体中的原胞数 N,因此每个能带由 N 条近简并的能级组成,每个能带可容纳 $2N$ 个电子。

1.2.3　能带中电子的准经典运动和有效质量

1. 准经典近似

晶体中的电子处于能带中,晶体的导电性跟晶体的能带有何关系?导体、半导体、绝缘体的能带有何不同?为了解答这些问题,必须了解晶体中电子在电场作用下的运动。

根据量子力学原理,晶体中电子的运动状态由电子的布洛赫波函数唯一确定,所以确定不同能带中电子的运动实际就是求解不同能带中不同能级对应的本征态。量子力学方法虽然能够准确的求解出描述电子运动状态的状态波函数,然而求解薛定谔方程通常是很困难的。在考虑能带中电子的运动时,我们可以采用准经典近似方法来描述。

准经典近似的基本思想是把电子看成是一个波包。考虑到微观粒子的不确定关系,其动

量和坐标的取值分别在 $\hbar k$ 附近的 $\hbar \Delta k$ 范围和 r 附近的 Δr 范围内变化。把波包中心 r 称为电子的位置，而把动量中心 $\hbar k$ 称为该电子的准动量。波包的群速度为

$$v = \frac{d\omega}{dk} \tag{1-136}$$

设波包能量为 E，相应的频率为

$$\omega = \frac{E}{\hbar} \tag{1-137}$$

因此波包速度可表示为

$$v = \frac{1}{\hbar} \frac{dE}{dk} \tag{1-138}$$

三维情况下

$$v = \frac{1}{\hbar} \nabla_k E \tag{1-139}$$

因此，波包中心 r 与时间 t 的关系可由下式表示

$$r = \frac{1}{\hbar} (\nabla_k E) t \tag{1-140}$$

需要特别指出的是，用波包来代替电子是一种近似手段，并不是任意情况下都可以采用准经典近似来处理电子运动问题。准经典近似成立的条件是波包的宽度要远远大于晶格常数，因此只有在考虑自由程很长的电子输运问题时才能采用准经典近似。在缺陷或杂质浓度较小的晶体材料中，电子的运动受到缺陷或杂质散射的几率很小，电子的平均自由程很长，此时电子可以看成是准经典粒子。准经典近似是处理晶体中电子输运性质的一种很好的近似方法。

2. 电场作用下晶体中电子的运动

有外加电场时，电子受到电场力作用，dt 时间内电场力对电子做的功为

$$-e\boldsymbol{\varepsilon} \cdot \boldsymbol{v}_k dt \tag{1-141}$$

电场力所做的功应当等于电子能量的变化，而电子能量 $E(k)$ 的变化由状态 k 的变化决定。根据功能原理得

$$dE = dk \cdot \nabla_k E = -e\boldsymbol{\varepsilon} \cdot \boldsymbol{v}_k dt \tag{1-142}$$

利用电子准经典速度公式 $\frac{1}{\hbar} \nabla_k E = \boldsymbol{v}_k$，得

$$\left(\hbar \frac{d\boldsymbol{k}}{dt} + e\boldsymbol{\varepsilon} \right) \cdot \boldsymbol{v}_k = 0 \tag{1-143}$$

式(1 – 143)对任意速度 v_k 均成立,从而得

$$\frac{\mathrm{d}}{\mathrm{d}t}(\hbar k) = -e\boldsymbol{\varepsilon} \tag{1 – 144}$$

式(1 – 144)称为准动量定理,$\hbar k$ 称为准动量。需要指出的是 $\hbar k$ 即不是电子的真实动量也不是动量的期望值,而是电子和晶格系统整体所表现出的动量。

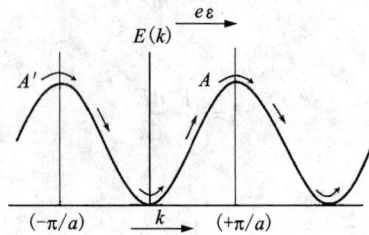

图 1 – 20   电场作用下能带电子在 k 空间运动

假设外加电场强度恒定,则由式(1 – 144)可知决定电子状态的波矢 k 均匀变化,即在倒空间中电子做匀速运动,以恒定的速度由一个能级进入另外一个能级。在无外电场时,电子能级在实空间中用一条条水平线表示,电子处于这一系列的能级上,此时电子只能通过热激发由一个能级进入另外一个能级。当存在外电场 ε 时,晶体中电子将受到电场的作用,电子能量要附加上电子所受的电场能 $V(x) = -e|\varepsilon|x$,因此电子能级发生倾斜。在电场力的作用下,如图 1 – 21 所示,电子的状态 k 均匀增加,在实空间中表现为由 A 经 B 向 C 运动。当电子到达 C 时,由于存在禁带,电子必须克服很高的势垒才能进入另外一个能带,因此电子将会被反弹回来,由 C 反向经 B 向 A 运动。同理,当电子到达 A 时,会被很强的势垒反射改变运动

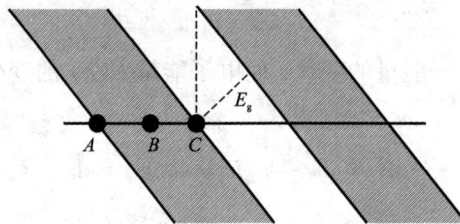

图 1 – 21   电场作用下电子在实空间的运动

方向。可见，在实空间中电子的运动是周尔复始的周期性运动，而一个能带中的电子只能由这个能带中的一个能级进入另外一个能级，却很难跃迁入另一个能带。若外加电场非常大，此时电子从电场中所获得的能量很大，从而有可能越过很高的势垒进入另一个能带。

3. 导体、半导体、绝缘体的能带结构

了解了能带中电子的运动特点后，我们下面可以对导体、半导体和绝缘体的能带进行比较。前面提到，在电场强度不是很强时，电子在电场作用下只能在一个能带中运动，当电子运动到布里渊区边界时（能带顶或能带底）会被布里渊区边界反射，电子状态波矢由 k 变为 $-k$。

晶体能带满足反演对称性，即

$$E(k) = E(-k) \tag{1-145}$$

因此，

$$v(k) = -v(-k) \tag{1-146}$$

如果一个能带被电子占满，则在电场作用下，虽然电子发生了定向运动，但由于 k 态和 $-k$ 态电子速度大小相等、方向相反，它们对电流的贡献相互抵消，能带中电子总体对电流没有贡献，即满带的电子不导电。反之，如果能带未被电子填满，在电场作用下电子状态分布发生改变，由对称分布变为非对称分布，因此总的电子对电流的贡献不为 0，即未满带电子导电。

通过上述分析，我们很容易得知，如果晶体中电子填满能量较低的一系列能带而保持能量较高的能带全空，则此晶体表现为绝缘性质；如果晶体中电子在填满能量较低的一系列能带后，还部分地填充了能量较高的一些能带，此时晶体导电，此晶体为导体。我们通常把最低的空带或未满带称为导带，而把最高的满带称为价带。因此，如果晶体导带是未满带，则晶体是导体，如果晶体导带是空带，则晶体为绝缘体。半导体在低温下是不导电的，因此半导体的能带与绝缘体能带相似，导带无电子占据；而温度较高时，半导体可以导电，这是由于半导体价带中的电子激发进入了导带，导带电子在电场作用下导电，而价带由于一些电子激发进入导带而成为未满带，同样对电流有贡献。电子的激发几率与半导体禁带宽度有关，因此半导体的导带和价带之间的禁带宽度相对于绝缘体较小。

导体中电流的来源主要是导带中能量最高的填充能级附近的一些能级上电子的定向运动，我们把导体中绝对零温时最高的被电子占据的能级称为费米能级，因此导体的电流主要由费米能级附近的电子贡献。半导体价带电子激发进入导带占据在导带底附近，同时在价带顶附近留下未被电子占据的空态。在外电场作用下，导带底的电子对电流有贡献，同时价带电子的总体运动也对电流有贡献。价带电子的整体运动相当于在空态上占据了电荷为 $+e$ 的有效粒子的运动，我们称这个有效粒子为"空穴"。价带电子的导电等效为空穴的导电。

4. 有效质量

下面考虑晶体中电子的准经典加速度问题。由式(1-138)和(1-139)得

$$\frac{dv}{dt} = \frac{1}{\hbar}\frac{d^2E}{dkdt} = \frac{1}{\hbar}\left(\frac{d^2E}{dk^2}\frac{dk}{dt}\right) \tag{1-147}$$

根据准动量定理 $\dfrac{d(\hbar k)}{dt} = F$ 得

$$\frac{dv}{dt} = \left(\frac{1}{\hbar^2}\frac{d^2E}{dk^2}\right)F = \frac{F}{m^*} \tag{1-148}$$

其中，

$$\frac{1}{m^*} = \frac{1}{\hbar^2}\frac{d^2E}{dk^2} \tag{1-149}$$

m^* 称为电子的有效质量。对于三维情况，有效质量为张量，各张量元为

$$\left(\frac{1}{m^*}\right)_{\mu\nu} = \frac{1}{\hbar^2}\frac{d^2E}{dk_\mu dk_\nu} \tag{1-150}$$

公式(1-148)意味着晶体中质量为 m 的电子在外力 F 作用下的运动规律好像是一质量为 m^* 的真空中电子在 F 作用下的运动。那么怎么来理解有效质量的概念呢?电子在晶体中运动时不停的和晶格发生相互作用，作用的结果是电子和晶格之间进行能量和动量的交换。有效质量反映了电子和晶格交换动量的情况，当电子从外电场中获得的动量大于传递给晶格的动量时有效质量为正，当电子从外电场中获得的动量小于传递给晶格的动量时有效质量为负。有效质量绝对值的大小反映了电子与晶格之间单位时间内交换动量的大小。

晶体中电子受到的作用力应当包含两部分，一部分是外力 F，另一部分是晶格原子对电子的作用力。由于电子与晶格的相互作用非常复杂，在此作用力作用下电子的运动相当复杂，一般表现为随机的杂乱运动。在考虑电子的输运性质时，起关键作用的是电子在外力作用下的定向运动，因此我们更关心电子的定向运动与外力的关系。由公式(1-148)可知，引入有效质量后，就可以把电子的定向运动与电子所受到的外力用牛顿第二定律联系起来。因此，有效质量实际上包含了晶格对电子的作用。引入有效质量，可以大大简化对晶体中电子的运动问题的处理。

根据前面讨论，我们得知，远离布里渊区边界时，电子的运动近似于自由电子，此时电子的有效质量近似等于其真实质量。而当靠近布里渊区边界时，晶格对电子的作用越来越强，

电子的有效质量远远偏离其真实质量。在金属中，导带电子半满填充，对电流起主要贡献的是费米能级附近的电子，由于费米波矢 k_F 一般远离布里渊区边界，故金属中电子通常可看成自由电子。而对于半导体，起导电作用的是激发进入导带的电子，和在价带顶附近的"空穴"。在能带底部附近，

$$E(k) = E(k_0 + \Delta k) = E(k_0) + \frac{\mathrm{d}E}{\mathrm{d}k}\bigg|_{k_0} \Delta k + \frac{1}{2}\frac{\mathrm{d}^2 E}{\mathrm{d}k^2}\bigg|_{k_0} (\Delta k)^2 + \cdots \qquad (1-151)$$

显然，

$$\frac{\mathrm{d}E}{\mathrm{d}k}\bigg|_{k_0} = 0 \qquad (1-152)$$

因此，

$$E(k) = E(k_0 + \Delta k) \approx E(k_0) + \frac{1}{2}\frac{\mathrm{d}^2 E}{\mathrm{d}k^2}\bigg|_{k_0} (\Delta) k^2 = E(k_0) + \frac{\hbar^2}{2m^*}(\Delta k)^2 \quad (1-153)$$

能带底部附近，

$$E(k) > E(k_0) \qquad (1-154)$$

故，能带底部电子有效质量为正。同理，我们可以得到能带顶部电子的有效质量为负值。由于半导体中价带电子的运动可以等效为空穴的运动，因此我们通常考虑的是价带空穴的有效质量。可以很容易证明，空穴有效质量和电子有效质量的关系为

$$m_p^* = -m_n^* \qquad (1-155)$$

因此，价带顶部空穴的有效质量为正。

综上所述，对半导体输运性质起主要作用的是半导体导带的电子和价带的空穴，因此在讨论半导体输运性质时，为了方便，我们要试图建立起与电子和空穴相关的有效质量方程。

1.2.4 有效质量方程

假设晶体处于一缓变势场 $U(z)$ 中，则电子所满足的薛定谔方程为

$$-\frac{\hbar^2}{2m}\frac{\mathrm{d}^2}{\mathrm{d}z^2}\Psi(z) + [V(z) + U(z)]\Psi(z) = E\Psi(z) \qquad (1-156)$$

其中，$V(z)$ 为晶格周期性势能函数。由于外加势场 $U(z)$ 的存在，破坏了电子所处势场的晶格周期性，电子的波函数不再是布洛赫波。但是，我们可以把电子的真实波函数写成各布洛赫波的线性叠加，即

$$\Psi(z) = \sum_k C_k \mathrm{e}^{\mathrm{i}kz} u_k(z) \qquad (1-157)$$

波函数 $\Psi(z)$ 的求解是困难的，因为要想用少数几项求和很好的描述波函数 $\Psi(z)$，必须选择合适的周期函数 $u_k(z)$，$u_k(z)$ 的好坏决定着式(1-157)中展开项的个数，从而决定着波函数 $\Psi(z)$ 求解的难易程度。如果能够避开 $u_k(z)$ 的选择，则可大大简化问题的求解。我们知道 $u_k(z)$ 反映的是晶格对电子波函数的调制作用，即包含了电子与晶格的相互作用，而引入有效质量就可以把电子与晶格的相互作用包含于其中，只关心电子的运动和外势场的关系，因此引入有效质量后，即可避免周期函数 $u_k(z)$ 的选取，从而大大简化问题的求解。

引入有效质量后，电子所满足的有效质量方程为

$$-\frac{\hbar^2}{2m^*}\frac{d^2}{dz^2}\varphi(z) + U(z)\varphi(z) = E\varphi(z) \qquad (1-158)$$

方程中不再包含晶格周期函数 $V(z)$，把晶格对电子的作用完全归结于有效质量 m^*。显然方程(1-158)的求解是比较容易的。需要指出的是，外势场 $U(z)$ 的变化要足够的缓慢，从而保证电子的有效质量 m^* 在很大范围内保持不变，方程(1-158)才是成立的。对于晶体的输运问题，外势场 $U(z)$ 一般均为变化缓慢的电势场，因此方程(1-158)通常是成立的。而对于其他问题，绝大多数情况下，方程(1-158)也是成立的。因此，通常情况下，我们可以放心的采用有效质量方程处理晶格中电子的相关问题。

下面来讨论方程(1-158)的求解。如图1-22所示，对于在较宽范围内变化的势能函数 $U(z)$，我们可以将空间划分为许多等间距的小区间，在每个小区间内使得势能函数保持不变，这样每个小区间都可以看成是一个窄的方势垒或方势阱。根据量子力学原理，方势阱和方势垒中电子的波函数可以很容易求解。求解出每个小区间内的波函数后，根据波函数连续

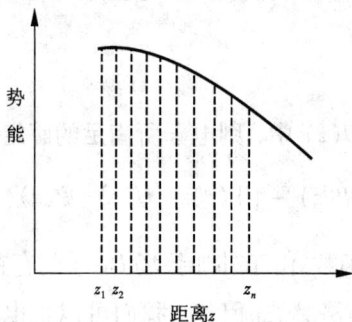

图1-22 将势能曲线划分为许多小区间，每个小区间势能函数保持恒定

条件：$\varphi(z)$ 和 $\dfrac{\mathrm{d}\varphi}{\mathrm{d}z}$ 在各个边界处连续，可以求得整个区域内电子有效波函数，从而确定电子状态以及相关性质。

下面我们来考虑图 1 – 23 所示的量子阱中电子的运动。量子阱广泛存在于纳米材料和器件中，用两块宽禁带半导体中间夹着一层窄禁带半导体，如果中间的窄禁带半导体厚度为纳米尺度，即可形成量子阱，此时中间层半导体导带电子被束缚在量子阱中，表现为束缚态性质。

将空间分为三部分 $z < 0$，$0 < z < z_0$，和 $z > z_0$ 三部分，在一、三部分电子的有效质量方程为

$$-\frac{\hbar^2}{2m^*}\frac{\mathrm{d}^2}{\mathrm{d}z^2}\varphi(z) + U_0\varphi(z) = E\varphi(z) \qquad (1-159)$$

而在第二部分电子的有效质量方程为

$$-\frac{\hbar^2}{2m^*}\frac{\mathrm{d}^2}{\mathrm{d}z^2}\varphi(z) = E\varphi(z) \qquad (1-160)$$

考虑 $E < U_0$ 的情形，则式（1 – 159）的解为

$$\begin{cases} \varphi(z) = A\exp(k_1 z), & z < 0 \\ \varphi(z) = B\exp(-k_1 z), & z > z_0 \end{cases} \qquad (1-161)$$

其中，$\dfrac{\hbar^2 k_1^2}{2m^*} = (U_0 - E)$，式（1 – 160）的解为

$$\varphi(z) = C_1\exp(ik_2 z) + C_2\exp(-ik_2 z) \qquad (1-162)$$

其中，$\dfrac{\hbar^2 k_2^2}{2m^*} = E$，由波函数的连续条件可解得各系数 A，B，C_1，C_2，和能量 E。以上解得的能量为分立值，即量子阱中的电子能级被量子化。相应的波函数如图 1 – 24 所示。

可见量子阱中电子波函数为驻波形式，而在两边势垒中的电子波函数为快速衰减的函数，表明电子将被束缚在量子阱中运动。

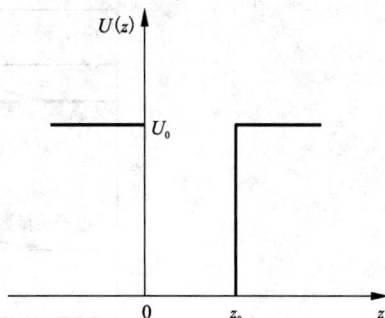

图 1 – 23　量子阱

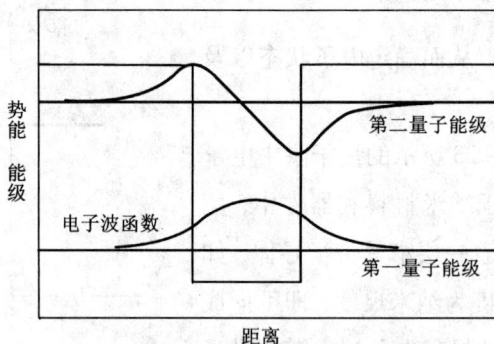

图 1 - 24   量子阱中电子能级与波函数

1.2.5   量子束缚与能态密度

上节我们提到，量子阱中的电子波函数表现为驻波形式，而在两侧势垒中为快速衰减的波函数，因此量子阱中的电子表现为束缚态的性质。由于两侧势垒对电子的束缚，电子能级发生分裂，由原先的准连续分布变为分立分布。电子能级的重新分布，对材料的电学性质、光学性质等等有着极其重要的影响，因此量子阱结构一般表现出奇特的电学及光学性质，广泛的应用于电学和光学器件中。

对于纳米材料，至少会存在一个维度为纳米尺度，在这一维度内晶格周期性势场被截断，相当于在边界处存在无穷大的势垒，电子将被限制在这一无限深势阱中运动，同样表现为束缚态性质，能级分裂。而在其他维度中仍然保持严格周期性，电子波函数在这些方向仍然是布洛赫波，电子能级准连续分布。因此，纳米体系中，电子能带结构发生重新分布。由于电子束缚能级的分裂，导致纳米体系的导带和价带间的禁带宽度变宽，从而决定着纳米尺度半导体表现出与块体不同的电学及光学性质，这就是量子尺寸效应。例如纳米半导体材料的发射光谱相对于晶体发生蓝移，这就是由于纳米半导体禁带变宽引起的。

材料的电学、光学性质等主要由材料中电子的分布决定。例如金属的电导率主要由费米能级附近的电子决定。电子是费米子，每个电子能级上只能容纳两个自旋反平行排列的电子，在绝对零度下，电子按照能量由低到高逐渐填充每个能带中的各个能级。在某个能量范围内电子的数目与在这一能量范围内电子能级的数目成正比，即与这一能量范围内电子的能态密

度成比例。能态密度是指单位体积、单位能量范围内存在的电子状态数，由以下公式表示

$$N(E) = \lim_{\Delta E \to 0} \frac{\Delta Z}{\Delta E} \tag{1-163}$$

ΔZ 为 $E \to E + \Delta E$ 范围内的状态数。晶体中能量 E 是关于电子简约波矢 k 的函数，因此能态密度与 k 空间体积有关，三维体系电子能态密度可以表示为

$$N(E) = \frac{2}{(2\pi)^3} \oiint \frac{\mathrm{d}S}{|\nabla_k E(k)|} \tag{1-164}$$

积分对能量为 E 的等能面进行。对于二维体系，电子能态密度可以表示为

$$N(E) = \frac{2}{(2\pi)^2} \oint \frac{\mathrm{d}l}{|\nabla_k E(k)|} \tag{1-165}$$

积分对能量为 E 的等能线进行。同理，对于一维体系，有

$$N(E) = \frac{4}{2\pi} \frac{\mathrm{d}k}{\mathrm{d}E} \tag{1-166}$$

在有效质量近似下，能带中电子可看成是自由电子，即对于三维体系有

$$E = \frac{\hbar^2 k^2}{2m^*} \tag{1-167}$$

因此，由公式（1-164）可得三维晶体的能态密度为

$$N_{3D}(E) = \frac{1}{2\pi^2} \left(\frac{2m^*}{\hbar^2} \right)^{3/2} E^{1/2} \tag{1-168}$$

再来考虑一个方向为纳米尺度的纳米薄膜中电子态密度。假设 z 方向为纳米尺度，则电子在 z 方向受到势阱的约束，而在 $x-y$ 平面内仍然为自由电子，即

$$E = \frac{\hbar^2 (k_x^2 + k_y^2)}{2m^*} + E_n \tag{1-169}$$

式中，E_n 为在 z 方向受约束的分立的束缚态能级。由公式（1-165）可得二维自由电子气能态密度为

$$N_{2D}(E) = \sum_n \frac{m^*}{\pi \hbar^2} H[E - E_n] \tag{1-170}$$

其中，$H[E - E_n] = \begin{cases} 1 & E - E_n \geqslant 0 \\ 0 & E - E_n < 0 \end{cases}°$

对于一维纳米线，只在一个维度上保持晶格周期性，而在另两个维度受到量子束缚，因此一维自由电子气的能量为

$$E = \frac{\hbar^2 k_x^2}{2m^*} + E_n \qquad\qquad (1-171)$$

其中, E_n 为二维量子阱中电子的束缚能级。由公式(1-166)可得一维电子气能态密度为

$$N_{1D}(E) = \frac{\sqrt{2m^*}}{\pi\hbar} \sum_n (E - E_n)^{-1/2} \qquad\qquad (1-172)$$

零维量子点,三个方向上均有量子束缚,电子能级不再具有准连续分布,而表现为分立能级,因此能态密度表示为 δ 函数,即

$$N_{0D}(E) = \delta(E - E_n) \qquad\qquad (1-173)$$

电子气的能态密度与维数的关系如图 1-25 所示。

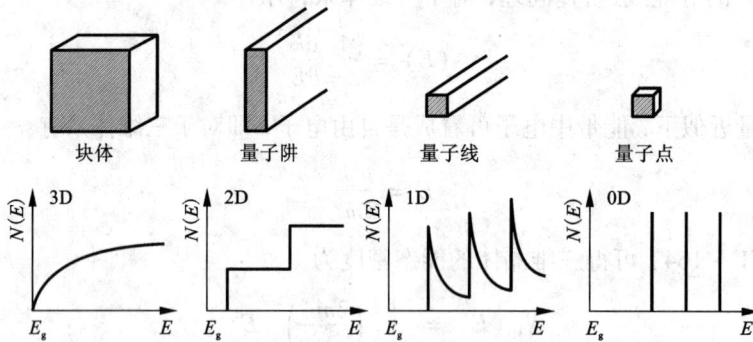

图 1-25 电子能态密度与维度的关系

在有限温度下,电子并不一定按能量高低依次占满每个能级,而是要满足费米-狄拉克分布,分布函数为:

$$f(E) = \frac{1}{1 + \exp[(E - E_F)/k_B T]} \qquad\qquad (1-174)$$

其中 E_F 为费米能量。对于半导体而言,费米能级并不像金属一样表示绝对零度下电子占据的最高能级,而是表示电子的化学势。对于本征半导体而言,费米能级位于禁带中央,而对于非简并的杂质半导体,其费米能级向导带或价带偏移,但满足 $|E - E_F| \gg k_B T$。因此,对于本征半导体和非简并的 n 型半导体,导带底附近的电子分布函数可以近似为玻尔兹曼分布

$$f(E) \approx e^{-(E - E_F)/k_B T} \qquad\qquad (1-175)$$

因此半导体导带底附近电子分布密度为

$$\rho(E) = N(E)\exp[-(E - E_F)/k_B T] \tag{1-176}$$

电子浓度为

$$n = \int \rho(E)\,dE = \int N(E)\exp[-(E - E_F)/k_B T]\,dE \tag{1-177}$$

半导体导带底电子分布如图1-26所示。可见相对于三维晶体材料，二维量子体系电子分布峰值较大，即量子束缚使得电子分布发生变化，导致电子集中分布在一个狭小的能量范围内。而在半导体激光器中，电子分布的峰值必须大于某个阈值时，激光器才能工作，因此引入量子束缚可以大大提高激光器的性能。对于一维和零维量子体系，量子束缚效应更加显著，即电子集中分布在更小的能量范围内。

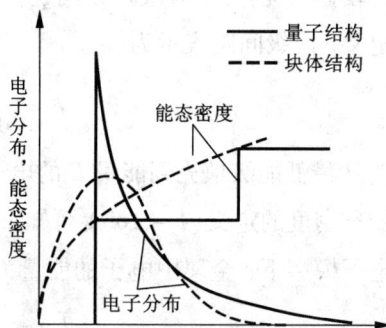

图 1-26 电子密度分布、能态密度

1.3 量子尺寸效应和久保理论

1.3.1 电子能级结构的不连续

实验证实，当材料的尺寸小于几十个纳米时通常表现出与块体结构不同的物理性质，例如纳米材料的发光光谱相对于晶体材料会发生蓝移，蓝移程度的大小与纳米材料的尺寸密切相关，我们把纳米材料表现出的这种与块体材料不同并随着尺寸变化而变化的性质称为量子尺寸效应。量子尺寸效应归根结底是由于纳米材料中电子能级的分布随着尺寸的变化而变化引起的。因而，了解纳米体系中电子能级的分布情况是理解量子尺寸效应的基础。

我们已经知道，N个原子在形成晶体时，相互之间发生相互作用。这一相互作用的结果是原先N重简并的单原子能级分裂为N个彼此靠近的非简并能级，这些相互靠近的非简并能级形成一个晶体能带。各能级间间距与总原子数N成反比。因此，对于晶体而言，N趋于无穷大，故能带中各能级间间距很小，可以认为能带中各能级准连续分布。对于金属晶体而言，金属原子的价电子轨道能级分裂形成金属的导带，金属的很多物理性质都与金属导带中的电子有关,尤其是费米能级附近的电子决定着金属晶体的宏观物理性质。

当体系的原子数逐渐减少,体系由块体进入纳米体系时,体系的能级结构将发生显著的改变,表现为电子能级由晶体中准连续分布过渡到纳米颗粒中的不连续分布,从而导致金属纳米颗粒表现出与块体显著不同的物理性质。然而,当纳米颗粒尺寸小到什么量级量子尺寸相应才会比较显著呢?为了解决这一问题,我们需要了解能级间距与纳米颗粒尺寸的关系。

根据定义,能级间距表示为

$$\delta = \frac{\mathrm{d}E}{\mathrm{d}N'/2} = \frac{2\mathrm{d}E}{\mathrm{d}N'} \tag{1-178}$$

其中,N' 为从最低能级填充到能量 E 的电子数,$\mathrm{d}N'$ 为 $E \sim E + \mathrm{d}E$ 范围内占据的电子数。

根据能态密度的定义(1-163)可知:能级间距反比于单自旋态密度 $D(E)$。

自由电子模型下,金属中电子的能量为

$$E = \frac{\hbar^2}{2m}k^2 = \frac{\hbar^2}{2m}(k_x^2 + k_y^2 + k_z^2) \tag{1-179}$$

其中 k 为电子的波矢。显然自由电子模型下金属中电子等能面为球面。

单电子能态密度为

$$D(E) = \frac{V}{(2\pi)^3}\oint \frac{\mathrm{d}S}{|\nabla_k E(k)|} = \frac{V}{4\pi^2}\left(\frac{2m}{\hbar^2}\right)E^{1/2} \tag{1-180}$$

在 $T = 0$ K 时,金属中费米能级是电子填充的最高能级,因此由公式(1-179)可知

$$E_F = \frac{\hbar^2}{2m}k_F^2 \tag{1-181}$$

其中 k_F 称为费米波矢。能带中波矢 k 准连续分布,每个 k 所占倒空间体积为 $\frac{\Omega^*}{N}$,Ω^* 为倒空间原胞体积,因此,波矢 k 的分布密度为 $\frac{V}{(2\pi)^3}$。金属中总电子数 N 可以表示为

$$N = 2\frac{V}{(2\pi)^3}\frac{4}{3}\pi k_F^3 = \frac{V}{3\pi^2}k_F^3 \tag{1-182}$$

于是,费米波矢为

$$k_F = \left(\frac{3\pi^2 N}{V}\right)^{1/3} \tag{1-183}$$

所以,费米能级为

$$E_F = \frac{\hbar^2}{2m}k_F^2 = \frac{\hbar^2}{2m}\left(\frac{3\pi^2 N}{V}\right)^{2/3} = \frac{\hbar^2}{2m}(3\pi^2 n)^{2/3} \tag{1-184}$$

即，金属中电子的费米能级只依赖于电子浓度 n。

假设金属纳米颗粒中各能级等间距分布，电子按能量由低到高逐渐占据每一个能级，费米能级是最高的有电子占据的能级，由公式(1 – 184)我们可以得到费米能级附近的平均电子能级间距。

由公式(1 – 184)得

$$\ln N = \frac{3}{2}\ln E_{\mathrm{F}} + \mathrm{constant} \tag{1 – 185}$$

对式(1 – 185)两边求微分，得

$$\frac{\mathrm{d}N}{N} = \frac{3}{2}\frac{\mathrm{d}E_{\mathrm{F}}}{E_{\mathrm{F}}} \tag{1 – 186}$$

于是，等能级间距近似下，平均能级间距

$$\delta = \frac{2\mathrm{d}E}{\mathrm{d}N'} = \frac{2\mathrm{d}E_{\mathrm{F}}}{\mathrm{d}N} = \frac{4E_{\mathrm{F}}}{3N} \tag{1 – 187}$$

因为能级间距与电子单自旋态密度成反比，式(1 – 187)表明等能级间距近似下，平均能级间距与费米能级处的电子单自旋态密度成反比，即

$$\delta = 4E_{\mathrm{F}}/3N = \frac{1}{D(E_{\mathrm{F}})} \tag{1 – 188}$$

由式(1 – 180)可知在费米能级 E_{F} 恒定的情况下，可得平均能级间距反比于金属颗粒的体积。为简单起见，我们通常假设金属纳米颗粒为球形粒子，直径为 d，于是能级间距 δ 与 d^{-3} 成正比。随着金属纳米颗粒直径的减小，其平均能级间距逐渐增大，当平均能级间距大于电子的热运动动能时，显著的量子效应将可能发生。下面我们来看一看金属纳米颗粒表现出与块体显著不同的量子效应时对颗粒体积有何要求。

我们先假设实验上能够对单个金属纳米颗粒进行准确测量。我们已经知道，纳米体系之所以表现出与块体不同的物理性质，根本原因是纳米体系中电子能级不连续分布，电子可在这些不连续分布的能级间跃迁，这一跃迁不同于电子在晶体价带与导带之间的跃迁，因而产生与块体材料显著不同的物理性质。就金属纳米颗粒而言，若要表现出与块体不同的性质，则要求在此实验条件下金属纳米颗粒中的电子能级间距不可被忽略，即此时金属颗粒中的电子不可近似地当作自由电子。假设实验在温度 T 下进行，则电子的热运动动能为 $k_{\mathrm{B}}T$。如果金属颗粒中电子能级间距小于电子热运动能 $k_{\mathrm{B}}T$，则电子可以自由地由一个能级跃迁进入另一个能级，此时金属颗粒中分立的电子能级可以近似看成连续分布，而金属颗粒中电子可以看

成自由电子，此金属颗粒表现出于金属晶体相同的物理性质。反之，如果金属颗粒中电子能级间距远大于电子热运动能 k_BT，则电子很难由一个能级通过热激发进入能量较高能级，此时电子能级的不连续性不可忽略，电子不再能当成自由电子处理，因此金属颗粒可能表现出与金属晶体截然不同的物理性质。

金属颗粒要表现出与晶体不同的物理性质，除了要求其费米能级附近平均电子能级间距远大于电子的热运动能外，另外一个因素同样需要考虑，即当一个电子被外界作用激发进入高能级时，电子应当可以在此能级上停留一段时间而不是立刻返回低能级，也就是说处于激发态的电子要具有足够长的寿命，这样才能保证实验上能够观察到这种由电子能级分裂所导致的与块体所不同的物理性质。因而，通过以上分析我们知道，为了实现量子尺寸效应，要求金属颗粒的尺寸足够小，从而得以满足以下两个条件：一是金属颗粒中相邻能级间距 δ 要远大于 k_BT；二是电子态的寿命 τ 必须远远大于 $\hbar/\delta$。

当金属颗粒的尺寸满足上述两个条件的要求时，金属颗粒就会表现出与块体金属不同的物理性质。此时，费米能级不再是能量最高的有电子占据的能级，而是类似于半导体材料，位于最高占据轨道能级（HOMO）和最低未占据轨道能级（LUMO）间的能隙中。我们可以估算出满足上述条件的金属颗粒的临界尺寸，从而可以估计不同金属材料在哪一尺寸时量子尺寸效应将显著的表现出来。例如，对于电子浓度为 $n = 6 \times 10^{22}\ cm^{-3}$ 金属银，单一自旋态密度为

$$D(E_F) = \delta^{-1} = \frac{Vmk_F}{2\hbar^2\pi^2} = \frac{Vm(3\pi^2 n)^{1/3}}{2\hbar^2\pi^2} \qquad (1-189)$$

于是有

$$\delta/k_B = \frac{1.45 \times 10^{-18}}{V}\ Kcm^3 \qquad (1-190)$$

假设实验上能够达到的最低温度为 1 K，为了满足条件 $\delta \geqslant k_BT$，可得银颗粒的临界直径约为 $d = 140\ Å$。而不同的金属颗粒一般具有不同的电子浓度，因而对应于不同的临界直径。然而可以发现不同元素的金属颗粒量子尺寸效应的临界直径的变化范围不超过 50%。图 1 – 27 所示为由热容的测量数据计算出的不同金属颗粒能级间距与颗粒尺寸的关系，由于存在电子 – 声子相互作用，导致实验上测量出的量子尺寸效应的临界尺寸与采用自由电子模型的估算结果有所不同。从图中可以看出当 $\frac{\delta}{k_B}$ 为 1 K 时对应的金属颗粒直径约为 10 nm 左右，即当金属颗粒直径小于 10 nm 时，量子尺寸效应显著的显现出来。

下面我们来讨论一下金属颗粒的热容。较高温度时，电子热运动能量远远大于金属颗粒

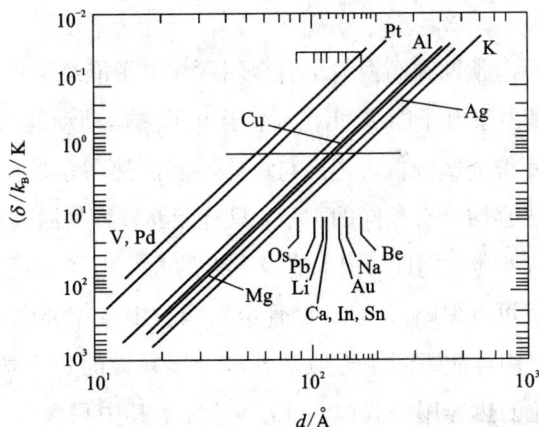

图 1 - 27 不同金属团簇能级间距与团簇尺寸的关系

中电子能级间距($k_B T \gg \delta$)，如前所述，此时金属颗粒中电子可以当成自由电子处理，因而其热容与块体金属相似，与温度成线性关系。然而，当温度很低时，电子热运动能量远远小于电子能级间距，电子热容的大小与电子激发进入激发态能级的几率有关。电子激发进入激发态的概率正比于 $\exp(-\delta/k_B T)$，因而理论上低温时金属颗粒的电子热容与温度的关系应当是指数函数关系

$$C(T) = k_B \exp(-\delta/k_B T), \quad T \to 0 \qquad (1-191)$$

类似的，当金属颗粒的尺寸较小时，金属颗粒的磁化率等也可能随着温度的降低发生显著的改变，这些现象归根到底都是由于在低温时金属颗粒中的能级间距不可忽略而引起的。

　　然而，实验上观察到的低温时金属颗粒的热容与温度的关系并不是指数函数关系。人们发现，在低温时金属颗粒的热容的测量值与温度实际上成幂函数的关系，而幂指数的值视具体情况而定。什么原因导致了金属颗粒热容的理论值与实验值不同呢？如前所述，式(1-191)是在假设实验上能够对单个颗粒进行测量的前提下得到的，而实际上我们无法只对单个的金属颗粒进行热力学实验测量。实验中的金属颗粒样品通常是由许多不同尺寸、不同形状的金属颗粒组成的集合。不同金属颗粒对应不同的平均电子能级间距，因而对应不同的 $C(T) \sim T$关系。因此，要得到准确的 $C(T) \sim T$ 关系，必须考虑到金属颗粒的尺寸及形状分布对热容的影响。久保及其合作者对此问题给予了解决。

1.3.2　久保理论

通过前面讨论我们可以预期在高温时尽管金属颗粒电子能级结构与块体不同但并不表现出特别的物理性质，这是由于电子能级间距远小于电子热运动动能。而在低温时，金属颗粒电子能级的不连续分布使得金属颗粒表现出与块体不同的热力学性质。然而并不是所有能级上的电子对金属颗粒的热容均具有相同的贡献，只有能够较容易激发进入高能级的电子才会对金属颗粒的热容有较大贡献，因此，费米能级附近的几个电子能级才是最重要的，其他能级上的电子对热容的贡献可以忽略。因此，尽管金属颗粒中各相邻电子能级间的能级间距并不相同，我们仍然可以采用等能级间距近似来处理金属颗粒的热力学问题。低温时，在等能级间均近似下，金属颗粒的热容用公式（1－191）表示，其中只含有一个变量即平均能级间距。如前所述，平均能级间距与金属颗粒的体积成反比，对于直径为 d 的球形颗粒，平均能级间距与 d^{-3} 成正比，于是不同尺寸的金属颗粒表现出不同的热力学量随温度的变化关系。实际的测量总是对大量不同尺寸及形状的金属颗粒系综进行，因而不同尺寸及形状的金属颗粒的能谱对热容的影响必须予以考虑。久保等人最早对大量金属颗粒系综中尺寸相同而形状不同的颗粒给予了统计处理，进而对颗粒的平均能级间距的分布进行了统计处理，从而解决了金属颗粒热容实验值与理论值不一致的问题，这就是著名的久保理论。

久保理论是建立在两个基本假设的基础上的。我们知道，在温度较高时金属中电子热运动能较大，电子之间的相互作用势能相对于电子热运动能小得多，电子之间的相互作用可以忽略，因此金属中的电子可以近似的看成是自由电子，所有导电电子完全相同，每一个电子所处的状态对应一个单电子能级，这些大量的微弱相互作用的电子组成了所谓的自由电子气。自由电子气模型在处理金属物理性质与电子能谱的关系方面取得了很大的成功。然而，当温度很低时，电子的热运动能就会变得很小，此时电子之间的相互作用势能相对于电子的热运动能不再可以忽略，因而低温时金属中的电子不再是自由电子气，我们把这种相互关联的电子系统称为费米液体。在费米液体中，单电子能级近似不再成立。为了处理费米液体问题，引入无相互作用的准粒子概念，费米液体的各分立能级不是单电子能级而是对应于这些准粒子的准粒子态。久保理论就是建立在费米液体理论基础之上的。

另外，在久保理论中每一个金属颗粒均是电中性的。我们知道，金属颗粒能否保持电中性与颗粒的功函数是否大于电子的热运动能有关。在足够低的温度下，为了保持金属颗粒的电中性，电子的热运动能 $k_B T$ 应远远小于金属颗粒的功函数 W，即，

$$k_B T \ll W \approx e^2/d = 1.5 \times 10^5 k_B/d \quad \text{KÅ} \tag{1-192}$$

其中 d 为颗粒的直径。在量子尺寸效应的范围内，公式(1-192)始终成立，即使对于直径为 10 Å 以内的金属颗粒，公式(1-192)也要比量子尺寸临界条件 $k_B T \ll \delta$ 弱两个数量级。因此，低温时金属颗粒为电中性的假设是合适的。

　　了解了久保的两个基本假设之后，下面我们来看看久保如何来统计处理尺寸相同而表面粗糙度不同的近球形金属颗粒系综的能谱的。这些随机的表面特征会在体系哈密顿量中引入随机的表面势能项，从而降低或解除体系能级由于球形对称而引入的高度简并。也就是说，如果两个金属颗粒具有相同的直径，由于它们具有不同的表面特征，那么我们可以想象这两个金属颗粒仍然具有不同的能级结构。根据前面的讨论已知，只有费米能级附近的几个能级中的电子对金属颗粒的热力学性质起决定性作用，其他能级中电子的贡献可以忽略，即费米能级附近的几个能级间距是决定各金属颗粒具有不同 $C(T) \sim T$ 关系的直接原因。由于我们假设这些金属颗粒均具有球形的形状，而具有随机的表面粗糙程度，因此久保认为不同金属颗粒费米能级附近一些能级间的能级间距也是随机分布的，可以用一个随机变量表示，这一随机变量遵循一定的统计分布。久保给出了一个概率密度函数用来表示找到某个能级的概率分布。以某个能级为参考能级，从这个参考能级出发经过 n 个能级并在距参考能级 Δ 处找到一个能级的概率可以用下面公式来表示

$$P_n(\Delta) = \frac{1}{n!\delta}(\Delta/\delta)^n \exp(-\Delta/\delta) \tag{1-193}$$

其中 δ 为平均能级间距，公式(1-193)是泊松形分布。显然，能量间隔为 Δ 的最近邻能级的概率分布对应于公式(1-193)中 $n=0$ 的情况，此时公式(1-193)简化为指数函数，当 Δ 很小时分布函数趋向于一个不为 0 的常数。然而，由原子物理知识我们知道在一个金属颗粒中两个能级无限的靠近这种情况是不会发生的，这是由于当两个能级靠的很近时处于这两个能级上的电子会发生强烈的排斥作用，从而使能级重新分布，从这一方面考虑，公式(1-193)对多数情况下是不实用的。

　　尽管久保给出的能级分布函数有很明显的局限性，然而他的思想确是具有非常重要的理论价值的。久保给出了理论上处理大量金属颗粒系综热力学性质的理论方法，为纳米科学的发展做出了重要的贡献。之后，许多科学家对久保理论进行了改进和完善，从而使得久保理论可以更加准确的处理金属纳米颗粒的热力学问题。

1.3.3　久保理论的修正与完善

实际的金属颗粒试样中不仅包含尺寸相近而形状不同的不同颗粒,还存在着不同尺寸的颗粒,热力学量为所有不同颗粒的相应热力学量的统计平均,在统计处理实际金属颗粒试样的热力学性质时需要同时考虑相同尺寸而形状不同的金属颗粒所组成的子系综中能级的概率分布以及颗粒尺寸的分布。对于单个金属颗粒,热力学量与它的配分函数有关,配分函数随着能谱的不同而不同,表示为

$$Z = 1 + \sum_{j \neq 0} e^{-\beta E_j} \tag{1-194}$$

热容和磁化率分别表示为配分函数的对数函数

$$C = k_B \beta^2 \frac{\partial^2}{\partial \beta^2} \ln Z \tag{1-195}$$

$$\chi = \beta^{-1} \frac{\partial^2}{\partial H^2} \ln Z \tag{1-196}$$

以上各式中 $\beta = (k_B T)^{-1}$, H 是磁场强度。由于具有相同尺寸而形状不同的金属颗粒具有不同的能谱,因而它们对应不同的配分函数。在由相同尺寸而形状不同的金属颗粒组成的子系综中找到一个能级的概率可以用类似于久保等提出的概率密度函数表示,因而对整个子系综进行统计平均即可得到相同尺寸金属颗粒组成的子系综对应的热力学量,即

$$\langle C \rangle = k_B \beta^2 \frac{\partial^2}{\partial \beta^2} \langle \ln Z \rangle \tag{1-197}$$

$$\langle \chi \rangle = \beta^{-1} \frac{\partial^2}{\partial H^2} \langle \ln Z \rangle \tag{1-198}$$

接着,由于试样中存在着颗粒尺寸的分布,我们还需要根据尺寸的分布对整个系综进行统计平均,最终得到试样的热容$\overline{\langle C \rangle}$及磁化率$\overline{\langle \chi \rangle}$等热力学量的期望值。

根据上面的分析,我们首先要选择合适的概率密度函数较准确的表示在一个子系综内找到某个能级的概率,即较准确的描述子系综的能谱,这正是久保等致力解决的问题。前面已经提到,等能级间距近似下,金属颗粒的平均能级间距与颗粒的直径有关。因而相同尺寸的金属颗粒具有近似相同的平均能级间距 δ,颗粒的尺寸分布同样对应 δ 的分布。如前所述,我们首先考虑具有相同尺寸而形状不同的金属颗粒组成的子系综中电子能级的概率分布,即这个子系综中所有金属颗粒的平均能级间距近似相等,处于 $\delta \to \delta + d\delta$ 范围内。把子系综中的各

金属颗粒看成是球形而具有不同的表面粗糙度的粒子。我们知道量子体系的能级分布与体系的对称性密切相关。球形对称的金属颗粒，其轨道能级高度简并，简并度随原子数的增加以 $N^{1/3}$ 形式增加。然而考虑到不同粒子的表面特征后，多数简并态可被消除。因此，描述电子能谱的概率密度依赖于电子哈密顿量的变换性，进而依赖于自旋 – 轨道相互作用 $\langle H_{so} \rangle$ 或外磁场能 $\mu_B H$ 与能级间距 δ 的相对强弱（μ_B 为玻尔磁子）。根据自旋 – 轨道相互作用 $\langle H_{so} \rangle$ 和磁场强度 H 的强弱组合可以将子系综的能谱分为四种情况，每种情况对应于一个几率密度，分别用 P_N^a 表示，其中 N 为能级数，$a = 0, 1, 2, 4$ 分别代表不同的分布，即泊松分布、正交分布、幺正分布和耦对分布，见表 1 – 1。

　　$H = 0$ 时电子能谱按能量的高低次序可以表示为

$$\cdots, -\Delta'_2, -\Delta'_1, \Delta_0, \Delta_1, \Delta_2, \cdots \tag{1-199}$$

其中 Δ_0 为最高的占居轨道能级，Δ_j 表示最高占居轨道能级上方第 j 个能级。于是，N 个能级的概率分布函数可表示为

$$P_N^a(\cdots, -\Delta'_2, -\Delta'_1, \Delta_0, \Delta_1, \Delta_2, \cdots) \tag{1-200}$$

经过合适的归一化后，可以用它来表示平均电子能级间距 δ

$$\delta = \int P_N^a(\cdots, \Delta_n, \cdots) |\Delta_j - \Delta_{j-1}| d\Delta_n \tag{1-201}$$

Δ_j 为费米能级附近的所有能级。实际上，影响团簇热力学性质的只是费米能级附近的若干个能级中的电子（$N \leqslant 3$），因此在考虑电子能级的分布时并不需要考虑整个能谱，而只需要考虑费米能级附近的两三个能级就行了。而对于这种两能级和三能级问题，Denton 等给出了概率分布函数的近似表达式。

表 1 – 1　不同外场条件下电子能级分布函数（P_N^a）

a	分布	磁场能 $\mu_B H$	自旋 – 轨道相互作用
0	泊松分布	大	小
1	正交分布	小	小
		小	大（偶数电子的粒子）
2	幺正分布	大	小
4	耦对分布	小	大（奇数电子的粒子）

对于 $a = 1, 2, 4$，Denton 等给出的概率分布函数分别为

$$P_2^a(\Delta) = \Omega_2^a \delta^{-1} (\Delta/\delta)^a \exp[-B^a(\Delta/\delta)^2] \qquad (1-202)$$

$$P_3^a(\Delta, \Delta') = \Omega_3^a \delta^{-(3a+2)} [\Delta\Delta'(\Delta + \Delta')]^a \times \exp[-a(\Delta^2 + \Delta\Delta' + \Delta'^2)/3\delta]^2 \qquad (1-203)$$

归一化常数和参数 Ω_2^a，Ω_3^a 和 B^a 列于表 1-2 中。

表 1-2 两能级和三能级分布函数(P_2^a, P_3^a)的参数

a	分布	Ω_2^a	Ω_3^a	B^a
1	正交分布	$\pi/2$	$(3\pi)^{-1/2}$	$\pi/4$
2	幺正分布	$32/\pi^2$	0.7017	$4/\pi$
4	耦对分布	$(64/9\pi)^3$	2.190	$64/9\pi$

至此，我们可以利用两能级和三能级分布函数 P_2^a 和 P_3^a 近似处理某一特定尺寸(但表面粗糙度不同)的金属颗粒子系综的热力学性质了。然而，对于不同的体系，选用哪一种分布函数成为较准确处理其热力学性质的关键。根据体系哈密顿量变换性、自旋-轨道相互作用以及外加磁场能的强弱可以归纳为以下几点经验：

1）如果系综的哈密顿量具有时间反演不变性并且具有空间旋转不变性或总角动量为 $\hbar$ 的整数倍时，则正交分布适用，即选择 $a = 1$ 的概率分布函数。当自旋-轨道耦合$\langle H_{so}\rangle$和外磁场能相对于平均能级间距 δ 很小时，哈密顿量满足上述要求。而这种情况下电子自旋为好量子数，在存在较小的外磁场时电子能谱进行正常塞曼分裂，每个能级分裂为两个能级，能量间隔 $2\mu_B H$。$\langle H_{so}\rangle$ 较小的金属元素有 Li, Na, Mg, K, 和 Al 等。

2）如果系综的哈密顿量仅仅具有时间反演不变性并且总角动量为 $\hbar$ 的半整数倍，则耦对分布是适用的，即选取 $a = 4$ 的概率分布函数。对于自旋—轨道相互作用很强和外磁场很弱时，哈密顿量满足上述情况。然而对于自旋—轨道相互作用很强和外磁场很弱但电子数为偶数的粒子，总角动量为 $\hbar$ 的整数倍，此时正交分布是正确的；只有当自旋-轨道相互作用很强和外磁场很弱而且电子数为奇数的粒子，耦对分布才是适用的。

3）当自旋-轨道相互作用很强，并且外加很强的磁场使得哈密顿量的时间反演对称性被破坏时，$a = 2$ 的幺正分布是合适的。

4）最后，当磁场强度很强而自旋-轨道相互作用比较弱时，不同的自旋态不再耦合，泊

松分布适用。

下面我们以如图 1 - 28 所示的能级分布为例，计算金属颗粒系综的热容和磁化率。如图所示，在不考虑自旋 - 轨道相互作用情况下，无外磁场时每个电子能级均为二重简并（图中第一列的三条能级），分别可以容纳两个自旋反平行的电子。当 $H \neq 0$ 时，这些自旋简并的能级发生正常塞曼分裂（图中第二列）。对于偶数电子的粒子基态时总自旋为 $s = 0$，体系处于单

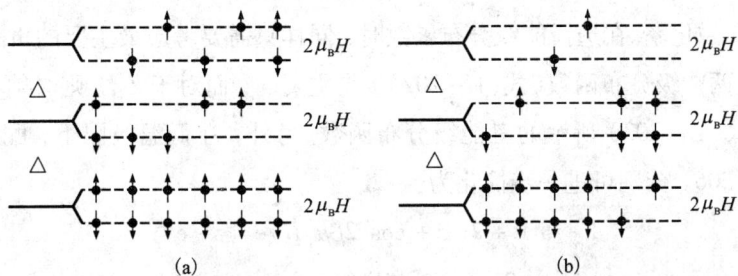

图 1 - 28　含有偶数个电子(a) 和奇数个电子(b) 的金属颗粒不同电子
组态的能级图，图中从左到右由基态逐渐进入能量较高的激发态。

重态($2s + 1 = 1$)。当外磁场很弱时($\mu_B H \ll \delta$)，一个电子发生跃迁使得体系状态由单重态跃迁入三重态（图中第三列），这一跃迁需要的能量为 $\Delta - 2\mu_B H$。由于 $\mu_B H \ll \delta$，所以跃迁所需的能量与 δ 为同一量级，因此在低温时($k_B T \ll \delta$)，含有偶数个电子的颗粒，磁化率随温度降低成指数函数衰减。而对于含有奇数个电子的金属，基态为双重态。在微弱磁场作用下，可以由一个自旋态跃迁入另一个自旋态，所需能量为 $2\mu_B H$，远小于 δ，因此低温时奇数电子颗粒的磁化率应与块体具有相同形式，即 $\chi = \mu_B^2 / k_B T$。而当外磁场很强时，能级塞曼分裂显著，奇数电子的粒子和偶数电子的粒子跃迁均需要很大的激发能，因此二者具有相同的磁化率。对于自旋 - 轨道耦合很强的境况下，得到类似的结果。因此，外磁场很强或自旋 - 轨道相互作用很强时，有

$$\chi_{偶} = \chi_{奇} = \chi_{泡利}, \quad H_{so} \text{ or } \mu_B H \gg \delta \qquad (1 - 204)$$

前面已经提到，小颗粒的量子尺寸效应只有在低温时才能显现出来，此时金属颗粒的热容和磁化率随温度的变化关系显著的不同于大块金属，这直接反映了粒子能谱的统计特性。在低温时，只有费米能级附近的一些电子态会对热容和磁化率有重要贡献，因此只需要考虑费米能级附近的三个能级的概率分布问题。在式(1 - 199) 中，令 $\Delta_0 = 0$，则与之相邻的两个

能级的能级间距分别为 Δ 和 Δ'。对于三能级问题，可以很容易的得到所有可能电子组态相应的能量从而分别计算出偶数个电子的金属颗粒和奇数个电子的金属颗粒的配分函数，如下：

$$Z_{偶} = 1 + 2(1 + \cosh 2\beta\mu_B H)(e^{-\beta\Delta} + e^{-\beta(\Delta+\Delta')} + e^{-\beta(2\Delta+\Delta')}) + e^{-2\beta\Delta} + e^{-2\beta(\Delta+\Delta')} \quad (1-205)$$

$$Z_{奇} = 2(\cosh\beta\mu_B H)(1 + e^{-\beta\Delta} + e^{-\beta\Delta'} + 3e^{-\beta(\Delta+\Delta')}) + e^{-\beta(2\Delta+\Delta')} +$$
$$e^{-\beta(\Delta+2\Delta')} + e^{-2\beta(\Delta+\Delta')} + 2(\cosh 3\beta\mu_B H)e^{-\beta(\Delta+\Delta')} \quad (1-206)$$

接着对这两种情况下的 $\ln Z$ 进行统计平均，从而根据公式（1-197）和（1-198）分别计算粒子的热容和磁化率。在选择能级分布函数时，同样只需要考虑最主要的贡献。由图1-27可知，对于 $Z_{偶}$ 两能级分布函数（式（1-202））是主要的，而对于 $Z_{奇}$，则必须考虑三个能级，因此必须选用式（1-203）所示的三能级分布函数。另外，在低温极限下，配分函数式（1-205）和式（1-206）分别可进一步简化为：

$$Z_{偶} \approx 1 + 2(1 + \cosh 2\beta\mu_B H)e^{-\beta\Delta} + e^{-2\beta\Delta} \quad (1-207)$$

$$Z_{奇} \approx 2(\cosh\beta\mu_B H)(1 + e^{-\beta\Delta} + e^{-\beta\Delta'}) \quad (1-208)$$

因此在 $H = 0$ 时，得

$$C_{偶}^a / k_B = \int P^a(\Delta) 4\beta^2\Delta^2 \frac{(e^{-\beta\Delta} + e^{-2\beta\Delta} + e^{-3\beta\Delta})\,\mathrm{d}\Delta}{(1 + 4e^{-\beta\Delta} + e^{-2\beta\Delta})} \quad (1-209)$$

$$C_{奇}^a / k_B = \int P^a(\Delta, \Delta')\beta^2 \frac{[\Delta^2 e^{-\beta\Delta} + \Delta'^2 e^{-\beta\Delta'} + (\Delta-\Delta')^2 e^{-\beta(\Delta+\Delta')}]\,\mathrm{d}\Delta\,\mathrm{d}\Delta'}{(1 + e^{-\beta\Delta} + e^{-\beta\Delta'})} \quad (1-210)$$

$$\chi_{偶}^a = 8\mu_B^2\beta \int P^a(\Delta)(1 + 4e^{-\beta\Delta} + e^{-2\beta\Delta})^{-1}\,\mathrm{d}\Delta \quad (1-211)$$

$$\chi_{奇}^a = \beta\mu_B^2 \quad (1-212)$$

分别利用式（1-202）和式（1-203）的能级分布函数，Denton 等人得到了不同分布情况下的热容和磁化率。

$$\begin{cases} C_{偶}^0 / k_B = 5.02(k_B T/\delta), \\ C_{奇}^0 / k_B = 3.29(k_B T/\delta), \end{cases} \qquad \text{泊松分布} \quad (1-213)$$

$$\begin{cases} C_{偶}^1 / k_B = 30.2\,(k_B T/\delta)^2, \\ C_{奇}^1 / k_B = 17.8\,(k_B T/\delta)^2, \end{cases} \qquad \text{正交分布} \quad (1-214)$$

$$\begin{cases} C_{偶}^4 / k_B = 3.18 \times 10^4\,(k_B T/\delta)^5, \\ C_{奇}^4 / k_B = 1.64 \times 10^4\,(k_B T/\delta)^5, \end{cases} \qquad \text{耦对分布} \quad (1-215)$$

$$\chi_{偶}^0 = 3.04\mu_B^2/\delta, \qquad\qquad 泊松分布 \qquad\qquad (1-216)$$

$$\chi_{偶}^1 = 7.63\mu_B^2 k_B T/\delta^2, \qquad\qquad 正交分布 \qquad\qquad (1-217)$$

$$\chi_{偶}^4 = 2.02 \times 10^3 \mu_B^2 \delta^{-1} (k_B T/\delta)^4, \qquad 耦对分布 \qquad\qquad (1-218)$$

$$\chi_{奇} = \mu_B^2/k_B T, \qquad\qquad 所有分布 \qquad\qquad (1-219)$$

以上是对应于 $H \approx 0$ 时的结果，由于幺正分布 $(a = 2)$ 只有在强磁场和强自旋 – 轨道相互作用时才成立，因此上面结果中不包含幺正分布时的情况。以上公式中，热容与磁化率与温度的关系均为幂函数形式，对于不同的分布幂指数不同，与实验结果是一致的。对于轻金属元素，电子自旋 – 轨道相互作用较弱，因此在弱磁场时实验结果应当用上面所列的正交分布的相应公式进行解释；而对于重金属，由于电子自旋 – 轨道相互作用较强，因此耦对分布的相应公式可以用来解释奇数电子金属颗粒的热容及磁化率的实验结果。

在高温极限下，金属颗粒的热容和磁化率分别为：

$$C/k_B = \frac{2\pi^2}{3}(k_B T/\delta) - \frac{1}{2}$$

$$(1-220)$$

$$\chi_{Pauli} = 2\mu_B^2/\delta$$

与大块金属的结果相一致。因此，Denton 等人的结果很好的解释了金属颗粒的量子尺寸效应。

附录1　薛定谔方程近似求解方法

对于简单势场，定态薛定谔方程可以比较容易的精确求解。然而，对于绝大多数的实际问题，薛定谔方程的精确求解是非常困难的，为了解决这些问题人们提出了一些近似方法确定薛定谔方程的近似解。微扰论就是一种常用的近似求解薛定谔方程的方法，本节将介绍微扰论的物理思想以及如何采用微扰论求解定态薛定谔方程。

1. 微扰论的物理思想

定态薛定谔方程

$$\hat{H}\psi_n = E_n\psi_n \qquad\qquad (1-221)$$

大多数情况下严格求解是很困难的。假设哈密顿算符可以写成

$$\hat{H} = \hat{H}_0 + \hat{H}' \qquad\qquad (1-222)$$

的形式，其中 $\hat{H}'$ 相对于 $\hat{H}_0$ 十分微弱，并且 $\hat{H}_0$ 的本征方程

$$\hat{H}_0 \psi_n^{(0)} = E_n^{(0)} \psi_n^{(0)} \tag{1-223}$$

很容易求解,则可以用微扰论方法近似求解薛定谔方程(1-221)。

由于 $\hat{H}' \ll \hat{H}_0$,可以将 $\hat{H}'$ 对能量本征值和本征态的影响逐级考虑进去,得到各级近似方程,即

$$E_n = E_n^{(0)} + E_n^{(1)} + E_n^{(2)} + \cdots \tag{1-224}$$

$$\psi_n = \psi_n^{(0)} + \psi_n^{(1)} + \psi_n^{(2)} + \cdots \tag{1-225}$$

其中 $E_n^{(0)}$,$E_n^{(1)}$,$E_n^{(2)}$ 和 $\psi_n^{(0)}$,$\psi_n^{(1)}$,$\psi_n^{(2)}$ 为能量和本征态的各级近似,满足条件 $E_n^{(2)} \leqslant E_n^{(1)} \ll E_n^{(0)}$,$|\psi_n^{(2)}| \ll |\psi_n^{(1)}| \ll |\psi_n^{(2)}|$。

将式(1-224)和(1-225)代入式(1-221),比较方程两边各级近似项得

零级近似方程:

$$\hat{H}_0 \psi_n^{(0)} = E_n^{(0)} \psi_n^{(0)} \tag{1-226}$$

一级近似方程:

$$(\hat{H}_0 - E_n^{(0)}) \psi_n^{(1)} = (E_n^{(1)} - \hat{H}') \psi_n^{(0)} \tag{1-227}$$

二级近似方程:

$$(\hat{H}_0 - E_n^{(0)}) \psi_n^{(2)} = (E_n^{(1)} - \hat{H}') \psi_n^{(1)} + E_n^{(2)} \psi_n^{(0)} \tag{1-228}$$

$$\cdots$$

依此求解方程(1-226),(1-227),(1-228)可得能量和本征值的各级近似解。

2. 非简并微扰

先考虑非简并能级的各级近似修正。设 $E_n^{(0)}$ 能级不简并,即 $E_n^{(0)}$ 只对应一个本征态 $\psi_n^{(0)}$。

一级近似波函数 $\psi_n^{(1)}$ 可以表示成 $\hat{H}_0$ 的所有本征态的线性叠加,即

$$\psi_n^{(1)} = \sum_k a_{nk} \psi_k^{(0)} \tag{1-229}$$

将公式(1-229)代入一级近似方程(1-227)可得

一级近似能量

$$E_n^{(1)} = H'_{nn} = \int \psi_n^{(0)*} \hat{H}' \psi_n^{(0)} \mathrm{d}r \tag{1-230}$$

一级近似波函数

$$\psi_n^{(1)} = \sum_{k \neq n} \frac{H'_{kn}}{E_n^{(0)} - E_k^{(0)}} \psi_k^{(0)} \tag{1-231}$$

将式(1 – 230) 和(1 – 231) 代入方程(1 – 228) 可得到

二级近似能量

$$E_n^{(2)} = \sum_{k \neq n} \frac{|H'_{kn}|^2}{E_n^{(0)} - E_k^{(0)}} \qquad (1 - 232)$$

式中，

$$H'_{kn} = \int \psi_k^{(0)*} \hat{H}' \psi_n^{(0)} \mathrm{d}r$$

通常微扰近似能量只考虑到二级近似，而波函数只考虑到一级近似。对于体系的任何一个非简并零级近似能级，由公式(1 – 230)，(1 – 231) 和(1 – 232) 即可解除它的近似解和对应的近似本征函数。

需要指出的是，由于要满足 $E_n^{(2)} \leqslant E_n^{(1)} \ll E_n^{(0)}$ 和 $|\psi_n^{(2)}| \ll |\psi_n^{(1)}| \ll |\psi_n^{(2)}|$ 条件，非简并微扰公式(1 – 230) 到(1 – 232) 实用的条件是

$$\frac{|H'_{kn}|}{E_n^{(0)} - E_k^{(0)}} \ll 1 \qquad (1 - 233)$$

通常 $|H'_{kn}|$ 非常小，这就要求其他任意能级与 $E_n^{(0)}$ 能级相距足够远。

当某个或某几个能级与 $E_n^{(0)}$ 能级非常接近(近简并) 时，由公式(1 – 231) 可知，这些近简并能级对应的本征态对波函数的影响最大，因此对于近简并能级的微扰近似处理通常是将总波函数写成这些近简并能级的零级近似本征态的线性叠加，然后代入薛定谔方程求解能量本征值和本征态的微扰修正。

3. 简并态微扰

对于简并情况，波函数和能级的微扰修正比较容易求解。设 $E_n^{(0)}$ 能级 f_n 重简并，即对应 $E_n^{(0)}$ 存在 f_n 个相互正交的本征态，记为 $\varphi_{n\alpha}$，$\alpha = 1, 2, \cdots, f_n$，则本征态 ψ_n 可表示为这些简并态的线性叠加，即

$$\psi_n = \sum_{\alpha} c_{\alpha} \varphi_{n\alpha} \qquad (1 - 234)$$

代入薛定谔方程(1 – 221)，并经过适当变化得

$$\sum_{\alpha} (\hat{H}_{\beta\alpha} - E_n \delta_{\beta\alpha}) c_{\alpha} = 0$$

方程(1 – 235) 有非平庸解得条件是

$$\det |\hat{H}_{\beta\alpha} - E_n \delta_{\beta\alpha}| = 0 \qquad (1 - 236)$$

符号 det 指行列式。

由公式(1-236)即可求得能级 f_n 重简并的能级 $E_n^{(0)}$ 在微扰作用下分裂后的所有能级 E_n^i，将解得的各 E_n^i 代入式(1-235)即可求得一组系数 $\{c_\alpha^i\}$，从而得到 E_n^i 对应的本征态 ψ_n^i。

思 考 题

1. 微观粒子波函数具有哪些性质？什么是定态？定态波函数如何表示？如何用定态波函数表示一个非定态波函数？

2. 如何判断两个力学量是否能够同时准确测量？如果两个力学量不能同时准确测量，那它们的测量不确定度满足什么关系？

3. 如果一个微观粒子处于 $\psi(x) = C_1\varphi_1 + C_2\varphi_2 + C_3\varphi_3$ 态，期中 φ_1，φ_2，φ_3 分别是对应能量为 E_1，E_2，E_3 的本征态。设 $t = 0$ 时刻测量该粒子能量，得到 E_2 的测量值，则 $t > 0$ 时刻粒子状态波函数是什么？t 时刻再测量该粒子能量会得到什么测量值？

4. 描述自由粒子的定态波函数是什么？当自由粒子处于能量为 $E = \dfrac{p^2}{2m}$ 的定态波函数下测量粒子动量会得到什么测量值？

5. 设立方体边长为 a，分别求解体心立方晶格和面心立方晶格的原胞基矢和倒格子原胞基矢。

6. 对于一个二维正方晶格，在简约布里渊区中画出最低的三条近自由电子近似能带。

7. 晶体能带宽度与禁带宽度与哪些因素有关？随着能量的增大，晶体能带结构如何变化？如何实现晶体的金属－绝缘体转变。

8. 晶体中的杂质、缺陷会对晶体能带结构有何影响？

9. 试分析 Na，Mg，金刚石，硅晶体的能带结构及其导电性。

10. 试解释费米能级的意义。导体、半导体、绝缘体的费米能级位置有何不同？

11. 对于半导体，试证明 $m_p^* = -m_n^*$。

12. 试证明布洛赫定理。

13. 紧束缚近似下，一维晶体的 s 能带能量可以表示为

$$E(K) = \varepsilon_0 - 2J\cos Ka$$

其中，K 为简约波矢，a 为晶格常数，试计算：

(1)能态密度；

(2)对于一价金属，计算其费米能级。

14. 纳米材料的量子尺寸效应的根本原因是什么？金属和半导体的量子尺寸效应表现得有何不同？

15. 久保理论中为什么可以采用等间距近似来处理金属纳米颗粒的热力学性质。

16. 实验上发现很多半导体团簇的物理性质表现出类似于金属团簇的演化规律，如何理解它们之间的相似性？

第2章 纳米材料的基本效应

2.1 量子尺寸效应

如上一章所述,纳米材料中电子能级分布显著地不同于大块晶体材料中的电子能级分布。在大块晶体中,电子能级准连续分布,形成一个个的晶体能带。金属晶体中电子未填满整个导带,在热扰动下,金属晶体中的电子可以在导带各能级中较自由地运动,因而金属晶体表现为良好的导电及导热性。在纳米材料中,由于至少存在一个维度为纳米尺寸,在这一维度中,电子相当于被限制在一个无限深的势阱中,电子能级由准连续分布能级转变为分立的束缚态能级。能级间距 δ 决定了金属纳米材料是否表现出不同于大块材料的物理性质。当离散的能级间距 δ 大于热能、静电能、静磁能、光子能量或超导态的凝聚能时,将导致金属纳米微粒的热、电、磁、光以及超导电性与宏观物体有显著的不同,呈现出一系列的反常特性,此即为金属纳米微粒的量子尺寸效应。例如:宏观状态下的金属 Ag 是导电率最高的导体,但粒径 $d < 20$ nm 的 Ag 微粒在 1 K 的低温下却变成了绝缘体;这是由于其能级间距 δ 变大,低温下的热扰动不足以使电子克服能隙的阻隔而移动,电阻率增大,从而使金属良导体变为绝缘体。

对半导体材料而言,在尺寸小于 100 nm 的纳米尺度范围内,半导体纳米微粒随着其粒径的减小也会呈现量子化效应,显现出与常规块体不同的光学和电学性质。常规大块半导体的能级是连续的能级,当颗粒减小时,半导体的载流子被限制在一个小尺寸的势阱中,在此条件下,导带和价带过渡为分立的能级,使半导体中的能隙变宽、吸收光谱阈值向短波方向移动,此即为半导体纳米微粒的量子尺寸效应。与金属导体相比,半导体纳米颗粒组成的固体禁带宽度较大,受量子尺寸效应的影响非常明显。

对任何一种材料,都存在一个临界颗粒大小的限制,小于该尺寸的颗粒将表现出量子尺寸效应。除导体变为半导体、绝缘体以外,纳米微粒的比热、磁矩等性质将与其所含电子数目的奇偶性有关,如:含有偶数电子的颗粒具有抗磁性,含有奇数电子的颗粒具有顺磁性(电子自旋磁矩的抵消情况不同)。纳米金属颗粒的电子数一般不易改变,因为当其半径接近

10 nm 时，增加或减少一个电子所需作的功（约 0.1 eV）比室温下的热扰动能值（k_BT）要大。当设法改变纳米微粒所含的电子数目时就可以改变其物性，如光谱线的频移、催化活性的大小与其所含原子及电子的数目有奇妙的联系，所含电子数目为某些幻数的颗粒能量最小、结构最稳定，等等。

2.2 小尺寸效应

由于纳米颗粒的尺寸、体积极小，所包含的原子、电子数目很少，因此许多现象不能用通常含有无数个原子的大块物质的性质加以说明。随着纳米颗粒尺寸不断减小的量变，在一定条件下将引起颗粒性质的质变，这种由于颗粒尺寸变小所引起的宏观物理性质的变化称为小尺寸效应（体积效应）。久保理论就是小尺寸效应的典型例子，其对纳米颗粒电子性质的描述很好地解释了如上所述的量子尺寸效应。

对超微颗粒而言，尺寸变小，就会产生如下一系列新奇的性质：当微粒的尺寸与光波长、电子的德布罗意波波长以及超导态的相干长度或透射深度等物理特征尺寸相当或更小时，由其构成的结晶态固体中晶体周期性的边界条件将被破坏，非晶态的微粒表面层附近的原子密度减小，比表面积显著增加，导致材料的力、热、声、光、电、磁及化学催化等特性与普通颗粒相比出现很大变化，这就是纳米颗粒的小尺寸效应。

特殊的力学性质：当纳米颗粒构成固体时，由于界面急剧增多，界面上的原子排列相对混乱、易于迁移，界面在外力的作用下易变形，使材料表现出甚佳的韧性及延展性。如陶瓷材料在通常情况下呈脆性，然而由纳米超微颗粒压制成的纳米陶瓷材料却具有良好的韧性，使陶瓷材料具有新奇的力学性质。美国学者报道氟化钙纳米材料在室温下可以大幅度弯曲而不断裂。研究表明，人的牙齿之所以具有很高的强度，是因为由纳米磷酸钙构成的牙釉具有高强度和高硬度。结构呈纳米晶粒的金属要比传统的粗晶粒金属硬 3 ~ 5 倍，纳米铁晶体的断裂强度可提高 12 倍。至于金属 - 陶瓷等复合纳米材料则可在更大的范围内改变材料的力学性质，其应用前景十分宽广。

特殊的热学性质：固态物质在其形态为大尺寸时，其熔点是固定的，超细微化后却发现其熔点将显著降低，当颗粒小于 10 nm 量级时变化尤为显著，这主要是由于有大量原子处于能量相对较高的界面中，颗粒熔化时所需增加的内能比块体材料熔化时所需增加的内能要小得多，从而使纳米固体的熔点降低。如块状金的熔点为 1064 ℃，粒度为 10 nm 时熔点也有

1037 ℃，但当粒度降为 2 nm 时其熔点就只有 327 ℃了；常规 Ag 粗晶粒的熔点为 960 ℃，而 5 ~10 nm 的超微银颗粒的熔点可低于 100 ℃，因此，超细银粉制成的导电浆料可以进行低温烧结，此时元件的基片不必采用耐高温的陶瓷材料，甚至可用塑料。超微颗粒熔点下降的性质对粉末冶金工业具有一定的吸引力。例如，在钨颗粒中附加 0.1% ~0.5% 重量比的超微镍颗粒后，可将烧结温度从 3000 ℃ 降低到 1200 ℃ ~1300 ℃，以致可在较低的温度下烧制成大功率半导体器件的基片。其他由于小尺寸效应带来的热学性质改变还有：纳米铜晶体中的自扩散系数是传统铜材料的 10^{16} ~10^{19} 倍，比热是传统铜的 2 倍；纳米钯的热膨胀系数提高 1 倍；纳米银用于稀释致冷的热交换效率可提高 30%，等等。

特殊的光学性质：当黄金被细分到小于光波波长的尺寸时，即失去了原有的光泽而呈黑色。事实上，所有的金属在超微颗粒状态都呈现为黑色。尺寸越小，颜色愈黑，银白色的铂（白金）变成铂黑，金属铬变成铬黑，等等。由此可见，当超微颗粒的尺寸与光波波长（几百纳米）相当时，颗粒对光的吸收将极大增强、光反射显著下降（通常可低于 1%），几个纳米厚的颗粒集合体就能完全消光，产生高效的光热、光电转换。利用这个特性可以制备高品质的光热、光电转换材料，高效率地将太阳能转变为热能、电能。此外，由纳米颗粒构成的固体在很宽的频谱范围内可对光均匀吸收；光谱吸收限会产生移动（一般为向短波方向的蓝移），并可能产生新的吸收带，等等。利用这些特性又有可能使纳米材料在隐身材料、红外敏感探测器件等领域找到新的应用。

特殊的电、磁性质：当纳米颗粒的尺寸与电子的德布罗意波波长相当时，其电、磁性质会有较大改变。以单电子晶体管为代表的纳米电子器件的研究即是基于纳米微粒的特殊电学性能，如量子隧穿效应和库仑堵塞效应（见后文 2.4、2.5 节）。在磁性方面，如大块的纯铁矫顽力约为 80 A/m，而粒径 20 nm（大于单磁畴临界尺寸）的铁颗粒的矫顽力可比此值增加 1000 倍，已用做高密度存储的磁记录粉，大量应用于磁带、磁盘、磁卡以及磁性钥匙等；但进一步减小粒径、小到 6 nm 的铁颗粒，其矫顽力反而降低为零，呈现出超顺磁性，据此可用来制备磁性液体（由粒径在 10 nm 以下的强磁性微粒高度弥散于某种液体中所形成的稳定的胶体体系，由强磁性微粒、基液以及表面活性剂三部分组成），广泛应用于旋转密封、润滑等领域。纳米颗粒涂层的等离子体共振频移现象也随其中颗粒的尺寸而变化，通过改变颗粒的尺寸可控制吸收边的位移，从而制造出具有一定频宽的微波吸收纳米材料，应用于电磁波屏蔽、隐形飞机等尖端领域。

纳米颗粒的小尺寸效应还表现在声学特性、介电性能、超导电性以及化学性能等方面。

2.3　表面效应

　　纳米颗粒的表面原子数与总原子数之比随着纳米颗粒的减小而大幅度地增加，颗粒的表面能及表面张力也随着增加，从而引起纳米颗粒物理化学性质的变化，此即为纳米颗粒的表面效应。

　　图 2－1 显示出纳米颗粒的粒径在 10 nm 以下将迅速增加表面原子所占的比例。当粒径降到 1 nm 时，表面原子数的比例达到 90% 以上，原子几乎全部集中到颗粒的表面。

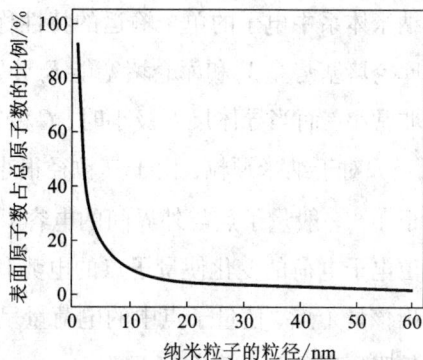

图 2－1　纳米颗粒的表面原子数与
总原子数之比随粒径的变化关系

　　因为表面原子所处的环境与内部原子不同，它周围缺少相邻的原子，有许多悬挂键，具有不饱和性，易与其他原子相结合而稳定下来，所以纳米颗粒粒径减小的结果，导致其表面积、表面原子数、表面能及表面结合能都迅速增大，使纳米颗粒呈现出很高的化学活性。

　　由于纳米颗粒的表面具有很高的活性，颗粒之间容易出现团聚现象，这样可减小总的表面积、使能量降低。另一种降低表面能的方式是表面吸附，如无机的纳米颗粒暴露在空气中会吸附气体，并与气体进行反应；金属纳米颗粒的氧化速率与比表面积成正比。由于纳米颗粒易迅速氧化而燃烧、甚至爆炸，这为其收集、储存和使用带来了一定困难。可通过采用表面包覆改性，或控制其氧化速率、使其缓慢氧化生成一层极薄而致密的氧化层，确保纳米颗粒的表面稳定化。

　　当然，对纳米颗粒的高表面活性可有意识地加以应用，如：表面吸附储氢、制备高效催化剂、实现低熔点材料等。

2.4　库仑堵塞效应

　　库仑堵塞效应是电子在纳米尺度的导电物质间移动时出现的一种极其重要的物理现象。当一个物理体系的尺寸达到纳米量级时，电容也会小到一定程度，以至于该体系的充电和放电过程是不连续(即量子化)的, 此时充入一个电子所需的能量称为库仑堵塞能(它是电子在进入或离开该体系中时前一个电子对后一个电子的库仑排斥能), 所以在对一个纳米体系进行充、放电的过程中, 电子不能连续地集体传输, 而只能一个一个单电子地传输, 通常把这种在纳米体系中电子的单个输运的特性称为库仑堵塞效应。

库仑堵塞势垒 V_c 和库仑堵塞能 E_c 分别为: $V_c = Q/C$, $E_c = e^2/2C$, 此能量在室温时与热能相比非常小, 而当导体尺度极小时, C 变得很小; 尤其在低温时, 热能也很小, 这时就必须考虑 E_c。如对于纳米颗粒, 由于其粒径很小, 可视为量子点, 其电容 C 的大小正比于粒径, 数值也很小, 一般量子点与外界间的电容 C 为 $10^{-16} \sim 10^{-18}$ F。量子点中单个电子进出所产生的单位电子电荷的变化使量子点的电势和能量状态发生很大改变, 进而将阻止随后其他的电子进出该量子点、使量子点中的电荷量呈"量子化"的台阶状变化, 这种因库仑力导致对电子传导的阻碍现象就是库仑堵塞效应。

在满足适当条件的情况下, 如果纳米颗粒小体系在低温下, 库仑堵塞能 $e^2/2C > k_B T$(热扰动能), 就可观察到单电子输运行为使充、放电过程不连续的现象, 就可开发作为单电子开关、单电子数字存储器等器件应用。

当纳米微粒的尺寸为 1 nm 时, 可以在室温下观察到量子隧道贯穿效应(简称隧穿效应)和库仑堵塞效应, 当纳米微粒的尺寸在十几纳米范围时, 观察这些现象必需在极低温度下, 例如 –196 ℃以下。利用量子隧穿效应和库仑堵塞, 就可研究纳米电子器件, 其中单电子晶体管是重要的研究课题。

2.5 量子隧穿效应

根据量子力学的基本理论, 当微观粒子被高度和厚度均为有限值的势垒所限域时, 即使该微观粒子所具有的能量低于势垒高度, 微观粒子仍有一定的概率出现在势垒限域区之外, 就像是微观粒子在势垒壁上打了个洞而跑出, 这种现象就称为微观粒子的隧穿效应。产生隧穿效应的原因在于微观粒子具有波动性, 特别是电子, 由于其质量很小, 波动性表现得较为明显, 电子迅速穿越势垒的隧穿效应本质上是一种量子跃迁。

在电学里, 导电是电子在导体内运动的表现, 如果两个纳米颗粒不相连, 那么电子从一个颗粒运动到另一个颗粒就会像穿越隧道一样; 若电子的隧道穿越是一个一个地发生的, 则会在电压 – 电流关系图上表现出台阶曲线, 这就是量子隧穿效应。为了使单个电子从一个金属纳米颗粒隧穿到另一个金属纳米颗粒，这个电子的能量必须克服纳米颗粒的库仑堵塞能，这种过程就是单电子隧穿效应，其示意图见2-2。

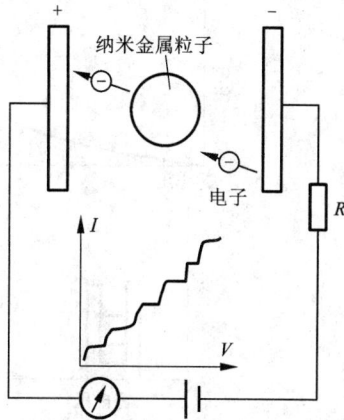

图2-2　库仑堵塞效应和
单电子隧穿效应示意图

　　近年来基于单电子隧穿效应和库仑堵塞效应的纳米单电子晶体管、纳米单电子内存等组件的开发已经获得了很大的进展，它们具有耗能低、灵敏度高、易于整合等突出的优点，被认为是传统的 MOS 微电子组件之后最有发展前途的新型纳米组件，在未来的纳米电子学领域将占有重要的地位。

　　基于电子波动性的电子隧穿效应在纳米尺度也表现出其特殊规律，如当作为势垒的两个纳米颗粒间的距离很小时，对能够在其间隧穿的电子的波长将产生限制，当外来电子具有的能量所对应的波长符合限定波长(与纳米颗粒间的距离，即势垒间隔满足驻波条件)时，电子波可由于共振而很容易通过颗粒间的间隙，形成量子隧穿导电。据此规律已开发出一种新型的量子效应器件——共振隧穿二极管。

　　量子阱共振隧穿二极管(resonant tunneling diode—RTD)就是利用量子隧穿效应而制成的新一代器件：制备纳米级厚度的异质结，其导带分布为双势垒结构，电子波函数在这些势垒上多次反射。当由所加电压决定的电子波长与超晶格宽度(势垒间隔)相匹配时，发生共振，电子有最大的隧穿势垒几率，隧穿电流达到峰值(二极管导通)。改变电压，可使电子波长多次满足驻波条件，进而使二极管具有多个不同的导通状态。该二极管在不同电压下的电流及导带示意图见图2-3。

　　除电子的隧穿效应以外，在纳米尺度还有一种所谓的宏观量子隧道效应，即纳米颗粒具有的一些宏观物理量，如微颗粒的磁化强度、量子相干器件中的磁通量以及电荷等，也具有隧穿效应，它们可以穿越宏观系统的势垒而产生变化，形成纳米颗粒的宏观量子隧道效应。

　　单电子隧穿效应和宏观量子隧道效应等量子隧穿效应的研究对基础研究及实际应用都有着重要意义。它限定了磁带、磁盘进行信息贮存的时间极限；在制造半导体集成电路时，当电路的尺寸接近电子波长时，电子就通过隧穿效应而溢出器件，使器件无法正常工作。目前正在努力探索和开发的新型纳米电子组件，其结构尺寸处于纳米量级，其组件将工作于量子

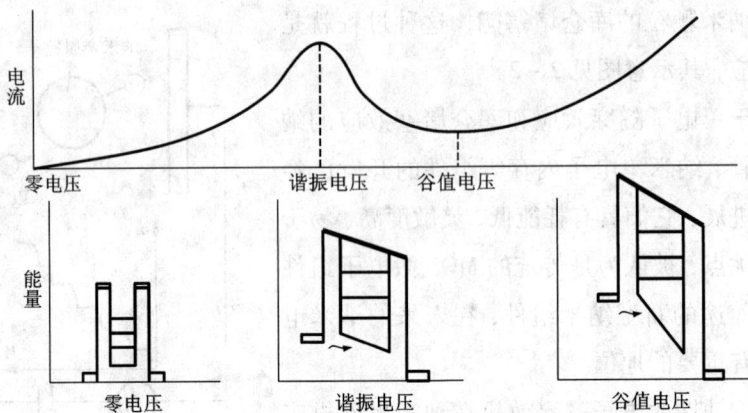

图 2-3　双势垒结构共振隧穿二极管
在不同偏压下的电流及导带示意图

状态，电子在组件内的流动不再是连续的，在宏观物理世界内被奉为经典的欧姆定律等将不再适用。量子隧穿效应确立了现有微电子器件进一步微型化的极限，也将会是未来新型量子器件的理论基础。

　　通过对量子尺寸效应、小尺寸效应、表面效应、库仑堵塞效应、量子隧穿效应等一系列纳米材料基本效应的研究，人们将不断深化对纳米尺度物质基本规律的认识，并将采用全新思路的设计方法和制备技术，生产新型的纳米结构器件，极大地提高人类的科研能力和生活品质。

思 考 题

1. 什么是纳米材料的小尺寸效应？
2. 纳米颗粒的高表面活性有何优、缺点？如何利用？
3. 单电子器件在工作中是如何利用库仑堵塞效应和量子隧穿效应的？

第3章 零维纳米材料

　　零维纳米材料是指空间三维尺度均在纳米尺度约束范围内的材料,如原子团簇,半导体量子点以及纳米尺度颗粒等等。从商品化发展的进程看,纳米颗粒存在着很大的应用发展空间。随着高技术领域如信息产业、生物医药、功能涂层和防伪等方面的发展,对纳米颗粒的品质要求越来越高,主要技术指标要求如下:(1)粒径≤10 nm。充分发挥纳米材料的量子效应、小尺寸效应和表面效应,例如粒径≤10 nm 的 Fe_3O_4 有优良的超顺磁性,是磁控靶向药物的首选载体;(2)单分散;(3)形状可控和多样性,如制备光子晶体,就要求标准的均匀一致、粒径不大于 50 nm、球形 SiO_2;(4)高纯。对光、电特性的纳米材料尤为重要;(5)分子级水平的均匀包覆(核 – 壳结构)和掺杂等。

3.1　纳米颗粒的合成制备

　　纳米颗粒的制备方法很多。根据是否发生化学反应可分为物理方法和化学方法两类;根据制备状态的不同,可分为气相法、液相法和固相法三类;按反应物状态可分为干法和湿法两类等等。图 3 – 1 为根据制备状态和具体制备工艺而进行的分类。

　　看上去纳米颗粒的制备方法很多,但实际上这些制备方法都具有一些共同的制备原理。一般来说,纳米颗粒是由几十～数千个原子组成的晶体(或非晶体),那么如何获得分散的组成原子(或离子),并将其结晶生长成纳米颗粒,就成为纳米颗粒合成的内在的共性问题。因此合成制备纳米颗粒的基本思路就是:先通过物理、化学的方法获得组成原子、离子或分子态,然后通过控制这些组成原子态的晶体生长,即控制晶体的形核和生长过程,并在三个维度上将晶体尺寸约束在纳米尺度。由于获得原子(离子)、分子态以及约束条件的物理、化学手段有多种,因此纳米颗粒的合成制备方法也多种多样,但许多方法都具有相同的生长原理。从组成原子分散的状态看,纳米颗粒合成制备的方法主要有:气相法和液相法二大类。

气相法 —
　物理气相法 —
　　气体冷凝法
　　氢电弧等离子体法
　　溅射法
　　真空沉积法
　　加热蒸发法
　　混合等离子体法
　化学气相反应法 —
　　气相分解法
　　气相合成法
　　气—固反应法

纳米材料制备方法 —

液相法 —
　溶胶-凝胶法
　冷冻干燥法
　喷雾法
　沉淀法 —
　　共沉淀法
　　化合物沉淀法
　　水解沉淀法
　水热法

固相法 —
　粉碎法 —
　　干式粉碎
　　湿式粉碎
　热分解法
　固相反应法
　其他方法

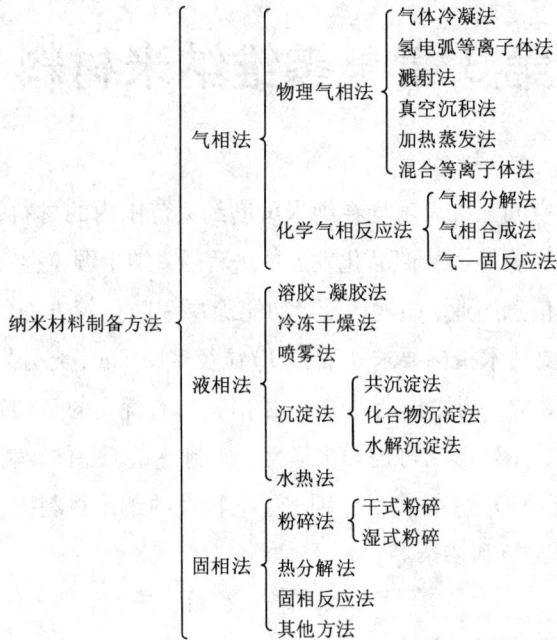

图 3 – 1　纳米材料制备方法的分类

3.1.1　气相法制备

我们先从一个典型的例子来看气相法合成纳米颗粒的制备原理和制备技术要素。

3.1.1.1　气体冷凝法(低压气体中蒸发法)

气体冷凝法早在 1963 年由 Ryozi Uyeda 及其合作者研制出，即通过在纯净的惰性气体中的蒸发和冷凝过程获得较干净的纳米颗粒。20 世纪 80 年代，Gleiter 等人首先提出，在高真空室内，先通过气体冷凝法制得具有清洁表面的纳米颗粒，然后再通过紧压获得致密的纳米晶固体材料。气体冷凝法的制备过程原理如图 3 – 2 所示。

整个制备过程是在高真空室中进行，通过分子涡轮泵使真空室达到 0.1 Pa 以上的真空度，然后充入低压(约 2 kPa)的纯净惰性气体(He 或 Ar，纯度为 ~99.9996%)。被蒸的物质(例如：金属，CaF_2、NaCl、FeF 离子化合物，过渡族金属氮化物和易升华的氧化物等等)置入坩埚内，通过钨电阻加热器或石墨加热器等加热装置逐渐将被蒸物质加热蒸发，产生气相原物质烟雾。在热源和收集端(冷阱,即充有液氮的冷却棒)之间自然形成一个温度梯度 G。蒸发出的气相原物质烟雾在载流惰性气体的带动下沿温度梯度方向缓缓移动,在过冷度的驱动下生核以及有限生长,形成纳米颗粒粉体,最终被收集器收集起来。

气相法合成纳米颗粒,其本质就是过饱和气体或过冷气体中的固相均匀生核和生长问题。下面我们回顾一下气相均匀成核及其后续生长的机理。图 3-3 是过饱和(或过冷)气体中新生晶核的体积自由能变化 $\Delta\mu_V$、表面自由能变化 $\Delta\mu_s$ 以及总自由能变化 ΔG 随晶核半径的变化关系。从图中可以得知,只有当新生晶核的半径大于临界半径 r^* 时,新生晶核才能稳定。如果新生晶核的半径小于临界半径 r^*,那么该晶核将会分解到气相中,以降低总自由能;当晶核半径大于 r^* 时,晶核将稳定存在并连续生长。在临界半径 $r = r^*$ 时,$\mathrm{d}\Delta G/\mathrm{d}r = 0$,临界半径 r^* 和临界自由能 ΔG^* 定义为:

$$r^* = \frac{-2\gamma}{\Delta G_v} \tag{3.1}$$

$$\Delta G^* = \frac{16\pi\gamma}{3(\Delta G_v)^2} \tag{3.2}$$

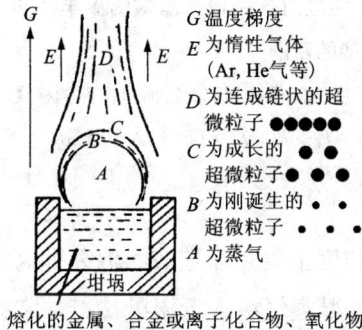

G温度梯度
E 为惰性气体(Ar, He气等)
D 为连成链状的超微粒子 ●●●●●
C 为成长的超微粒子
B 为刚诞生的超微粒子
A 为蒸气

熔化的金属、合金或离子化合物、氧化物

图 3-2　气体冷凝法制备纳米微粒的原理图

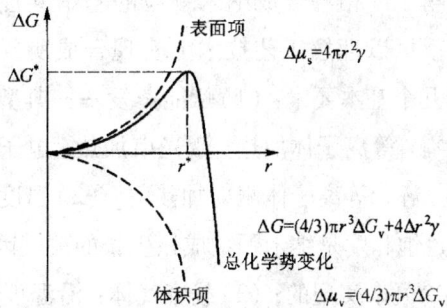

表面项　$\Delta\mu_s = 4\pi r^2\gamma$

$\Delta G = (4/3)\pi r^3\Delta G_v + 4\Delta r^2\gamma$

总化学势变化

体积项　$\Delta\mu_v = (4/3)\pi r^3\Delta G_v$

图 3-3　体积自由能变化 $\Delta\mu_V$、表面自由能变化 $\Delta\mu_S$ 以及总自由能变化 ΔG 与晶核半径之间的变化关系。

由此可见,这个临界尺寸是一个尺寸界限,它意味着可以合成多小尺寸的纳米颗粒。

式(3.3)是单位体积固相的吉布斯自由能的变化 ΔG_v 和气相浓度 C 的关系式:

$$\Delta G_{\mathrm{v}} = \frac{-kT}{\Omega\ln\left(\dfrac{C}{C_0}\right)} = \frac{-kT}{\Omega\ln(1+\sigma)} \tag{3.3}$$

这里 C 为气相(蒸气)浓度; C_0 为平衡浓度; Ω 为原子体积; σ 为过饱和度,其定义为 $(C-C_0)/C_0$。由式(3.3)可知, ΔG_{v} 可以通过增加给定体系的过饱和度 σ 而得到提高。

图 3–4 是温度对 3 种球形晶核临界半径和临界自由能的影响。过饱和浓度随温度的降低而提高。温度越低,临界半径 r^* 越小。

上述分析可知,在气相法合成纳米颗粒过程中,过饱和蒸气的产生以及合成温度是关键的因素。通过热蒸发、激光、溅射等能量源的赋能作用,可产生高密度的蒸气(源原子),但它不一定是过饱和的;通过载流气体(如惰性气体、或反应气体 O_2、N_2 等)将高浓度蒸气移至低温区,以提高过饱和度,减小临界晶核半径,促进成核并控制生长,最终获得预期合成的纳米颗粒。

了解了气相法合成纳米颗粒的基本共性原理,就可以理解工艺技术上实现合成所要考虑的几个基本要素:(1)赋能蒸发——典型的手段有:等离子体加热、激光束加热、电子束加热、辉光等离子体溅射加热等;(2)温度

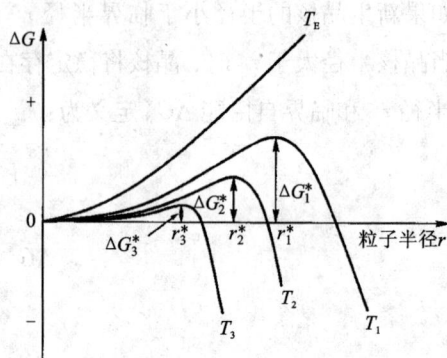

图 3–4 温度对 3 种球形晶核临界半径和临界自由能的影响

饱和度随温度的降低而提高,表面自由能同样受温度的影响。$T_E > T_1 > T_2 > T_3$, T_E 为平衡温度。

梯度:过饱和度是纳米颗粒成核生长的关键因素,高过饱和度主要是靠造成大温差即高温蒸发低温冷凝来实现的;(3)载流气体:沿温度梯度方向将高温蒸气载入低温处冷凝。掌握这些技术要素,就可以指导我们进行气相法制备纳米颗粒的技术和设备设计。

3.1.1.2 等离子体加热法

所谓等离子体就是被激发电离气体,达到一定的电离度($>10^{-4}$),气体处于导电状态,这种状态的电离气体就表现出集体行为,即电离气体中每一带电粒子的运动都会影响到其周围带电粒子,同时也受到其他带电粒子的约束。由于电离气体整体行为表现出电中性,也就是电离气体内正负电荷数相等,因此称这种气体状态为等离子体态。总之,等离子体是由大

量自由电子和离子及少量未电离的气体分子和原子组成，且在整体上表现为近似于电中性的电离气体。

制备纳米颗粒粉体的等离子体一般是指低温等离子体，即指体系温度从室温至几千摄氏度的等离子体，通常由气体放电或其他热、光激发方式产生。热等离子体作为高温气体具有高导电率、高热导率、高粘度和高温度梯度，材料(原料)处于等离子体中，将迅速分解成自由电子、离子和电子，这种处于高激发态的物质通过"淬冷"导致具有独特性质的纳米粉体和晶体的生核与生长。

等离子体加热法制备纳米颗粒的核心设备就是等离子体发生器。产生等离子体的方法有许多，例如直流电弧、射频、电击穿、冲击波、激光、高能粒子流及高温加热的手段等。下面主要介绍直流电弧等离子体发生器(DC 发生器)，图 3-5 为直流电弧等离子体发生器的示意图，它是依靠直流电源来产生等离子体。直流等离子喷管内的阴极和阳极间放电而形成的电弧借助气体的作用从喷嘴中吹出，借助热和磁收缩效应可以获得等离子喷射流，即超音速高能量电磁流体。根据实际测量结果，在 25 kW 功率输入时喷嘴出口处温度可达 12500 K，流速达 850 m/s。当这样的等离子体喷流碰到被蒸发的物质时，该物质立即熔化蒸发变成雾气，同时获得大的运动能量。

图 3-6 是直流电弧等离子体产生的温度场模型，图中可以看出，该温度场近似为圆锥状。7000 K 等温线和粒子生长临界温度等温线又将温度场分为三个区域。

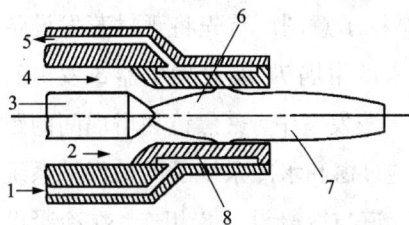

图 3-5 直流电弧等离子体发生器示意图
1—冷却水入口；2、4—气体入口；3—阴极；5—冷却水出口；6—电弧；7—等离子体喷射流；8—阴极喷嘴

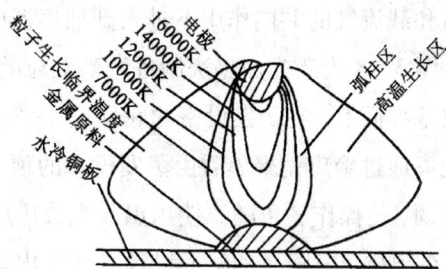

图 3-6 直流电弧温度场模拟图

其中 7000 K 等温线以内成为弧柱区；粒子生长临界温度等温线以内称为高温生长区。粒子生长临界温度指的是：在此温度以上，气相物质过饱和而生核、生长形成纳米粒子；在此温度以下，纳米粒子停止生长，粒径不再变大。不同的材料有其特定的粒子生长临界温度。图 3-7 是直流电弧等离子蒸发合成纳米颗粒设备示意图。可以看出等离子体枪(发生器)提供了赋能蒸发的作用，收集用水冷铜板和蒸气源形成一温度梯度，而等离子体喷流蒸发出来的具有大的运动能量的雾气，自发充当了载流气体的作用，将雾气移入周围的具有温度梯度的区域进行生核、生长。

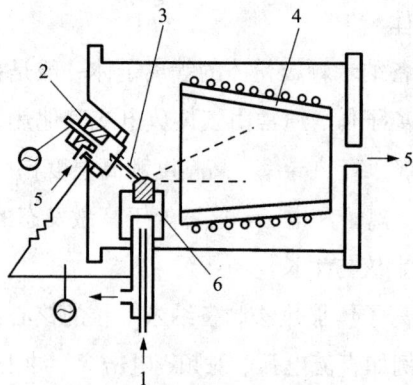

图 3-7 直流电弧等离子体蒸发合成纳米颗粒设备示意图

1—水入口；2—等离子体枪；3—等离子体焰；4—收集用水冷铜板；5—He 气进、出口；6—坩埚

3.1.1.3 激光加热法(激光烧蚀法)

激光加热法制备纳米颗粒的原理是：激光器发出的激光束经聚焦镜聚焦后，直接照射到蒸发室中的固体靶材上，靶材吸收激光后急剧升温而蒸发，蒸气在载流气的作用下移至较低温区(靶材和捕集器处形成温度梯度)，形核、生长成纳米颗粒，而获得的纳米颗粒在蒸发室压力和载流气的共同作用下进入到捕集器中捕集。

图 3-8 为激光加热法制备纳米颗粒的设备系统结构示意图。首先将靶材蒸发设备 6 安装在基准面上，在蒸发设备的底部设计一放置靶材的水冷坩埚 7，激光发生器 3 发出的连续激光束通过聚焦镜聚焦后由蒸发设备的顶端入射窗进入蒸发室中，聚焦镜和坩埚间的距离连续可调，使操作者可随意使用焦前光或焦后光。激光透过窗和水冷系统及同轴保护系统 5 相连；在靶材蒸发设备的侧面设计有蒸气出口处，并用管道与冷凝设备 8 相连，在冷凝设备的尾部安装有粉体收集袋 9；控制设备一般安装在基准面上，靶材蒸发设备和收集设备的电控线路全部与控制设备相连接，水冷设备分别与坩埚、激光透过镜及冷凝设备相连。

在激光加热法制备纳米颗粒的设备系统中，实际上同样考虑了气相法合成纳米粉体的几个工艺技术方面的基本要素：(1)赋能蒸发——激光束加热；(2)温度梯度：在坩埚 7 和冷凝设备 8 之间形成温度梯度；(3)载流气体：气体钢瓶 1 和气体流量控制器 2 的作用是提供载

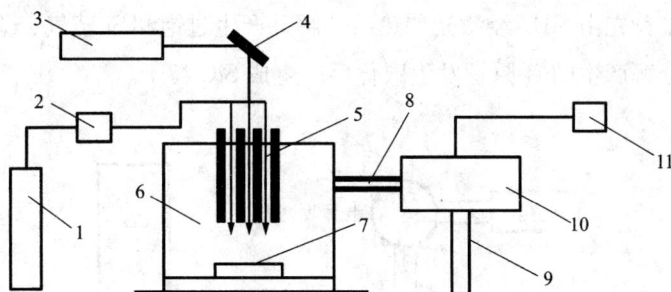

图 3 – 8　激光加热法设备全系统结构组合图

1—气体钢瓶；2—流量控制器；3—激光器；4—反射镜；5—同轴保护系统；6—靶材蒸发设备；

7—坩埚；8—蒸气冷凝设备；9—收集袋；10—手套箱；11—尾气收集系统

流气体，载流气通常为惰性气体，如 N_2、Ar、He 气等，载流气使靶材蒸气向冷凝设备 8 方向流动，同时又为靶材蒸发提供惰性气体的保护。

采用上述这种激光加热法设备可以制备出高纯、球形、超细、无团聚、粒度分布窄的高质量纳米粉体，如 Cu、Fe、Co、Ni、Zr、Al 等金属纳米粉体和 FeO、CuO、SiO_2、ZnO 等氧化物纳米粉体，在宇航、化学、电子、催化等工业领域有着广泛的应用。

激光加热法制备纳米粉体的优点是：（1）生成的纳米颗粒小，且有极高的冷却速率，有可能合成一些在平衡态下得不到的新相；（2）制备的材料范围广。通过选择不同的靶材，包括金属及一些高熔点的碳化物、氧化物、氮化物，在一定的气氛下可以制备出相应的纳米粉体，同时，还可依靠气相化学反应制备多组元的复合纳米粉体。

3.1.1.4　光诱导化学气相沉积法

激光诱导化学气相沉积（LICVD, laser induced chemical vapor deposition）法制备纳米材料是麻省理工学院的 J. S. Haggerty 等人发明的。他们以硅烷（SiH_4）为原料，以 CO_2 为热源，先后制备出 Si、Si_3N_4 和 SiC 纳米粉体。

激光诱导化学气相沉积法的原理是：用于制备纳米粉体的前驱体材料为气体分子，这些气体分子为反应气体分子，在激光的照射下发生激光分解与合成反应，反应生成的过饱和气体在载气的作用下，沿温度梯度方向形核、生长成纳米颗粒。纳米颗粒的成核和生长可通过工艺条件来控制，这些工艺条件包括激光功率密度、反应腔压力、反应气体配比和流速、反应温度等。

图 3-9 为激光诱导化学气相沉积法制备 SiC 纳米粉体实验装置示意图。其合成原理是：SiC 的形成分两步，首先由 SiH_4 经激光加热后分解并产生过饱和 Si 蒸气，经气相凝聚成 Si 粒子，然后与 C_2H_4 分解产生的 C 原子发生碳化反应生成 SiC 粒子。

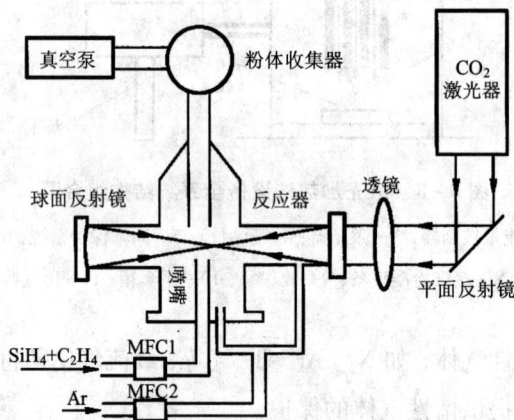

图 3-9 激光诱导化学气相沉积法制备 SiC 纳米粉体实验装置示意图

（MFC 为质量流量控制器）

激光诱导化学气相沉积法是制备理想的硅基系列纳米粉体的先进方法，可制备的硅基纳米粉种类包括：Si、SiO_2、Si_3N_4、SiC、$SiNxCy$ 等，其相应的反应过程如表 3-1 所示。

表 3-1 激光气相合成硅基纳米粉反应过程

纳米粉种类	反应过程
Si	$SiH_4(g) \xrightarrow{CO_2\ hv} Si(s) \uparrow + 2H_2(g) \uparrow$
SiO_2	$SiH_4(g) + 2N_2O \xrightarrow{CO_2\ hv} SiO_2(s) \downarrow + 2H_2 \uparrow + 2N_2 \uparrow$
Si_3N_4	$3SiH_4 + 4NH_3 \xrightarrow{CO_2\ hv} Si_3N_4(s) \downarrow + 12H_2 \uparrow$
SiC	$2SiH_4(g) + C_2H_4(或\ C_2H_2) \xrightarrow{CO_2\ hv} 2SiC(s) \downarrow + 6H_2 \uparrow$
SiN_xC_y	$SiH_4(g) + NH_3(g) + C_2H_4(g) \xrightarrow{CO_2\ hv} SiN_xC_y(s) \downarrow + H_2 \uparrow$

由于激光诱导化学气相沉积法中的前驱体为反应气体，因此其制备的纳米粉体的种类取决于前驱反应气体的选择。由于采用 CO_2 激光器，它的强发射谱线为 P20 = 10.6 μm，反应气选择的主要原则是在反应气中至少要有一种对 10.6 μm 红外强吸收的气体，才能使反应气与光束发生交互作用，产生多光子吸收的光热反应，这是激光气相反应形成的首要条件。在硅源的气体反应物中，如 SiH_4、$SiCl_4$、$SiHCl_3$、SiH_2Cl_2 等均具备这个条件。其次就是反应的副产物，要有环保相容性。如果有毒性和腐蚀性大的氯化物，对环保、装置材料及制造要求技术难度大。因此，SiH_4 尽管是易燃易爆气体，还是成为激光制备硅基纳米粉体的硅源前驱气体的首选，因为它在 P20 线具有强吸收，同时反应副产物无毒性和腐蚀性弱。反应区保护气（或载流气）多为氮气或氩气。

3.1.1.5　燃烧火焰—化学气相冷凝法

燃烧火焰—化学气相冷凝法（CF – CVC, combustion flame – chemical vapor condensation）是美国 Rutgers 大学发明的，该法已用于生产各种粒度分布均匀的氧化物纳米粉体，如 SiO_2、TiO_2、Al_2O_3、SnO_2、V_2O_5、ZrO_2、CoO_x 等。

燃烧火焰—化学气相冷凝法的原理是：采用一种燃气（CO、CH_4、或 H_2）和一种原料气（$SiCl_4$ 或 $TiCl_4$ 等），在惰性气体的保护下，通入到高温富氧环境下进行燃烧，燃烧产生的过饱和气体在气流的作用下，沿温度梯度方向形核、生长成纳米颗粒。反应体系的通式：

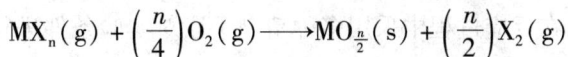

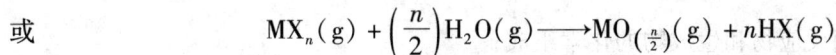

$$MX_n(g) + \left(\frac{n}{4}\right)O_2(g) \longrightarrow MO_{\frac{n}{2}}(s) + \left(\frac{n}{2}\right)X_2(g)$$

或

$$MX_n(g) + \left(\frac{n}{2}\right)H_2O(g) \longrightarrow MO_{(\frac{n}{2})}(g) + nHX(g)$$

图 3 – 10 为一种燃烧火焰—化学气相冷凝法制备纳米粉体材料的装置示意图。热源由一个直径 6.35 cm 且在 133 ~ 166 Pa 的低气压操作的平面燃烧器提供，火焰由燃烧 C_2H_2、CH_4 产生或 H_2 在 O_2 中燃烧产生。

燃烧火焰—化学气相冷凝法的优点是可以连续生产，产物纯度高，粒子凝聚少，且不需后续工艺（如清洗等）；可通过调节几种气体比例、燃烧温度、粉体在反应炉中停留时间等参数来控制粒径，且粒径分布集中，能达到高的产量和产率；还可制备纳米复合粉体。

3.1.2　液相法制备

纳米微粒的液相制备方法以均相的溶液为出发点，通过各种途径使溶质和溶剂分离，通

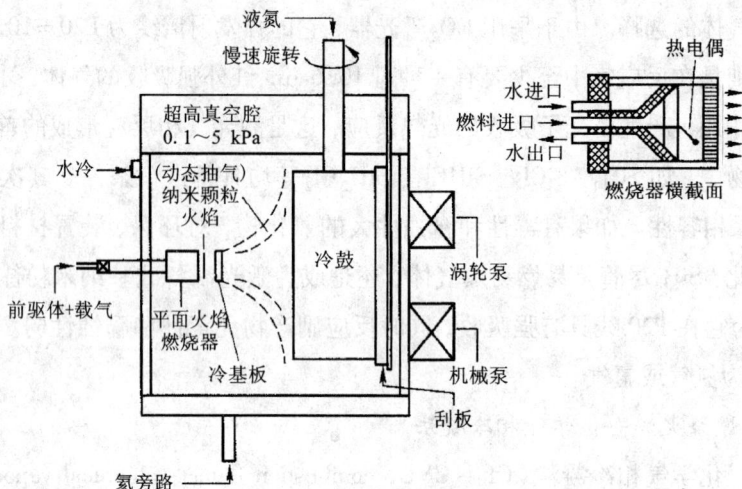

图 3-10 燃烧火焰—化学气相冷凝法制备纳米粉体材料的装置示意图

过使溶质形成一定形状和大小的颗粒,得到所需粉末的前驱体,一般再经热解后得到纳米微粒。

液相法合成是目前实验室和工业上应用最为广泛的纳米粉体材料的制备方法,它与气相法和固相法相比,可以在反应过程中采用多种精制手段对实验条件进行控制,主要技术特征包含以下几点:

(1)可以精确控制反应物和生成物的化学组成;

(2)容易添加微量有效成分,制成多种成分均一的纳米粉体;

(3)容易进行表面改性得到表面活性好的纳米粉体材料,以及核-壳型复合粉体;

(4)容易控制纳米颗粒的形状和粒度;

(5)工业化生产成本较低。

3.1.2.1 液相成核及生长机理

同气相法类似,纳米颗粒从液相中析出并形成也是由两个过程构成的,一是核的形成过程。由于粒子是从液相开始成核生长的(从液相沉积出固体),其过程涉及到在含有可溶性的或悬浮盐的水或非水溶液中的化学反应。当液体变为过饱和时,沉积就会借助于均相或异相成核机制而发生(均相和异相成核的差别在于是否涉及到外来稳定核的生成)。最初只是一些原子或分子的聚集体，它是不稳定的，可能聚集更多的分子而生长，也可能分解消失，只有当体积达到相当程度后才能稳定而不消失，此时称为晶粒。

二是晶粒的生长过程。成核之后，由扩散控制长大，此时溶液的浓度和温度在决定粒子长大中起重要作用。为了形成单分散的颗粒(即具有很窄的尺寸分布的无团聚的粒子)，要求所有的核必须几乎在同时生成，而且在接下来的生长过程中，必须没有进一步的成核或颗粒的团聚。生成颗粒的尺寸及尺寸分布、结晶参数、晶体结构和分散度等特性，由反应动力学控制。当晶核的生成速率小于晶粒的生长速率时，有利于生成大而少的宏观颗粒；当晶核的生成速率大于晶粒的生长速率时，有利于生成小而多的纳米颗粒。

在成核、生长的反应过程中，主要的影响因素有：反应液浓度、反应温度、溶液 pH 值、反应物加到溶液中的顺序，等。

3.1.2.2 沉淀法

纳米微粒的液相成核生长过程在化学沉淀法中表现得较为全面，是液相化学反应合成纳米材料最普遍的方法，由于其反应过程简单、成本低、所得粉体性能良好等优点，一直受到广泛的欢迎，便于推广和工业化生产。沉淀法根据沉淀方式的不同主要可分为共沉淀法、均匀沉淀法、多元醇为介质的沉淀法、直接沉淀法等，其典型过程是在可溶性的盐溶液中，加入沉淀剂或加温水解，形成不溶性物质析出；对沉淀物质提纯后，经热分解或脱水得到纳米微粒。几种主要的沉淀法分述如下：

(1)共沉淀法：在含有多种阳离子的溶液中加入沉淀剂，使金属阳离子全都完全沉淀的方法称为共沉淀法。

该法通常将含有两种或两种以上的金属离子的水溶液同 OH^-、CO_3^{2-}、$C_2O_4^{2-}$ 等混合，得到难溶性的氢氧化物、碳酸盐、草酸盐等沉淀，然后加热分解得氧化物粉末。共沉淀法可制备 $BaTiO_3$、$PbTiO_3$ 等 PZT 系电子陶瓷及 ZrO_2 等粉体。目前利用草酸沉淀法，已制备了 La、Ca、Co、Cr 掺杂氧化物的纳米微粒。

与传统的固相反应法相比，共沉淀法可避免引入对材料性能不利的有害杂质，生成的粉末具有较高的化学均匀性，颗粒粒度较细、且尺寸分布较窄，并具有一定的结晶学形貌。

共沉淀法又可主要分为两大类：i)单相共沉淀，即沉淀物为单一化合物或单相固溶体。该类沉淀的适用范围很窄，仅对有限的草酸盐($X_m(C_2O_4)_n$)体系沉淀适用，可用于制备 $BaTiO_3$、$PbTiO_3$ 等 PZT 系电子陶瓷粉体。例如，在 Ba、Ti 的硝酸盐溶液中加入草酸沉淀剂后，形成了单相化合物 $BaTiO(C_2O_4)_2 \cdot 4H_2O$ 沉淀，经高温($450 \sim 750℃$)加热分解可制得

$BaTiO_3$ 纳米粉体。ii) 混合物共沉淀，即沉淀产物为混合物。其过程较为复杂，溶液中不同种类的阳离子可能不能同时沉淀（沉淀先后与溶液的 pH 值有关）。例如，在 Al^{3+}、Cr^{3+} 混合溶液中加入碳酸铵溶液，反应形成水合 Al_2O_3 – Cr_2O_3 沉淀，经过滤、水洗、干燥后煅烧得到纳米 Al_2O_3 – Cr_2O_3 混合粉体。在制备过程中，为了使沉淀均匀，通常采用反滴的方式，即将含多种阳离子的盐溶液慢慢加入到过量的沉淀剂中进行搅拌，使所有沉淀离子的浓度大大超过沉淀的平衡浓度，尽量使各组分按比例同时沉淀出来，从而得到较均匀的混合沉淀物。

（2）均匀沉淀法：在溶液中加入某种能缓慢生成沉淀剂的物质，使溶液中的沉淀均匀出现，称为均匀沉淀法。

该法克服了由外部向溶液中直接加入沉淀剂而造成的沉淀剂局部的不均匀性、进而沉淀不能在整个溶液中均匀出现的情况，同时可以使过饱和度维持在适当范围内，从而很好的控制晶粒的成核与生长速度，制得粒径均匀的纳米粉体。均匀沉淀法具有原料成本低、工艺简单、操作简便、对设备要求低等优点，能够制备多种纳米氧化物，常用的沉淀剂有尿素和六亚甲基四胺。

例如在硝酸锌溶液中加入尿素，在室温下混合均匀后是不会发生反应的，但当溶液温度升高到 70℃ 时，尿素发生水解：

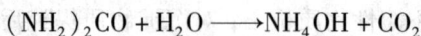

$$(NH_2)_2CO + H_2O \longrightarrow NH_4OH + CO_2$$

水解产生的氨均匀分布在溶液中，随着氨的不断产生，溶液中 OH^- 浓度逐渐增大，在整个溶液中均匀生成 $Zn(OH)_2$ 沉淀，然后经过洗涤、干燥、煅烧制得粒径 20 ~ 80 nm 的 ZnO 粉体。

（3）金属醇盐水解法：利用金属醇盐（溶入有机溶剂）与水反应，水解生成氢氧化物或氧化物沉淀，焙烧后得到氧化物纳米微粒。该方法有些类似喷雾水解法，都涉及金属醇盐的反应。

金属醇盐水解法利用高纯度的有机试剂作金属醇盐的溶剂，制备得到的氧化物粉体的成分很纯；并可制备复合金属氧化物粉末，产物中的颗粒组成均一、符合化学计量组成。

为制备成分准确、组成均一的复合金属氧化物纳米微粒，可先生成复合金属醇盐（化合物），水解后得到在原子水平上混合均一的无定形沉淀，此为复合醇盐法；也可采用金属醇盐混合溶液，混合物水解一般具有分离倾向，但由于水解速度很快，沉淀出的粒子仍可保持组成的均匀性。不过当不同金属醇盐的水解速度差别很大时，可采用溶胶 – 凝胶法来制备组成均一的纳米微粒。

（4）直接沉淀法：溶液中的金属阳离子直接与沉淀剂，如 OH^-、$C_2O_4^{2-}$、CO_3^{2-}，在一定条件下发生反应形成沉淀物，经过滤、洗涤、干燥、烧结处理，最终得到纳米粉体。按沉淀剂的不同，直接沉淀法又可分为氢氧化物沉淀法、草酸盐沉淀法、碳酸氢铵沉淀法等。该方法操作简便易行，对设备和技术要求不太苛刻，不易引入其他杂质，产品纯度很高，有良好的化学计量比，成本较低，因而对其研究也较多，但由于起始溶液来不及混合均匀就直接生成沉淀了，因此很难控制晶粒的成核与生长过程，其合成的纳米粉体粒径分布较宽，分散性较差。

为了缓解该法反应过快的问题，可以采用金属阳离子与柠檬酸、EDTA 等络合剂进行络合，形成常温下稳定的络合物的方式，使阳离子缓慢释放，以控制晶核的生成和长大速率；同时也可以调节温度和 pH 值，使络合物破坏，金属离子重新均匀释放。例如，将一定量的氯化铈和柠檬酸铵溶液混合均匀，形成稳定络合物之后，在一定温度下，通过酸碱调节 pH 使沉淀均匀析出，经后续处理后可得到粒径为 20～40 nm 的 CeO_2 纳米粉体。以 $Ni(NO_3)_2 \cdot 6H_2O$ 溶液为原料、乙二胺为络合剂，NaOH 为沉淀剂，可制得 $Ni(OH)_2$ 超微粉，再经热处理后可得到 NiO 纳米微粉。

3.1.2.3　电解生长

电解法包括水溶液电解和熔盐电解两种。用电解法可制得很多用通常方法不能制备或难以制备的金属超微粉，尤其是电负性很大的金属的纳米微粒。此外，还可制备氧化物纳米微粒。

采用在电解液中加入有机溶剂的滚筒阴极电解法，可连续性地批量制备出金属纳米微粒，其具体过程如下：电解阴极为一滚筒，将其置于无机电解液和有机溶剂两液相的交界处，跨于两液相之中。当滚筒阴极的某一部分在电解溶液中时，金属在其上面析出；而当该部分转动到有机液中时，金属析出停止，并且已析出的金属要被有机溶液涂覆。当该部分再次转动到电解溶液中时，又有金属在其上面析出，但此次析出的金属与上次析出的金属间因存在有机膜的阻隔而不能联结在一起，仅以超微粉体的形式析出。用这种方法得到的纳米微粒纯度高、粒径细而可控，且成本低，适于扩大和工业化生产。

3.1.2.4　溶胶－凝胶法

溶胶—凝胶法（Sol－Gel 法，胶体化学法）是一种制备陶瓷、玻璃等无机材料的湿化学方法。其中溶胶（Sol）是具有液体特征的胶体体系，分散的粒子是固体或者大分子，分散的粒子大小在 1～1000 nm 之间；凝胶（Gel）是具有固体特征的胶体体系，被分散的物质形成连续的网状骨架，骨架空隙中充有液体或气体，凝胶中分散相的含量很低，一般在 1%～3% 之间。

溶胶转变为凝胶的过程，形象的可以理解为"豆浆"到"豆腐"的过程。溶胶凝胶法因其灵活多样性而被称为变色龙技术，其优势在于高的原材料纯度和低的工艺温度。该方法的出现最早可追溯到 19 世纪中叶，但直到 20 世纪 70 年代，Levene 和 Dislich 分别独立地使用该法制备出用传统方法无法得到的多组分玻璃陶瓷之后，此法才引起人们的重视。随后该法被成功应用于先进陶瓷等新材料的制备，其中就包括金属氧化物纳米微粒的制备。

溶胶—凝胶法制备纳米材料，是指金属有机或无机化合物经过溶液、溶胶、凝胶等过程而固化，再经热处理而得到氧化物或其他化合物纳米材料的方法。该方法可以合成多种形貌的纳米材料，如二维纳米薄膜、零维纳米颗粒和三维纳米固体等，其过程示意图如图 3 - 11：

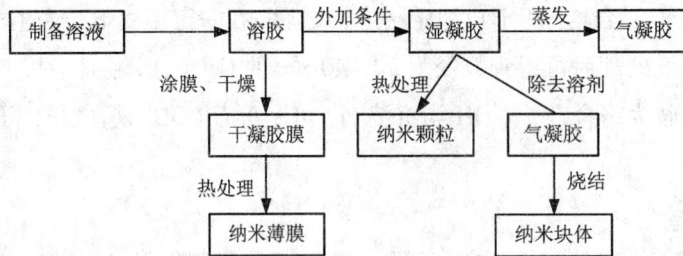

图 3 - 11　溶胶—凝胶法制备各种形貌纳米材料流程图

这里仅以合成零维纳米颗粒为例说明：以金属有机化合物（主要是金属醇盐）和部分无机盐为前驱体，首先将前驱体溶于溶剂（水或有机溶液）中形成均匀的溶液（Solution），在一定条件下溶质在溶液中发生水解（或醇解），水解产物缩合聚集成粒径为 1 nm 左右的胶体粒子、形成溶胶（Sol），然后使溶胶粒子进一步聚合生长、形成凝胶（Gel），故此方法也称为 SSG 法（溶液 - 溶胶 - 凝胶法）。再将凝胶陈化（即缩合反应延续、凝胶强度增大，凝胶网络收缩，使液 - 液、液 - 固、固 - 固相分离）、干燥、焙烧去除有机成分，最后得到所需的无机纳米颗粒。

由以上表述可知 Sol - Gel 法制备纳米微粒的基本过程可用三个阶段来表述：

（1）溶胶的制备：单体（前驱体）经水解、缩合而沉淀出来，控制沉淀过程或加解凝过程，可得到溶胶体系中胶核大小范围的沉淀颗粒（初生粒子，粒径为 1 ~ 2 nm 左右），制得溶胶。

（2）溶胶 - 凝胶转化：凝胶是一种弹性固体，它的体积等于装有凝胶的容器的体积。溶胶 - 凝胶转化是一种快速固化技术（凝胶成型），转化方法有化学法（控制溶胶中的电解质浓度)和物理法(迫使胶粒间互相靠近,克服斥力,实现胶凝化)。期间的具体过程包括溶胶粒子的聚集生长(次生粒子,粒径 6 nm 左右);长大的粒子(次生粒子)相互连接成链,进而在整个液体介质中扩展形成三维网络结构、制得凝胶。凝胶的结构主要取决于水解反应速率和水解中间产物的缩合反应速率。

(3)凝胶陈化、干燥:使溶剂蒸发,得到固相的超微粉料。还可进一步烧结而得到固体产品。

上述过程中包含以下三个化学过程:

溶剂化过程:

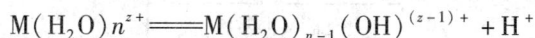

$$M(H_2O)n^{z+} = M(H_2O)_{n-1}(OH)^{(z-1)+} + H^+$$

水解反应:

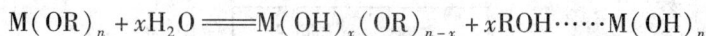

$$M(OR)_n + xH_2O = M(OH)_x(OR)_{n-x} + xROH \cdots\cdots M(OH)_n$$

失水和失醇缩聚:

$$—M—OH + HO—M— = —M—O—M— + H_2O$$

$$—M—OR + HO—M— = —M—O—M— + ROH$$

例如:溶胶凝胶法制备 Fe_2O_3 纳米粉体的过程如下:将一定量的硝酸铁溶于乙二醇/甲醚中,在室温下用磁力搅拌器进行充分混合搅拌,配置成 3 mol/L 的溶液,将此溶液放入恒温水浴中,在 60℃ 缓慢滴加胶凝剂(钛酸丁酯或硅酸乙酯)形成均匀、稳定、透明的棕色溶胶,在此温度下保温陈化至凝胶,将所得的湿凝胶在 100℃ 下减压干燥 2 小时,得龟裂的干凝胶,放入马弗炉中在 600℃ 下热处理 2 小时,即得 Fe_2O_3 纳米粉体。

再如 $LaFeO_3$ 纳米粉体的制备流程,如图 3 - 12 所示:

从以上实例可以看出,Sol - Gel 方法制备纳米微粒的过程是一种多步的间接工艺。其从溶液反应开始,易于加工成型,可制备出各种形状的材料,尤其在薄膜和涂层制备方面有独特的优越性(不需任何真空条件和过高的温度,可在大面积或任意复杂形状的基体上成膜)。而且因水解制得的无机氧化物表面常有 -OH,高分子上常有受氢基团(如 C=O),故有机物与无机纳米微粒之间较多利用氢键,从而形成没有相分离的均一复合物体系——有机 - 无机纳米复合材料。无机材料的制备大多要经过高温退火处理,而有机物一般在几百摄氏度即开始分解,故它们的复合存在较大难度。Sol - Gel 法以其温和的反应条件,尤其是低的反应温度,成为制备有机 - 无机纳米复合材料的最有效方法。

溶胶—凝胶法制备纳米微粒的途径也可分为有机途径和无机途径。有机途径中主要是醇

```
┌──────────┐                              ┌─────────────────┐
│  La₂O₃   │                              │ Fe(NO₃)₃·6H₂O  │
└──────────┘                              └─────────────────┘
     │ HNO₃                                        │
     ▼                                             ▼
┌──────────────┐      La:Fe=1:1          ┌──────────────┐
│ La(NO₃)₃溶液 │                          │ Fe(NO₃)₃溶液 │
└──────────────┘                          └──────────────┘
     └──────────────────┬────────────────────┘
                        │ 柠檬酸
                        ▼
        ┌────────────────────────────┐
        │ La³⁺、Fe³⁺ 的柠檬酸溶液    │
        └────────────────────────────┘
                        │ 50～80 ℃
                        ▼
        ┌────────────────────────────┐
        │ 含 La³⁺、Fe³⁺ 的溶胶       │
        └────────────────────────────┘
                        │ 60～90 ℃
                        ▼
        ┌────────────────────────────┐
        │ 含 La³⁺、Fe³⁺ 的凝胶       │
        └────────────────────────────┘
                        │ 120 ℃
                        ▼
                  ┌──────────┐
                  │  干凝胶   │
                  └──────────┘
                        │
                        ▼
                  ┌──────────┐
                  │  热处理   │
                  └──────────┘
                        │
                        ▼
        ┌────────────────────────────────┐
        │ LaFeO₃ 纳米粉体 10～100 nm     │
        └────────────────────────────────┘
```

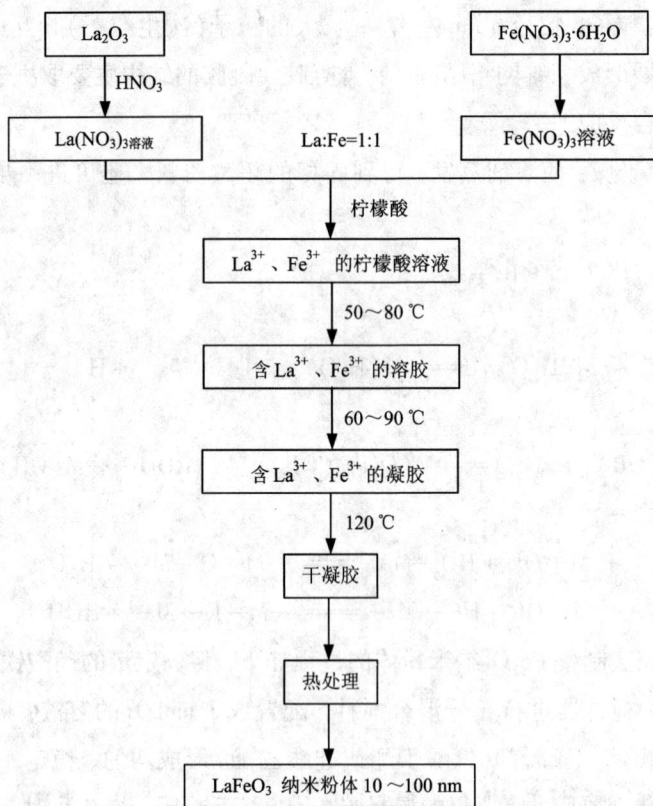

图 3 – 12   LaFeO₃ 纳米粉体的制备流程图

盐水解溶胶—凝胶法,如钛酸丁脂水解、缩聚⇒溶胶⇒超声振荡、红外灯烘干⇒$Ti(OH)_2$凝胶⇒磨细、烧结、得 TiO_2纳米微粒。醇盐若采用复合醇盐,则可得到复合金属氧化物,如在 Ti 醇盐的乙醇溶液中,以醇盐形式引入第二种金属离子(Ba、Pb、Al 等),可制得复合氧化物,有 $BaTiO_3$(15 nm)、$PbTiO_3$(100 nm)、$AlTiO_5$(80—300 nm)等。无机途径则采用无机盐水解溶胶—凝胶法,如利用 Si 溶胶和碳黑为原料,可制得粒径为 100～200 nm 的 SiC 粉末。原料用无机盐的成本比用有机醇盐的成本低。

总之,利用溶胶—凝胶法制备纳米微粒有突出的优点,如较高的纯度和化学均匀性,较低的反应合成温度、可以控制材料的超微结构,等等。在生产工艺上也有许多优势,如溶液化学的灵活性,处理温度、条件的温和性、工艺、设备的简单性和设备投资的经济性。利用该法制备的纳米材料可广泛用于光学、电子、机械、热学、敏感器、催化剂、生物及医学等诸多领域。但由于纳米微粒是从液相中生成的，微粒表面不再新鲜、清洁，微粒之间的烧结性较差，难以得到致密的大块固体样品。

3.1.2.5　水热—溶剂热法

水热法（Hydrothermal Synthesis）与溶剂热法（Solvothermal Synthesis）是研究物质在高温和密闭高压溶液条件下的化学行为与规律的化学分支。水热与溶剂热合成是指在一定温度（100～1000 ℃）和压强（1～100 MPa）条件下利用溶液中物质化学反应所进行的合成。水热法生长晶体，是 19 世纪中叶地质学家模拟自然界成矿作用而开始研究的，地质学家 Murchison 首次使用"水热"一词，1905 年水热法开始转向功能材料的研究。自 19 世纪 70 年代兴起水热法制备超细粉体后很快受到世界各国科学家的重视。

在常温常压下一些从热力学分析看可以进行的反应，往往因反应速度极慢，以至于在实际上没有应用价值，但在水热条件下却可能使反应得以实现。这主要因为在水热条件下，水的物理化学性质（与常温常压下的水相比）将发生下列变化：①蒸汽压变高；②粘度和表面张力变低；③介电常数变低；④离子积变高；⑤密度变低；⑥热扩散系数变高等。在水热反应中，水既可作为一种化学组分起作用并参与反应，又可以作溶剂和膨化促进剂，同时又是压力传递介质，通过加速渗透反应和控制其过程的物理化学因素，实现无机化合物的形成和改进。水热法在合成纳米材料方面具有如下优势：①明显降低反应温度；②能够以单一步骤完成产物的合成，流程简单；③能够很好地控制产物的理想配比，制备单一相材料；④可以使用便宜的原材料，成本相对较低；⑤产物结晶性能好；⑥掺杂更均匀；⑦更方便的调节反应参数。

水热反应依据反应类型的不同可分为水热氧化、水热还原、水热沉淀、水热合成、水热分解、水热结晶等。

（1）水热氧化：高温高压水溶液与金属或合金可直接反应生成新的化合物。

例如：$x\mathrm{M} + y\mathrm{H_2O} \longrightarrow \mathrm{M}_x\mathrm{O}_y + \mathrm{H_2}$，其中 M 为铬、铁及合金等

（2）水热沉淀：某些化合物在通常条件下无法或很难生成沉淀，而在水热条件下可以生成新的化合物沉淀。

例如：$\mathrm{KF} + \mathrm{MnCl_2} \longrightarrow \mathrm{KMnF_2}$

（3）水热合成：可允许在很宽的范围内改变参数，使两种或两种以上的化合物起反应，合成新的化合物。

例如：$FeTiO_3 + KOH \longrightarrow K_2O \cdot nTiO_2$

（4）水热还原：一些金属类氧化物、氢氧化物、碳酸盐或复盐用水调浆，控制适当温度和氧分压等条件，即可制得超细金属粉体。

例如：$Me_xO_y + H_2 \longrightarrow xMe + yH_2O$，其中 Me 为银、铜等

（5）水热分解：某些化合物在水热条件下分解成新的化合物，进行分离得到单一化合物超细粉体。

例如：$ZrSiO_4 + NaOH \longrightarrow ZrO_2 + NaSiO_3$

（6）水热结晶：可使一些非晶化合物脱水结晶。

例如：$Al(OH)_3 \longrightarrow Al_2O_3 \cdot H_2O$

水热釜是进行高温高压水热合成的基本设备。最简单的实验室常用的水热釜如图 3 – 13 所示，是由外罩和内芯两部分组成。其中不锈钢部分是外罩，聚四氟乙烯内衬是内芯。外罩是用来防止高温、高压下内芯可能发生的膨胀和变形，而内芯则可以形成一个密闭的反应室，能够适用于任何 pH 值的酸、碱环境。水热合成中一个重要的实验参数是装填度或填充度（FC），即反应混合物占密闭反应釜空间的体积分数。它在水热合成实验中极为重要，填充度一定时，反应温度越高，晶体生长速度越大；在相同反应温度下填充度越大，体系压力越高，晶体生长速度越快。因此在实验中我们既要保持反应物处于液相传质的反应状态，又要防止由于过大的装填度而导致的过高压力。为安全起见，装填度一般控制在 60% ~ 80% 之间，80% 以上的装填度，在 240℃ 压力有突变。

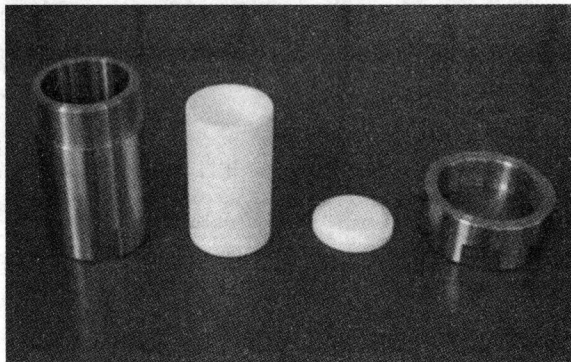

图 3 – 13　实验室常用水热釜的照片

这里主要介绍一般水热合成的实验程序：

(1)选择反应前驱物，确定反应前驱物的计量比。

(2)摸索前驱物加入顺序，混料搅拌。

(3)装釜、封釜、置入烘箱。

(4)确定反应温度、时间进行反应。

(5)取釜、冷却(空气冷或水冷)、取样。

(6)过滤、洗涤、干燥。

水热法也存在着一些缺点。由于水热反应在高温高压下进行，因此对高压反应釜进行良好的密封成为水热反应的先决条件，这也造成水热反应的一个缺点：水热反应的非可视性。只有通过对反应产物的检测才能决定是否需要进一步调整各种反应参数。另外，水热法往往只适用于氧化物功能材料或少数一些对水不敏感的硫属化物的制备。

溶剂热反应是水热反应的发展，它与水热反应的不同之处在于所使用的溶剂为有机溶剂而不是水。溶剂热法是在水热法的基础上发展起来的一种新的材料制备方法，将水热法中的水换成有机溶剂或非水溶媒(例如有机胺、醇、氨、四氯化碳或苯等)，采用类似于水热法的原理，可以制备在水溶液中无法合成、易氧化、易水解或对水敏感的材料，如Ⅲ—Ⅴ族半导体化合物、氮化物、硫属化物、新型磷(砷)酸盐分子筛三维骨架结构等。

例如苯体系中 GaN 的合成：1996 年，谢毅在苯溶液中，利用 $GaCl_3$ 和 Li_3N 在 280℃发生溶剂热反应 6～16 小时，合成了 30 nm 的立方相氮化镓纳米晶，同时有少量岩盐相 GaN 生成，这个温度比传统方法的温度低很多，GaN 的产率达到 80%。再如钱逸泰在高压釜中用中温(700℃)催化热解法使四氯化碳和钠反应制备出金刚石纳米粉，论文发表在 1998 年的《科学》杂志上。美国《化学与工程新闻》杂志为此特别发表题为"稻草变黄金——从四氯化碳制成金刚石"一文，予以高度评价。

与其他传统制备路线相比，溶剂热合成的显著特点在于：反应在有机溶剂中进行，能够有效地抑制产物的氧化，防止空气中氧的污染，这对于高纯物质的制备是非常重要的；在有机溶剂中，反应物可能具有很高的反应活性，这可以代替固相反应，实现某些物质的软化学合成，有时溶剂热法可以获得一些具有特殊光学、电学、磁学性能的亚稳相；非水溶剂的采用使得溶剂热法可选择的原料范围扩大，比如氟化物、氮化物、硫属化物等均可作为溶剂热法反应的原材料，同时，非水溶剂在亚临界或超临界状态下独特的物理化学性质极大地扩展了所制备目标产物的范围；由于有机溶剂具有低沸点，因此在同样的条件下，它们可以达到比水热合成更高的气压，从而有利于产物的生成与结晶；反应温度较低，反应物中的结构单元可以保留到产物中不受破坏，同时，有机溶剂的官能团和反应物或产物作用，生成某些新型的在催化和储能方面有潜在应用的材料；非水溶剂的种类繁多，其本身的一些特性如极性与非极性、配位络合作用、热稳定性等为我们从反应热力学和动力学的角度去认识化学反应的实质与晶体生长的特性提供了研究线索。

3.1.3　固相法制备

纳米微粒的固相法合成是通过从固相到固相的变化来制造超微粉体，它没有相的变化。固相物质的微粉化机理可分为两类：

（1）尺寸降低过程(size reduction process)：将外部能量引入或作用于母体材料，使其产生结构转变，固相物质被极细地分割，但物相没有变化。属于此过程的典型制备方法有机械粉碎(球磨法)、化学处理(溶出法)，等等。

（2）构筑过程(build up process)：将最小的物质单元(原子、离子、分子)组合起来、构成微粒，物质属性发生变化，如热分解法(大多为盐的分解)、固相反应法(大多为化合物)等。

1. 机械球磨法

机械球磨法是一种用来制备具有可控微粒结构的粉末的方法，通过球磨机的转动或振动，使硬球对原料进行强烈的撞击、研磨和搅拌，使原料逐步粉碎为纳米级微粒，是一种在矿物加工、陶瓷工艺和粉末冶金工业中广泛使用的基本方法。球磨工艺的主要目的包括颗粒尺寸的减小，固态合金化、混合或融合，以及改变颗粒的形状等。

大多数情况下，球磨法被用来加工相对硬的、脆的材料，这些材料在球磨的过程中断裂、形变，可形成各种非平衡结构，包括纳米晶、非晶和准晶材料。目前，已有应用于不同目的的球磨方法，如滚转、摩擦磨、振动磨等。球磨法典型工艺示意图见图 3-14。

机械球磨法用于纳米微粒的制备，其主要过程是一种在纯机械驱动下的结构演变：被球磨物质在机械力的作用下反复形变，局域应变的增加引起材料内部缺陷密度的增加，

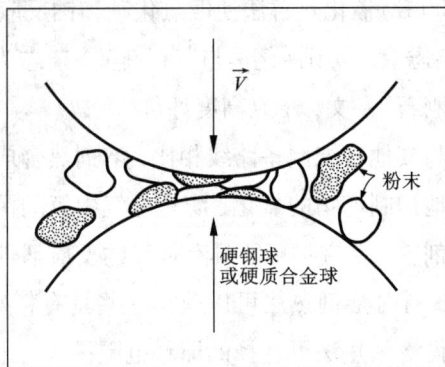

图 3-14　球磨法典型工艺示意图

当局域应变中的缺陷密度达到某个临界值时，粗晶内部破碎，这个过程不断反复，在粗晶内部形成纳米颗粒或粗晶破碎形成分立的纳米级颗粒(主要以前者状态存在)。所以该过程是以粉碎和研磨为主体实现粉末的纳米化。

机械球磨法制备纳米颗粒需要控制以下几个参数和条件，即正确选用硬球的材料(不锈钢球、玛瑙球、硬质合金球等)，控制球磨温度和时间，原料一般选用微米级的粉体或小尺寸条带碎片。

利用机械球磨法可制备纯元素和合金的纳米颗粒。如高能球磨法可制备具有体心立方结构(如 Cr、Nb、W 等)和六方密堆结构(如 Zr、Hf、Ru 等)的金属纳米晶粒，但产物中会有相当的非晶成分；而对于具有面心立方结构的金属(如 Cu 等)，球磨法不易得到其纳米晶粒，部分原因是由于这类金属具有较好的韧性和延展性，在球磨过程中其晶粒不易破碎。

除制备纯金属元素纳米颗粒外，机械球磨法还可用于制备合金纳米颗粒，即将两种或两种以上的金属粉末同时放入球磨机的球磨罐中进行高能球磨，粉末颗粒经过压延、压合、碾碎、再压合的反复过程(冷焊 – 粉碎 – 冷焊的反复过程)，最后获得组织和成分分布均匀的合金粉末。由于这种方法是利用机械能而不是热能或电能达到合金化，故把高能球磨制备合金粉末的过程称为机械合金化(mechanical alloying—MA)。

机械合金化是一种制备纳米材料的新方法，该方法通过高能研磨，使原材料的粗颗粒产生严重的形变而发生结构变化，纳米晶体在严重形变材料的切面带上成核，从而使粗颗粒结构转变为纳米相。但该方法最早是 1970 年美国 INCO 公司的 Benjamin 为制备 Ni 基氧化物颗粒弥散强化合金而推出的一种技术，结合助磨剂物理粉碎法及超声波粉碎法，可制得粒径小于 100 nm 的微粒。1988 年日本京都大学首先报道用此方法制备得到了粒径小于 10 nm 的 Al – Fe 合金晶粒，为纳米材料的制备找到了一条实用化的新途径。

机械合金化法工艺简单，制备效率高，能制备出用常规方法难以获得的高熔点金属的合金纳米材料。

此外，在球磨过程中，可通过对球磨气氛的控制实现反应性球磨。如在金属氮化物合金颗粒的制备方面，在室温下将金属粉在氮气流中球磨，可制得 Fe – N 和 Ti – N 纳米颗粒；室温下将镍粉在提纯后的氮气流中进行球磨，可制备出面心立方结构的 Ni – N 介稳合金粉末(晶粒尺寸为 5 nm)。

在球磨过程中还可进行还原反应。将一定粒度的反应粉末(或反应气体)以一定的比例配置于球磨机中进行高能粉磨，同时保持研磨体与粉末的重量比和研磨体的球径比，并通入氩气保护。如用 Ca、Mg 等强还原性物质还原金属氧化物、卤化物，以实现化学提纯：$2TaCl_5 + 5Mg \longrightarrow 2Ta + 5MgCl_2$，经球磨后，反应物紧密混合，在球磨过程中研磨体与反应物间的碰撞产生的热量使温度上升，达到反应物的燃烧温度后，瞬间燃烧可形成粒径为 $50 \sim 200$ nm 的 Ta 颗粒。

利用机械球磨法制备纳米微粒，其主要特点有：①粉体是单纯的纳米颗粒，或是纳米颗粒与(亚)微米颗粒(粗晶分裂而成)混合在一起；②产量高，工艺简单，适用于高熔点合金纳米颗粒的制备。但其缺点也很明显：尺寸不均匀，易引入杂质，颗粒表面和界面主要由磨球(一般为铁)和气氛(氧气、氮气)引起污染。另外，值得指出的是，在球磨法制备纳米微粒的过程中，纳米相的形成及晶粒所能达到的极限尺寸与材料的组分、所用球磨设备的种类、球-粉质量比和气氛状态等因素有关，其影响因素十分复杂。

2. 离子注入法

作为一种重要的材料制备和改性技术，离子注入已广泛应用于半导体、金属和绝缘体等各个材料领域。离子注入的技术特点主要有以下几方面。

(1)注入时不受温度限制，注入元素可以任意选取、纯度高，注入原子不受被注入样品固溶度的限制，不受扩散系数和化合结合力的影响，特别适于在样品表面附近形成过饱和固溶体。

(2)通过控制注入的剂量和能量，可精确控制掺杂的浓度和深度。

(3)采用离子注入形成的纳米颗粒被衬底包围，受到很好的保护，外界环境对它影响不大，能够保持很好的稳定性。

在纳米颗粒的制备、研究方面，离子注入法通过采用静电加速器将具有一定能量的离子硬嵌在某个与它固相不相溶的衬底(主体材料)中，再经加热退火处理，让它偏析出来，形成纳米颗粒。图 3－15 示出该过程的三个基本阶段：(a)主体材料被荷能离子(箭头表示)注入；(b)在近表面区域形成过饱和固溶体；(c)热处理使分立的纳米颗粒析出。如在一定注入条件下，经一定含量氢气保护的热处理后，在 Cu、Ag、Al、SiO_2 中获得了 α－Fe 纳米颗粒；Fe 和 O，Fe 和 N 双注入制备出在 SiO_2 和 Cu 中的 Fe_3O_4 和 Fe－N 纳米颗粒。

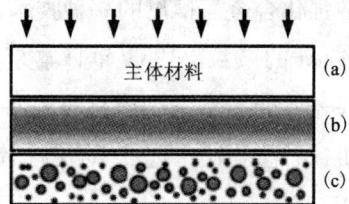

图 3－15　离子注入法形成纳米颗粒的基本过程

离子注入形成的纳米颗粒在衬底中的深度分布和颗粒大小可通过改变离子注入的能

量和剂量、以及退火温度来控制。其中注入能量决定纳米颗粒在衬底材料中的深度分布；注入剂量及退火温度决定颗粒的大小。图 3 - 16 显示的是能量为 200 keV 的 Ag 离子在注入玻璃后经退火形成纳米颗粒的透射电镜截面像，随着注入剂量从 $5 \times 10^{16}(\text{cm}^2)$ 增加至 $1 \times 10^{17} \sim 2 \times 10^{17}(\text{cm}^2)$，Ag 纳米颗粒明显增大。

离子注入已在制备分离的纳米颗粒、合金纳米颗粒、核壳结构纳米颗粒、半导体量子点、磁性纳米颗粒、固相惰性气体元素纳米颗粒等多方面取得了进展。其中在具有核-壳结构的纳米颗粒制备方面，离子注入技术具有独特的优势。离子注入形成核壳结构纳米颗粒的可能途径主要有四种：①先后注入两种金属元素，通过简单的碰撞混合，形成纳米核壳颗粒。②先后注入金属和非金属，通过非金属与纳米金属颗粒的表面发生化学反应形成纳米核壳颗粒。③先后注入金属和非金属，通过非金属与纳米金属颗粒周围的衬底材料发生化学反应置换出游离的氧，然后再氧化纳米金属颗粒，形成纳米核壳颗粒。④先通过双元素注入形成亚稳相固溶体合金，再通过退火使其中一种元素扩散到颗粒的表面，形成纳米核壳颗粒。

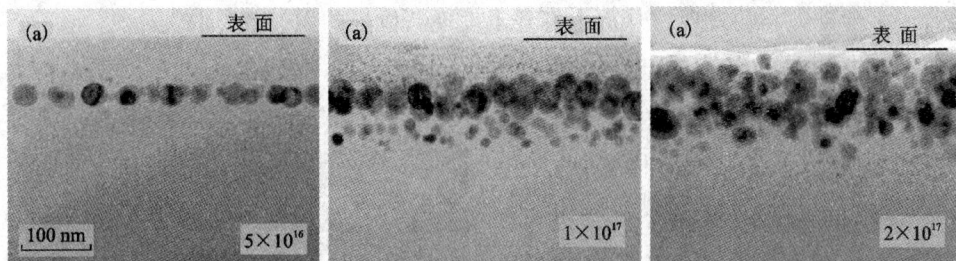

图 3 - 16　能量为 200 keV 的 Ag 离子在注入剂量分别为 5×10^{16}、1×10^{17} 和 $2 \times 10^{17}/\text{cm}^2$ 时在玻璃中形成纳米颗粒的透射电镜截面像

分离的铁磁纳米颗粒是未来超高密度磁存储材料的代表。如果单个颗粒代表一个比特的目标能最终实现的话，那么其信息存储密度将比目前存储器的存储密度高 1 万倍。为了在一个颗粒上能读写一个比特，颗粒必须是分离且磁孤立的，单个铁磁颗粒的磁区要大于超顺磁临界尺寸的限制，并且磁距、尺寸、磁化方向和位置必须可控。目前的实验证明离子注入技术是一种十分有效的构成磁纳米颗粒的方法，并已能部分满足超高密度磁存储的要求。

此外，离子注入在纳米颗粒的制备过程中产生的一系列独特效应，如离子注入对衬底的影响，注入离子的质量、剂量、能量及自身离子辐照等因素对颗粒的影响，纳米颗粒的形成、演变等,都为探索制备新型半导体和具有特殊结构的纳米颗粒指出了努力的方向。

3. 原子排布法

直接排布原子以实现人们希望得到的物质结构,这是一种终极的物质生产方式。通过用原子级精度的探针代替手指,现在人类已经具备了此种手段和能力,只是目前其生产效率还极其低下。

1990 年,IBM 公司阿尔玛登研究中心的研究员 Donald Eigler 与同事在实验里第一次使原子发生了位移。他们用当时世界上最精确的测量和操纵工具(扫描隧道显微镜上的探针),在 4K 的极低温下,在一块镍晶体基板上缓慢、巧妙地移动 36 个氙原子,使其按自己的意志组合成"IBM"三个字母,这 3 个字母拼在一起的整个宽度还不到 3 个纳米(见图 0 - 2)。尽管这次移动原子是在极低温度下的超高真空室内实现的,但毕竟实现了显微操作,实现了著名物理学家费曼(R. P. Feynman, 1918—1988)1959 年 12 月 29 日在美国加州理工学院发表的《在底层还有很大空间》著名演讲中的设想:"至少依我看来,物理学的规律不排除一个原子一个原子地制造物品的可能性……如果人类能够在原子/分子的尺度上来加工材料,制备装置,我们将有许多激动人心的发现。"从而也打开了发现新世界的大门。

利用扫描隧道显微镜不仅可以实现在一个平面内的原子分子水平的排布操作,还可以进行原子的三维立体搬迁。图 3 - 17 显示的是美国惠普公司利用 STM 在特定的温度和加大负偏压的条件下,在 Si 基材表面上,实现三维立体搬迁表面上的锗原子,形成了金字塔形的锗原子量子点。该锗原子组成的金字塔底宽约 10 nm,高约 1.5 nm。

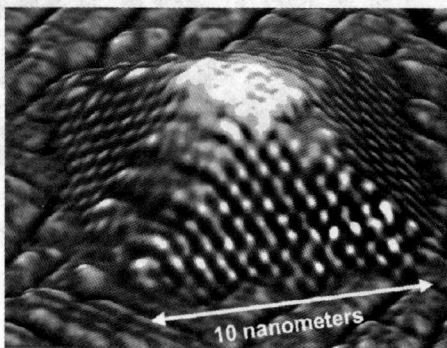

图 3 - 17　美国惠普公司实现原子的三维立体搬迁,形成宽约 10 nm、高约 1.5 nm 原子金字塔

除利用扫描隧道显微镜可以实现原子排布外,利用激光也可进行原子的聚集操作,这被称为光镊(optical tweezer)技术:利用激光动量转移产生的辐射压力,形成具有梯度力场的光学陷阱,处在陷阱中的微粒受到梯度力场的作用,就被"钳住"。这个光学陷阱像是一把小镊子,因此被称为"光镊"。激光通过瞬时力和耦合力两个途径作用于原子,原子可在其控制下进行纳米尺度的移动,进而可实现纳米物质结构的有目的的构造。

3.2　零维纳米材料的物理化学性质

3.2.1　热学性质

比热容和熔点被认为是任何固体物质最基本的热力学性质。对已知的绝大多数固体物质而言，它们的比热容和熔点已有了广泛的研究和结果，但对于纳米颗粒，由于这种新型材料所具有的特殊性能，其比热容和熔点仍是一个正在研究的课题。

（1）比热容

比热容是物质的典型性质，表示使某固体物质升高一定温度所需的热量。最近的实验测量表明：除了在极低温度（低于几 K）以外，纳米颗粒在高温和低温下具有比块体物质更高的比热容，并且随着纳米颗粒粒径的减小，比热容增大。如在 150 ~300 K 范围内，8 nm 的纳米 Cu 比传统纯 Cu 的比热容提高了 9% ~11%；6 nm 的纳米 Pd 则提高了 29% ~53%。但对这种效应，目前还没有很好的直观解释，颗粒的大小、大量的表面原子以及颗粒间的边界效应等应该在其中起重要作用。

（2）熔点

对于一个给定的材料来说，熔点是指固态和液态之间的转变温度。当高于此温度时，固体的晶体结构消失，取而代之的是液相中不规则的原子排列。晶体物质在其形态处于大尺寸时，其熔点是固定的；但将其结构纳米化后，其熔点将显著降低，特别是当颗粒粒径小于 10 nm 量级时，熔点的降低尤为显著。1954 年，日本的 M. Takagi 首次发现纳米颗粒的熔点低于其相应块体材料的熔点，随后的不同实验也证实了不同的纳米材料都具有这种效应，如大块 Cu 的熔点为 1083 ℃，而粒度为 40 nm 的 Cu 颗粒熔点降为 750 ℃，20 nm 的 Cu 颗粒熔点进一步降为 39 ℃；常规 Ag 粗晶粒的熔点为 960.3 ℃，而 5 ~10 nm 的纳米银颗粒熔点为 100 ℃；大块 Pb 的熔点为 327.5 ℃，而 20 nm 的球形 Pb 颗粒的熔点降低到 15 ℃；"真金不怕火炼"的金砖熔点为 1064 ℃，粒度为 10 nm 时熔点也有 1037 ℃，但当粒度降为 2 nm 时其熔点就只有 327 ℃了，"纳米"金的熔点同大块 Pb 的熔点相同了。金的熔点随其组分粒径的变化关系曲线见图 3 - 18。

纳米颗粒的熔点与颗粒的尺度有重要的关系。当颗粒尺度在几个到几十纳米量级时，正处于量子尺度和经典尺度的模糊边界中，此时热运动的涨落和布朗运动将起重要的作用。纳

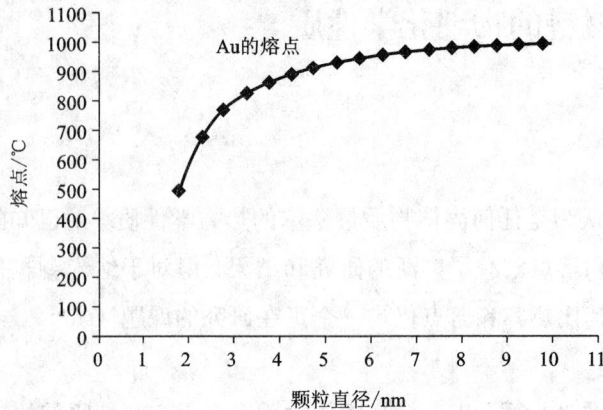

图 3 – 18　金的熔点随粒径的变化关系

米颗粒的熔点之所以降低，是由于颗粒体积减小带来的高表面能。纳米颗粒的熔点之所以降低，是由于颗粒小带来的高表面能。纳米颗粒的比表面原子数多、表面能高，这些表面原子近邻配位不全、活性大，因此纳米颗粒熔化时所需增加的内能比块体材料熔化时所需增加的内能要小得多，从而使纳米颗粒的熔点急剧下降。随着温度的升高，物质从固态到液态的转变是由颗粒表面开始的。此时，颗粒中心仍然是固态，表面熔融取决于影响体系能量平衡的固液相界面上的表面张力，从而导致熔点温度随粒径的减小而单调下降。

　　纳米颗粒的熔点降低有许多实际应用，例如可降低烧结温度。所谓烧结，是指把某种材料的粉末先用高压压制成形，然后在低于该粉末熔点的温度下加热，使这些粉末互相结合成块、密度接近常规的大块材料，此时所用的最低加热温度称为烧结温度。

　　纳米颗粒的尺寸小、表面能高，压制成块材后在高比例的界面处具有高能量，在烧结时高的界面能将成为原子移动的驱动力，有利于界面中的孔洞收缩、空位团湮没，因此，在较低的温度下烧结就能达到使材料致密化的目的，即烧结温度降低。纳米颗粒免除高温下的经历也使其不会生长得很大，这些特性在纳米陶瓷的烧制过程中应用广泛。

　　纳米颗粒熔点下降的性质对粉末冶金工业也具有一定的吸引力。例如，在钨颗粒中附加 0.1% ~ 0.5% 重量比的纳米镍颗粒后，可使烧结温度从 3000 ℃降低到 1200 ℃ ~ 1300 ℃，以致可在较低的温度下烧制成大功率半导体管的基片。利用纳米银粉制成的导电浆料可以进行低温烧结，此时元件的基片不必采用耐高温的陶瓷材料，甚至可用塑料。

3.2.2　光学性质

纳米颗粒的一个最重要标志是其尺寸与物理特征量相差不多。当纳米颗粒的粒径与超导相干波长、玻尔半径以及电子的德布罗意波长相当时，小颗粒的量子尺寸效应十分显著。与此同时，大的比表面积使处于表面态的原子、电子与处于小颗粒内部的原子、电子的行为有很大的差别，这种表面效应和量子尺寸效应对纳米颗粒的光学特性有很大的影响，甚至使纳米颗粒具有同样材质的宏观大块物体所不具备的新的光学特性。其主要表现有：

（1）宽频带强吸收

大块金属具有不同颜色的光泽，这表明它们对可见光范围各种颜色（波长）光的反射和吸收能力不同。但当金属组分的尺寸减小到纳米量级时，各种金属纳米颗粒几乎都呈现为黑色，如银白色的铂（白金）变成铂黑、金属铬变成铬黑等。它们对可见光的反射率极低，通常小于 1%，大约几微米的沉积厚度就能完全消光。利用这个特性可将其作为高效率的光热、光电转换材料，应用于红外敏感元件、红外隐身技术等。

（2）蓝移和红移现象

与大块材料相比，纳米颗粒的光吸收带普遍存在"蓝移"现象，即吸收带向短波方向移动。蓝移现象的起因可归为两个效应。①量子效应：已被电子占据的分子轨道能级与未被电子占据的分子轨道能级之间的宽度（能隙）随颗粒直径的减小而增大，这是产生蓝移的根本原因（对半导体和绝缘体都适用）；②表面效应：由于纳米微粒颗粒小，大的表面张力使晶格畸变、晶格常数变小，原子第一近邻和第二近邻的距离变短，键长的缩短导致纳米颗粒的键本征振动频率增大，结果使光吸收带移向高频率的短波方向。

虽然大多数纳米颗粒的光吸收带出现蓝移，但也有些材料的纳米颗粒光吸收带出现红移现象——吸收带移向长波方向。在这类材料中，引起蓝移的因素仍然在起作用，只是红移的起因作用相对更强。引起红移的因素主要来自表面效应：由于纳米微粒颗粒小、内应力增加，导致电子波函数的重叠加剧、带隙减小，进而引起光吸收带的红移。

（3）量子限域效应

该效应涉及到材料中激子的生成。激子实际上是固体中的一个激发态，它是由于吸收了光的能量而形成的。当入射光的能量小于半导体的禁带宽度时，入射光可能从某些原子中激发出电子、同时留下空穴。由于同处一个原子上，电子－空穴对的相互作用很强，构成一个系统，称为激子。

当半导体纳米颗粒的半径小于激子玻尔半径(类似于氢原子中由单位正电荷形成的玻尔半径)时,电子的平均自由程受小粒径的限制而局限于很小的范围内,空穴很容易与它形成激子,引起电子和空穴波函数的叠加,这就很容易产生激子吸收带。激子的振子强度、进而激子带的吸收系数随粒径下降而增加,即出现激子增强吸收并蓝移,这就称作量子限域效应。

纳米半导体颗粒增强的量子限域效应使它的光学性能不同于常规半导体,如吸收光谱将发生改变。

(4)纳米颗粒的发光

当纳米颗粒的尺寸小到一定值时可在一定波长的光激发下发光。如1990年,日本佳能研究中心的 H. Tabagi 发现,粒径小于6nm 的 Si 颗粒在室温下可以发射可见光;随粒径减小,发射带强度增强并向短波方向移动。而当粒径大于6nm 时,这种发光现象消失。

如果最重要的微电子材料 Si 能发光,则有可能将微电子器件与光电子器件集成在一起,这是人们长期以来的不懈追求。令人遗憾的是大块的纯净 Si 材料不能发光,由于 Si 是一种间接带隙材料,结构上存在平移对称性,由平移对称产生的选择定则使得带隙间的复合跃迁要借助于声子参加,所以其复合发光效率极低,大尺寸的 Si 几乎不可能发光。现在将其结构纳米化后就可以发光,可认为是当 Si 粒径小到某一程度时(6 nm),平移对称性消失,选择定则失效,因此 Si 颗粒出现发光现象。另外,也有可能是在纳米 Si 半导体颗粒中电子 - 空穴对(载流子)的量子限制效应:纳米 Si 颗粒吸收光的能量、形成激子,激子中的电子 - 空穴对再复合发光。

硅基材料发光研究可以追溯到1984 年 Dimaria 等人的报道,半透明的 Au 膜/SiO_2(50 nm)/富硅 SiO_2(20 nm)/n - Si 结构在 1000 ℃ 退火后,在正向偏压大于15 V 的情况下有电致发光现象出现。他们将这种结构的电致发光归结于在纳米 Si 颗粒中,电子 - 空穴对在因量子限制效应而带隙增宽的带间辐射复合。1990 年 Canham 报道了室温下多孔 Si 的强光致发光,之后 Si 基纳米半导体体系的发光因其在光电子学方面的可能应用前景而引起人们的广泛兴趣。

为了提高硅的发光效率,获得满足硅基光电子集成必需的发光器件,近年来许多研究机构正通过半导体杂质工程或能带工程的方法来提高 Si 基材料的发光效率和稳定性,如纳米 Si 发光,多孔 Si 发光、Si - Ge 合金发光等。在阐明其发光机理方面,公认的比较成功的模型是量子限制模型和表面态模型。量子限制模型认为,当纳米硅的尺寸足够小时(达到几个纳米），就对载流子产生三维的限制，纳米 Si 的带隙会显著增宽，光激发的电子 - 空穴对可在带间辐射复合发光。除了纳米 Si 颗粒发光外，Si 悬挂键、Si－H 键、Si－O 化合物、Si 络合物等颗粒表面态、界面态也有可能参与了发光过程，所以表面态模型认为，电子和空穴在颗粒内部产生，通过弛豫到表面态再经过隧穿复合发射光子。

小尺度下的量子限制等特殊效应促进了纳米颗粒的发光，随着研究的深入，相信最终可实现 Si 等原本不发光的材料的长期、稳定发光。

（5）纳米颗粒分散物系的光学性质

将纳米颗粒分散于分散介质中可形成稳定的分散物系（溶胶），纳米颗粒在这里又称作胶体粒子或分散相。

在溶胶中胶体粒子的高分散性和不均匀性使得分散物系具有特殊的光学特征。如让一束聚集的光线通过这种分散物系，在垂直于入射的方向可看到一个发光的圆锥体。这种现象是由英国物理学家丁达尔（John Tyndall，1820—1893）在 1869 年发现的，故称为丁达尔效应，这个发光圆锥被称为丁达尔圆锥。由丁达尔圆锥散发出来的光被称为乳光。

只有由纳米颗粒形成的溶胶体系才有明显的丁达尔效应。溶胶丁达尔圆锥发出的乳光强度具有如下规律：乳光强度正比于颗粒数密度，正比于颗粒体积的平方，正比于颗粒与分散介质的折射率之差，反比于照射光波长的四次方。根据这些规律，可在纳米颗粒的生产线上随时方便地估测纳米颗粒的大小，保证产品的质量。

3.2.3　磁学性质

材料中的磁性是由组成该材料的原子中的电子磁矩引起的，电子磁矩包含两部分：①电子绕原子核的轨道运动产生一个非常小的磁场，形成一个沿旋转轴方向的轨道磁矩 m_o；②每个电子本身作自旋运动，产生一个沿自旋轴方向的自旋磁矩 m_s，它比 m_o 大得多。故每个电子可看成是一个小磁体，具有永久的 m_o 和 m_s。

材料组分原子中的每个电子的 $m_s \approx \mu_B$（Bohr 磁子 $\mu_B = e\hbar/2m_e$），m_o 受不断变化方向的晶格场作用，不能形成联合磁矩。所以一个原子是否具有磁矩，取决于其具体的电子壳层结构。若原子有未被填满的电子壳层，其电子的 m_s 未被完全抵消，则原子具有永久磁矩。

材料的磁性取决于材料中原子和电子磁矩对外加磁场的响应，具体可分为抗磁性、顺磁性、反铁磁性（均为弱磁性）、铁磁性和亚铁磁性（均为强磁性）。各类磁性分别简述如下。

抗磁性（diamagnetism）：在外加磁场存在时，外磁场会使材料中电子的轨道运动发生变化,感应出很小的磁矩,其方向与外磁场方向相反,故名抗磁性。具有抗磁性的常见材料有:Bi、Zn、Ag、Mg 等金属,Si、P、S 等非金属,还有许多有机高聚物以及惰性气体。

顺磁性(paramagnetism):有些材料的 m_s 和 m_o 没有完全被抵消,每个原子都有一个永久磁矩,但在无外磁场作用时,各个原子的磁矩无序排列,材料表现不出宏观的磁性;而在有外磁场作用时,各个原子磁矩会沿外磁场方向择优取向,使材料表现出宏观的磁性,称其为顺磁性。具有顺磁性的常见材料有稀土金属,Fe 族元素的盐类,Mn、Cr、Pt、N_2、O_2 等。

一般认为抗磁性材料和顺磁性材料是无磁性的,因为它们只有在外磁场存在时才被磁化,而磁化率又极小。

铁磁性(ferromagnetism):Fe、Co、Ni、Y、Dy 等材料在外磁场作用下,会产生很大的磁化强度,外磁场去除后仍能保持相当大的永久磁性,故而得名。具有铁磁性的材料的磁化率 χ 可高达 10^6,使得磁化强度 M($M=\chi H$)远大于磁场强度 H。

反铁磁性(antiferromagnetism):MnO、Cr_2O_3、CoO、$ZnFe_2O_4$ 等材料,其相邻原子或离子的磁矩作反方向平行排列,总磁矩为零。

亚铁磁性(ferrimagnetism):对于含铁酸盐的陶瓷磁性材料,即铁氧体(ferrite),其宏观磁性类似于铁磁性,但是其磁化率和饱和磁化强度比铁磁性材料低一些,称为亚铁磁性。这类铁氧体的电阻率较高,适于制作电导率低的磁性元件。

上述磁性分类是从大块材料的磁性规律总结而来的,当材料纳米化后,小尺寸的超微颗粒的磁学性质与大块材料的将有显著不同。如人们发现鸽子、海豚、蝴蝶、蜜蜂以及生活在水中的趋磁细菌等生物体中存在着超微的磁性颗粒(实质上是一个生物磁罗盘),使这类生物在地磁场导航下能辨别方向,具有回归的本领。纳米颗粒的奇特磁性主要表现在以下四个方面。

(1)超顺磁性

磁性纳米颗粒的尺寸小到一定临界值时将进入所谓超顺磁状态。我们知道铁磁性的特点在于一个磁化了的物体会强烈地吸引另一个磁化了的物体,即铁磁性物质对磁场有很强的磁响应,而且在磁场撤去后仍然能保留磁性;而顺磁性则是当把物质放到磁场中时,物质在平行于磁场的方向被磁化,而且磁化强度与磁场成正比(极低温、极强磁场除外),也就是说顺磁性物质只有很弱的磁响应,并且当撤去磁场后,磁性会很快消失。

超顺磁性则兼具此两者磁性的特点,即超顺磁性物质在磁场中具有较强的磁性(磁响应),而当磁场撤去后其磁性也随之消失。这时磁化率随温度的变化而不再遵守常规的居里-外斯定律。

　　磁性纳米颗粒之所以在小尺寸下进入超顺磁状态，是由于在小尺寸下各向异性能减小，当其减小到可与热运动能相比拟时，磁化方向就不再固定在一个易磁化方向，易磁化方向作无规律的变化，结果导致超顺磁性的出现。

　　不同种类的磁性纳米颗粒显现超顺磁性的临界尺寸是不相同的。例如：$\alpha-Fe$、Fe_3O_4 和 $\alpha-Fe_2O_3$ 的粒径分别为 5 nm、16 nm 和 20 nm 时变成超顺磁体；Ni 粒径小于 15 nm 时，矫顽力 H_c 趋于零，进入超顺磁状态。利用超顺磁性，人们已将磁性纳米颗粒制成用途广泛的磁性液体。

　　（2）矫顽力

　　磁性纳米颗粒在尺寸大于超顺磁临界尺寸时通常呈现高的矫顽力 H_c。如用惰性气体蒸发冷凝方法制备的纳米 Fe 微粒，随着颗粒变小，饱和磁化强度 M_s 有所下降，但矫顽力却显著地增加。大块的纯铁矫顽力约为 80 A/m，而当颗粒尺寸减小到 20 nm 以下时，其矫顽力可增加 1000 倍；但若进一步减小其尺寸到约小于 6 nm 时，其矫顽力反而降低到零，呈现出超顺磁性。

　　对在磁性纳米颗粒中出现的高矫顽力，目前还没有统一的解释。一致转动模式认为，当磁性纳米颗粒尺寸小到某一尺寸时，每个磁性颗粒就是一个单磁畴，每个单磁畴纳米颗粒成为一个永久磁铁，要使这个磁铁去掉磁性，必须使每个磁性颗粒的整体磁矩反转，这需要很大的反向磁场，即在进入超顺磁状态以前的磁性纳米颗粒具有较高的矫顽力。另外还有基于球链反转磁化模式的解释，认为是磁性纳米颗粒通过形成球链而使磁性增强，不过这种磁性增强的预期要大于实验值，超出的部分可通过考量纳米颗粒的表面缺陷而加以削弱。

　　利用磁性纳米颗粒具有高矫顽力的特性，已制成具有高存储密度的磁记录磁粉，大量应用于磁带、磁盘、磁卡以及磁性钥匙等。

　　（3）居里温度

　　居里温度是表征材料磁学性质的重要参数，通常与电子交换积分 J_e 成正比，当材料处于居里温度时，将发生铁磁性和顺磁性之间的相变。由于小尺寸效应和表面效应而导致的纳米颗粒的本征和内禀磁性变化，磁性纳米颗粒的居里温度一般要比常规块材的低。

　　该现象的起因在于纳米颗粒内的原子间距随粒径的下降而减小，将导致电子交换积分 J_e 减小，因此使反映交换作用强弱的居里温度随粒径的减小而降低。

　　（4）磁化率

　　磁性纳米颗粒的磁性与它所含的总电子数的奇偶性密切相关。如所含总电子数为偶数的磁性纳米颗粒具有抗磁性；而所含总电子数为奇数的磁性纳米颗粒具有顺磁性。该现象可用电子自旋磁矩是否相互抵消来加以解释。

此外,所含总电子数为奇或偶数的纳米颗粒的磁性随温度变化还有不同的变化规律。

3.2.4 化学性质

随着纳米颗粒粒径的减小,颗粒的比表面积增大、表面原子数增多,形成的大量悬挂键和不饱和键等使表面能升高、带来高的表面活性,从而有利于化学反应的发生。如许多金属纳米颗粒在空气中室温下就会被强烈氧化而燃烧、反应形成金属化合物;无机材料的纳米颗粒在大气中会吸附气体、形成吸附层,利用此吸附特性可制备气敏元件,纳米颗粒的大比表面积无疑将增进气敏元件的灵敏度、增加响应速率、增强气敏选择性。此外,纳米颗粒对所处的物理环境也十分敏感,利用此特性可制备出对光、温度及电、磁场敏感的探测器。

纳米颗粒具有很强的化学活性,主要表现在化学催化性能的提高、光催化性能的产生以及吸附、团聚等方面。

(1)化学催化性能

催化剂在许多化学化工领域起着举足轻重的作用,它可以控制反应时间、提高反应效率和反应速度。但大多数的传统催化剂不仅催化效率低,而且其制备会造成生产原料的浪费和对环境的污染。

纳米颗粒由于尺寸小,单位体积中无论是高活性的颗粒数还是比表面积都很大,表面活性中心多,因此具有很高的化学催化活性,其作为新一代的催化剂,可大大提高反应速率,控制反应速度,甚至可使原来很难进行的反应也能进行,国际上已将其作为第四代催化剂进行研究和开发,在催化化学和燃烧化学中起着十分重要的作用。例如对某些有机化合物的氢化反应,纳米级的 Ni、Cu 或 Zn 粉是极好的催化剂,可用来替代昂贵的 Pt 或 Pd;粒径为 30 nm 的 Ni 催化剂可把一般催化剂作用下的有机化学加氢和脱氢反应速度提高 15 倍;利用纳米 Ni 粉作为火箭固体燃料的反应催化剂,可将燃烧效率提高 100 倍;纳米级 Pt 粉催化剂可将乙烯的氧化反应温度从 600 ℃降至室温;有些金属纳米颗粒当其粒径小于 5 nm 时,表面活性(催化性)和对反应的选择性呈现出特异行为,如正反应优先、副反应受抑制等,从而在化学工业中有着重要应用。

作为催化剂,纳米颗粒具有无细孔、无杂质、能自由选择组分、使用条件温和、使用方便等优点。粒径越小,颗粒的比表面积越大,催化效果越好。

（2）光催化性能

在催化领域，纳米半导体颗粒具有一种独特的性能，即光催化性能。光催化反应涉及到许多反应类型，如醇和烃的氧化、无机离子氧化还原、有机物催化脱氢和加氢、氨基酸合成、固氮反应、水净化处理以及煤气交换等，其中有些反应是多相催化难以实现的。纳米半导体颗粒可通过将光能转变为化学能而实现有机物的降解或合成，并可用于海水制 H_2、固体表面固 N_2、固 CO_2 等。此类材料的典型代表是纳米 TiO_2。

纳米半导体颗粒具有光催化性能是基于以下基本原理：如果入射光子的能量大于半导体的能隙（一般为 1.9 ~ 3.2 eV），纳米颗粒内将产生电子 – 空穴对。氧化性的空穴与纳米半导体颗粒（如纳米 TiO_2）表面的 OH^- 结合形成 OH 自由基，OH 氢氧自由基具有强大的氧化分解能力，它能分解几乎所有的有机化合物和一部分无机物，可将它们分解成无害的二氧化碳及其他物质。此外，负电子与空气中的氧结合会产生活性氧，也就是超级氧化离子，也具有很强的氧化分解能力。在它们的氧化作用下，有机物一般将经历如下的被降解过程：酯⇒醇⇒醛⇒酸⇒CO_2 和水。

半导体材料的导带氧化 – 还原电位越负（电子还原性强）、价带氧化 – 还原电位越正（空穴氧化性强），该材料的纳米颗粒的光催化活性越强。此外，通过对多类半导体纳米颗粒光催化性质的研究，发现纳米颗粒的光催化活性均优于相应的非纳米材料，纳米颗粒的粒径大小对光催化活性的强弱有重要影响：一般随着纳米颗粒粒径的减小，材料的光催化效率将提高。

半导体纳米颗粒之所以具有优异的光催化活性，其原因主要有三方面：① 半导体纳米颗粒粒径的减小使量子尺寸效应增强、能隙增大，价带电位变得更正、导带电位变得更负，使光生电子 – 空穴对的还原 – 氧化能力提高，增强了催化降解有机物的活性；② 对半导体纳米颗粒而言，其粒径通常小于空间电荷层的厚度，因此可忽略空间电荷层的影响，光生载流子可通过简单的扩散运动从颗粒的内部迁移到表面，与电子给体或受体发生氧化或还原反应。粒径的减小使光生电子 – 空穴扩散到表面的时间减少，电子 – 空穴的分离效果提高、在颗粒内部的复合概率下降，从而使光催化活性增强；③ 在光催化反应体系中，反应物被吸附在催化剂的表面是光催化反应的一个前提步骤，粒径的减小使半导体纳米颗粒的比表面积增大，强烈的吸附效应使得光生载流子优先与吸附的物质进行反应、可使降解能力提高。

除将材料纳米化外，半导体颗粒在实际的光催化应用中还需进行一些实用化改性，以提高光催化剂的光谱响应、光催化效率和反应速度。如对于纳米 TiO_2，由于其禁带宽、只能利用紫外光(吸收阀值波长为 387 nm),对太阳光的利用效率不高。利用纳米颗粒对染料的强吸附作用,只需添加适当的有机染料敏化剂就可以扩展 TiO_2 的波长响应范围,使之能将可见光用来降解有机物;为提高对太阳光的吸收效果,还可采用禁带宽度较窄的硫化物、硒化物等半导体材料来对 TiO_2 进行表面改性;通过在纳米 TiO_2 中掺杂过渡族金属,如钒、铬、铁等,形成的杂质能级和捕获中心可扩展激发材料的光波段,有望开发出对可见光甚至是红外光灵敏的光催化材料。另外,通过对纳米 TiO_2 掺杂重金属,如银、金、铂等,可提高光催化量子效率,开发出高效的光催化材料。

纳米半导体颗粒的光催化应用已获得大规模的推广,中国国家大剧院穹顶所需的六千平方米玻璃和三万平方米钛板,就采用了纳米自清洁玻璃和纳米自清洁钛板。所谓纳米自清洁功能,就是经过纳米 TiO_2 处理的玻璃表面具有超亲水性,可使水分完全均匀地在玻璃表面铺展开来,并且完全浸润玻璃,通过水的重力可将附着于玻璃上的污染物携带走,而不是像通常在玻璃板上形成水珠、黏附灰尘,从而达到自清洁效果,可大大减少人工清洗,环保又节能。此外,这些经纳米 TiO_2 处理过的材料还具有光催化功能(在阳光或紫外光的照射下,自清洁纳米薄膜材料对有机物具有强烈的分解作用,分解产物为 CO_2 和 H_2O 等无害物质)和防雾作用(由于水分无法在基材表面形成水珠,可以用于玻璃表面的防雾)。

当然,在实际应用过程中也出现了一些尚待解决的问题,如氧的影响问题(需尽量提高 O_2 的还原速率)、催化剂的固定问题(现在主要用浸渍、干燥、烧结、Sol – Gel、PVD、CVD 等方法固定在尼龙薄膜、硅胶、玻璃纤维、石英砂珠、活性碳等各种载体上)、产业化问题(如受天气影响、太阳能利用率低、反应速度慢、催化剂易中毒等)。

目前被广泛研究的半导体光催化剂大多是属于宽禁带的 n 型氧化物半导体材料,如 TiO_2、SiO_2、SnO_2、ZnO、WO_3、Fe_2O_3、In_2O_3、$SrTiO_3$ 以及 CdS、PbS、ZnS、PbSe 等十多种,这些氧化物半导体都有一定的光催化降解有机物的活性,但其中的大多数性质比较活泼,易发生化学或光化学腐蚀,一般不适合作为净水用的光催化剂。而纳米 TiO2 颗粒不仅具有很高的光催化活性,而且具有耐酸碱和光化学腐蚀、成本低、无毒等优点,在开发高量子产率、宽光谱激发的高效半导体光催化剂(光活性好、光催化效率高、经济价廉)方面,纳米 TiO_2 具有光辉的前景。除已在纳米自清洁玻璃等建筑装修领域获得广泛应用外,在污水处理(有机物降解、失效农药降解)、空气净化、保洁除菌等方面,纳米 TiO_2 均有重要应用。如在需要进行消毒的场合,半导体光催化产生的空穴和形成于半导体颗粒表面的活性氧类,与细菌接触时向细菌体内渗透或附在细菌膜上,与细菌组成成分进行生化反应,阻碍细菌生长合成路径和能量系统的作用，破坏细菌膜，固化病毒的蛋白质，在杀菌的同时还能分解细菌尸体上释放出的有害复合物，具有极强的杀菌、除臭功能。

值得指出的是，TiO_2作为一种白色染料，对于人们来说并不陌生，但它作为一种功能神奇的光催化剂为人们所认识，还是1967年的事情。发现TiO_2在阳光（紫外线）照射下具有强大的分解能力，并把它开发成为一种光催化剂的是日本东京大学的藤岛昭教授。

1967年，刚刚考上大学研究生的藤岛昭在本多健一副教授的指导下进行一项实验：他把TiO_2和白金分别作为电极放在水中，经太阳照射，即使不通电，也从水中冒出了气泡。经过分析，确认两端电极分别产生了氧气和氢气。这一现象后来被称为"藤岛－本多效应"。由于是借助光的力量促进氧化分解反应，因此后来将这一现象中的TiO_2称作光触媒。

在藤岛等科学家多年的努力下，这一技术的应用范围不断扩大，光触媒材料在防污、抗菌、脱臭、空气净化、水处理以及环境污染治理等方面已经开始得到了广泛应用，并已形成了相当规模的产业。连最初的发现人藤岛教授本人也说"根本没想到应用范围会如此广泛"。

随着光触媒技术应用与研究的不断发展，我们已经迎来了光触媒产业化的时代。在中国，光触媒技术是一个新生事物，备受国人的关注。因为，光触媒在环保科技领域的作用是无可限量的，它带来的是一场"光清洁革命"。目前，在国内每年仅居室的净化市场就超过200亿元，加上水质处理、空气净化、新材料、新能源等，需求更是庞大。所以，以纳米TiO_2为代表的光催化剂已引起科技界和产业界的高度重视，并将会随着技术的不断更新越来越多地应用在各个领域。

（3）吸附和团聚

吸附是相互接触的不同相之间产生的结合现象。依据作用力的不同，吸附可分为两类，一类是物理吸附，依靠吸附剂和吸附相之间的分子间作用力等较弱的物理作用而结合，物理吸附一般作用较弱，容易脱附；另一类是化学吸附，吸附剂和吸附相之间依靠化学键产生较强的结合，一般为强吸附，脱附较困难。纳米颗粒由于具有很大的比表面积、表面原子配位不足，导致其表面存在许多缺陷，具有很高的活性，因此要比相应的大块体材料具有更强的吸附性，而吸附（包括吸附的过程和吸附的结果）将对纳米颗粒的化学性质产生许多重要影响，如吸附能提高化学反应程度，促进化学催化以及光催化反应等。特别是有些金属氧化物纳米颗粒，包括MgO、ZnO、CaO、SiO_2和Al_2O_3等，具有在其表面上化学吸附和解吸多种有机分子（如氯代烃、醇、醛、酮、胺等）的较强能力，从而在消除危害环境的有机分子方面显示出很广阔的应用前景。

由于纳米颗粒具有许多易与反应物反应的活性位置，其强大的吸附能力和大量的吸附位点还有助于开发纳米结构的吸附剂，如用于储存氢气、作为绿色能源材料等，这是又一个正在高速发展的前沿领域。

当然，这种由于大量不饱和配位而增强的吸附特性也给纳米颗粒的生产、保存和利用带来了一些麻烦，如不必要的团聚等。

纳米颗粒具有很强的化学活性，这是由于其比表面积大、表面能高的缘故。纳米颗粒的表面往往附着有官能团，这些官能团带有电荷，决定着纳米颗粒的表面电性，而这些电荷的类型和大小将影响到纳米颗粒之间的相互作用。当两个纳米颗粒相互靠近时，其间的相互作用将包括分子间作用力和由于电荷作用产生的静电力，由此引起的颗粒间相互作用位能包括排斥力位能和引力位能两项。当其它条件一定时，排斥力位能与颗粒半径的平方成正比，引力位能则仅与颗粒的半径成正比。因此，随着颗粒半径的减小，排斥力位能的减小幅度要远大于引力位能的减小幅度，颗粒间的总位能表现为引力位能，颗粒间的相互作用表现为引力，使颗粒容易团聚在一起，形成带有弱连接界面、且具有较大尺寸的团聚体，从而为纳米颗粒的收集和保存带来困难。为解决这一问题，需对纳米颗粒进行表面改性，或将其分散在溶液中进行收集。

思 考 题

1. 气相法合成纳米颗粒时，如何控制纳米颗粒的尺寸？

2. 根据纳米颗粒气相合成原理，试分析实现气相合成需要哪些基本的技术条件。

3. 查找一篇利用溶胶凝胶方法合成氧化物纳米颗粒的文献，画出其制备流程图，简述其形貌、结构和性能的影响因素。

4. 查找一篇利用水热/溶剂热方法合成硫化物纳米颗粒的文献，分析实验条件对其形貌、结构和性能的影响。

5. 利用机械球磨法制备纳米颗粒的主要机制是什么？有何优、缺点？

6. 较之常规大块固体，纳米颗粒的熔点有何变化规律？为什么？

7. 纳米颗粒的光吸收和光发射会出现什么新特性？

8. 纳米颗粒的磁性有哪些奇特之处？

9. 纳米半导体颗粒具有光催化性能的主要原因是什么？

第4章　一维纳米材料

1991 年以来,以碳纳米管为代表的一维纳米材料因其特殊的一维纳米结构(纳米管、纳米线、纳米带、纳米同轴电缆等),呈现出一系列新颖的力、声、热、光、电、磁等特性,在未来纳米器件领域中具有广阔的应用前景,成为纳米材料家族中一类引人注目的群体。

从基础研究的角度看,一维纳米材料是研究电子传输行为和光学、磁学等物理性质和尺寸、维度间关系的理想体系;从应用前景上看,一维纳米材料特定的几何形态将在构筑纳米电子、光学器件方面充当重要的角色。

4.1　一维纳米材料的合成制备

一维纳米材料合成制备的基本思想是:先通过物理、化学的方法获得原子(离子)或分子态,在一定的约束、控制条件下,结晶生长成一维纳米结构。由于获得原子(离子)、分子态以及约束条件的物理、化学手段有多种,因此一维纳米材料的合成制备方法也多种多样,但许多方法都具有相同的生长原理。总的来说,一维纳米材料的合成制备可以分为三类:气相法、液相法和模板法。

4.1.1　气相法制备

以气相反应为基础的气相法是合成制备宏量、超长、单晶无机一维纳米材料的最有效的方法之一。图 4 –1 是用气相法合成的几种典型的一维纳米结构形貌。气相法合成一维无机纳米材料,其生长理论已经逐步被人们所认识和掌握,因此气相法也是人们常用来预先设计合成一维纳米材料的重要方法之一。

1. 气相生长理论

(1)气 – 液 – 固(VLS)生长

在气相合成纳米线的方法中,一种为人们普遍接受的纳米线生长机理就是"气 – 液 – 固"法,简称 VLS 法。V 代表提供的气相(vapor),L(liquid)为液相催化剂,S 为固体(solid)晶

图 4 - 1　气相法合成的几种典型的一维纳米结构形貌

须。Shyne 和 Milewski 在 20 世纪 60 年代提出了晶须生长的 VLS 机理,并第一次被 Wagner 和 Ellis 成功地应用于 β-SiC 晶须的合成。20 世纪 90 年代,美国哈佛大学的 M. C. Lieber 和伯克利大学 P. D. Yang 以及其他的研究者借鉴这种晶须生长的 VLS 法来制备一维纳米材料。现在 VLS 法已广泛用来制备各种无机材料的纳米线,包括元素半导体(Si, Ge),Ⅲ - Ⅴ族半导体(GaN, GaAs, GaP, InP, InAs),Ⅱ - Ⅳ族半导体(ZnS, ZnSe, CdS, CdSe),以及氧化物(ZnO, Ga_2O_3, SiO_2)等。下面我们结合图 4 - 2 来说明什么是 VLS 生长。

所谓 VLS 生长,是指气相反应系统中存在纳米线产物的气相基元(B)(原子、离子、分子及其团簇)和含量较少的金属催化剂基元(A),产物气相基元(B)和催化剂气相基元(A)通过碰撞、集聚形成合金团簇，达到一定尺寸后形成液相生核核心（简称液滴）。合金液滴的存在使得气相基元（B）不断溶入其中，[从图 4−2（b）相图上看，意味着合金液滴成分不断向右移动]，当熔体达到过饱和状态时（即成分移到超过 c 点时），合金液滴中即析出晶体（B）。析出晶体后的液滴成分又回到欠饱和状态，通过继续吸收气相基元（B），可使晶体再析出生长。如此反复，在液滴的约束下，可形成一维结构的晶体（B）纳米线。小液滴最终残留在纳米线的一端，构成了纳米线以 VLS 生长的典型形貌特征。从 VLS 生长过程的分析可以看出，相图可用来指导我们选择合适的催化剂以及设定合适的气相系统温度，从这个角度看，VLS 方法有助于纳米线的设计合成。

在 VLS 法中，纳米线生长所需的蒸气（气相）既可由物理技术方法获得，也可由化学技术方法来实现。由此派生出一些名称各

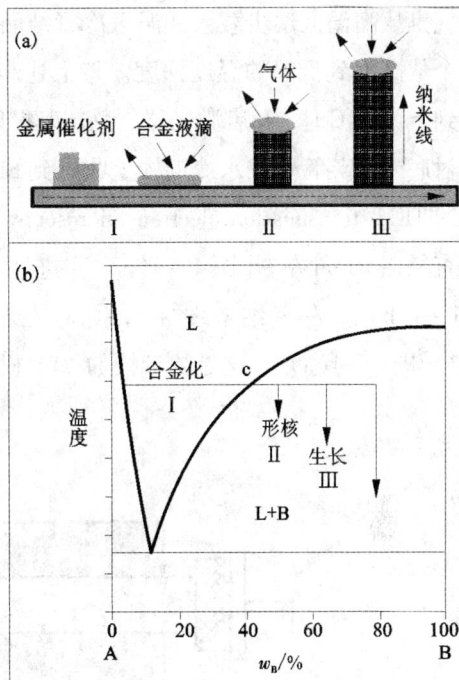

图 4−2　纳米线 VLS 生长

（a）纳米线 VLS 生长基本原理示意图；

（b）二元 A−B 合金相图

异的纳米线制备方法，物理技术方法有激光烧蚀法（laser ablation）、热蒸发（thermal evaporation）等；化学方法有化学气相沉积（chemical vapor deposition—CVD）、金属有机化合物气相外延法（metal−organic vapor−phase epitaxy—MOVPE）以及化学气相传输法（chemical vapor transport）等等。下面就一些典型的方法作一些介绍。

1）激光烧蚀法

1998 年，美国哈佛大学（C. M. Lieber）和我国北京大学（俞大鹏）都报道了用激光烧蚀目标靶材（Si 和催化金属混制）合成 Si 纳米线的技术方法。图 4−3 是激光烧蚀合成纳米线装置示意图。作为气相反应腔体的石英管（或刚玉管）安装在管式炉中，将靶材放置在石英管中，并将其定位于炉中央高温处。靶材 $Si_{0.9}Fe_{0.1}$ 是由 90%（原子百分比）Si 粉和 10%（原子百分比）Fe 粉经混合压制，在氢气保护下烧结而成。合成操作时，密封石英管端口，开启真空泵

将石英管管腔抽成真空。之后，向石英管腔内通入 Ar/H_2 混合载流气，目的是将烧蚀形成的羽状气氛从高温区逐步载入低温区冷凝结晶。水冷铜棒的功能则是在炉中央至气流出口处建立一个从高温到低温的温度梯度。待上述步骤完成后，接通电炉开始加热，当炉中心处的温度达到 $\geqslant 1207\,^{\circ}\mathrm{C}$ 时，开启激光器，激光束投射到固体靶材上进行烧蚀，$1 \sim 2\ \mathrm{h}$ 后，即可在靶后的衬底或石英管壁或水冷铜棒上收集到 Si 纳米线产物。图 4-4 是激光烧蚀法合成的 Si 纳米线的 TEM（transmission electron microscopy）照片。从中可见，所合成的 Si 纳米线线径均匀，平均直径在 10nm 左右［图 4-4(a)］。进一步观察发现 Si 纳米线的外层裹覆一层非晶 SiO_2 层［图 4-4(b)］，在 Si 纳米线的一端常存在着一个团球状颗粒，其直径一般略大于 Si 纳米线的直径［图 4-4(a)］，这是纳米线的 VLS 机理生长的典型特征。

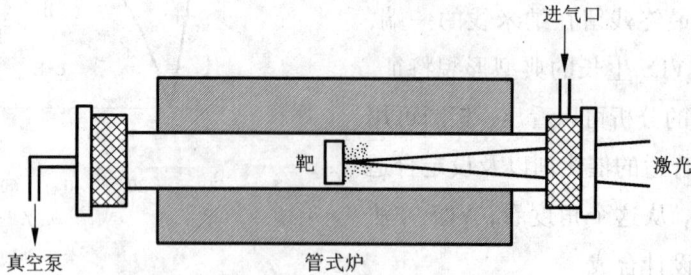

图 4-3　激光烧蚀合成纳米线装置示意图

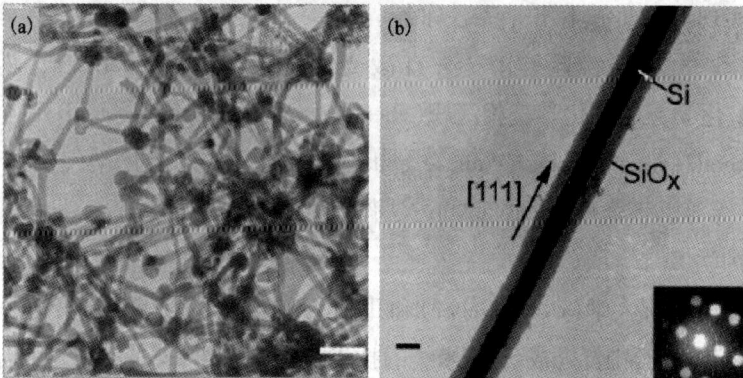

图 4-4　激光烧蚀法合成的包裹了 SiO_2 层的 Si 纳米线的 TEM 照片

下面我们结合图 4 - 5 来描述激光烧蚀 Si 纳米线的 VLS 生长过程。生长过程可以分为以下三个阶段：①激光烧蚀阶段：激光束经聚焦后投射到靶材 $Si_{0.9}Fe_{0.1}$ 上，靶材表面吸收大量激光辐射能量后，形成 Si、Fe 等离子气氛；②合金液滴的形成：这些被蒸发出来的原子与载流气中的氩原子碰撞而损失热运动能量，使 Si、Fe 等蒸气迅速冷却成过冷气体，并聚焦形成 Fe - Si 合金液滴 [图 4 - 5(b)]。然而，只有那些直径大于临界形核尺寸 r_c 的液滴才能稳定存在，成为纳米线的生长核心。利用 Fe - Si 合金相图 [图 4 - 5(a)] 可以帮助我们理解 Si 纳米线的生长。假如形成的合金液滴的成分和温度对应图 4 - 5(a) 上的 M 点（尽管靶材成分为 $Si_{0.9}Fe_{0.1}$，但由于非平衡凝聚，可形成成分偏聚的团簇和合金），随着蒸气中 Si 原子不断地溶入液滴，液滴的成分逐渐趋向液相线的 N 点。当成分超过 N 点后，液滴中的含 Si 量达到过饱和，这时 Si 晶体就会从液滴中析出。从相图上看，这时液滴成分已经进入两相区 [Si(固相) + FeSi(液相)] 而出现固相 Si 的析出。随着过程的继续，Si 原子将会不断地在原先析出的 Si 晶体液滴界面上析出。之所以如此，是因为在此部位上析出要比在液滴其他部位的表面上重新生核析出所需的能量低。如此，在液滴的约束下，Si 晶体最终会长成 Si 纳米线。

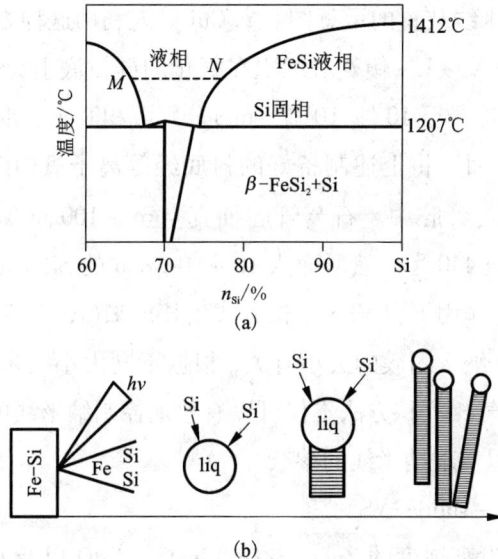

(a)

(b)

图 4 - 5　激光烧蚀 Si 纳米线的形成原理示意图

(a) Fe - Si 合金相图；(b) 激光烧蚀 Si 纳米线 VLS 生长示意图

上述制备技术具有一定的普适性，核心是 VLS 生长机制，关键是利用相图来选择合适的催化剂。X. F. Duan 等用这种方法制备了一系列单晶化合物半导体纳米线，如表 4-1。

表 4-1 利用激光烧蚀方法制备的部分单晶化合物半导体纳米线

IV - VI族	III - V族 二元化合物	III - V族 三元化合物	II - VI族 二元化合物	IV - VI族 二元化合物
Si		$GaAs_{(1-x)}P_x$	ZnS	PbSe
Ge	GaAs	$InAs_{(1-x)}P_x$	ZnSe	PbTe
$Si_{(1-x)}Ge_x$	InP	$Ga_{(1-x)}In_xP$	CdS	
	InAs	$Ga_{(1-x)}In_xAs$	CdSe	
		$Ga_{(1-x)}In_x[As_{(1-x)}P_x]$		

2）化学气相沉积法

与物理制备方法（激光烧蚀，热蒸发）不同，化学气相沉积法的主要特点是源材料直接为气体原料，在高温或等离子条件的辅助下，利用 VLS 生长制备一维纳米材料。图 4-6 是化学气相沉积（CVD）生长纳米线装置的示意图。Y. Cui 等人利用这种方法来合成线径可控的单晶硅纳米线。首先将 0.1% 聚 - L - 赖氨酸沉积在氧化的硅衬底上，然后将尺寸为 5、10、20 和 30 nm 的 Au 纳米团簇（稀释至 $10^{11} \sim 10^{12}$ 颗/ml）分别沉积其上，带负电的纳米团簇黏着在带正电的聚 - L - 赖氨酸上面。将上述制备好的衬底经等离子氧（100 W，0.7 Torr，O_2 流速 250 sccm）清洗后，放入石英管腔中。石英管腔抽真空至 ≤100 m Torr（1 Torr = 1.333×10^2 Pa）后，通 Ar 气流并加热至 440 ℃，然后通入 10~80 sccm 的 SiH_4 气体（含 10% He），这样，硅纳米线就在催化剂 Au 的作用下以 VLS 生长方式生长出来（图 4-7）。进一步研究发现，硅纳米线的直径和催化剂 Au 纳米团簇的大小有关，根据不同大小纳米颗粒催化生长的纳米线直径分布如图 4-8。化学气相沉积方法不仅可以有效地控制纳米线的线径，如果选用一些含有掺杂元素的气源，还可以实现纳米线的掺杂。

（2）气 - 固生长（vapor - solid—VS）

王中林等通过直接蒸发高纯度的 ZnO、SnO_2、In_2O_3、CdO 以及 Ga_2O_3 粉末，分别制备出相应的氧化物纳米带（如图 4-9）。这些氧化物纳米带均为单晶，其断面呈矩形，宽度通常在 30~300 nm，宽厚比为 5~10，长度在数百微米，甚至可达毫米级。他们还通过直接蒸发 ZnS 粉末（纯度：99.9%）制备出纤锌矿结构的 ZnS 纳米带。上述方法的特点是源材料（source

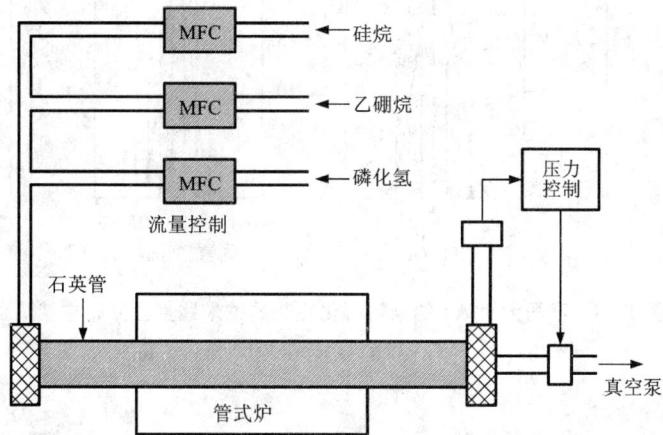

图4-6 化学气相沉积(CVD)生长纳米线装置的示意图

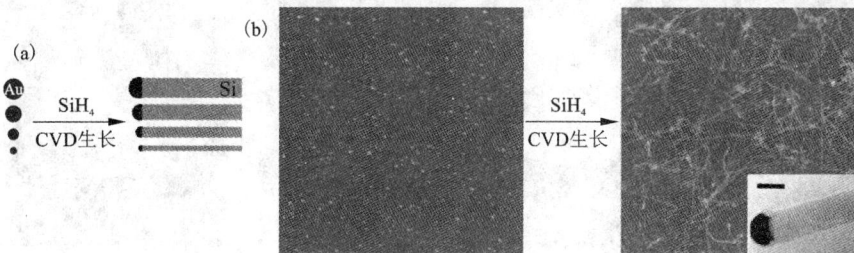

图4-7 催化剂Au尺寸调控Si纳米线的CVD生长

(a)示意图;(b)扫描图

materials)中没有引入任何金属催化剂。因此,这类一维纳米材料的生长被认为是通过"气-固"生长机制来实现的。

"气-固"生长机理是人们研究晶须(whisker)生长提出的一种生长机理。该生长机理认为晶须的生长需要满足两个条件:①轴向螺旋位错:晶须的形成是晶核内含有的螺旋位错延伸的结果,它决定了晶须快速生长的方向;②防止晶须侧面成核:首先晶须的侧面应该是低能面,这样,从其周围气相中吸附在低能面上的气相原子其结合能低、解析率高、生长会非常缓慢。此外,晶须侧面附近气相的过饱和度必须足够低,以防止造成侧面上形成二维晶核,引起径向(横向)生长。Hirth和Pound提出,当下列等式成立时,二维成核便开始进行。

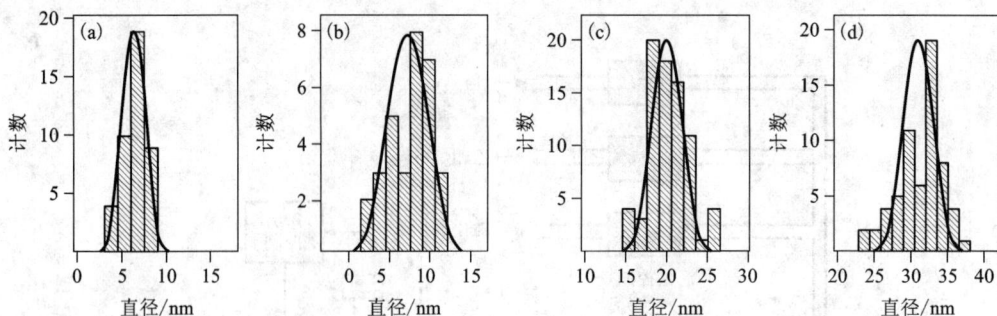

图4-8 不同大小 Au 纳米簇催化生长的纳米线直径分布柱状图

[(a),(b),(c),(d)分别为 5,10,20,30 nm]

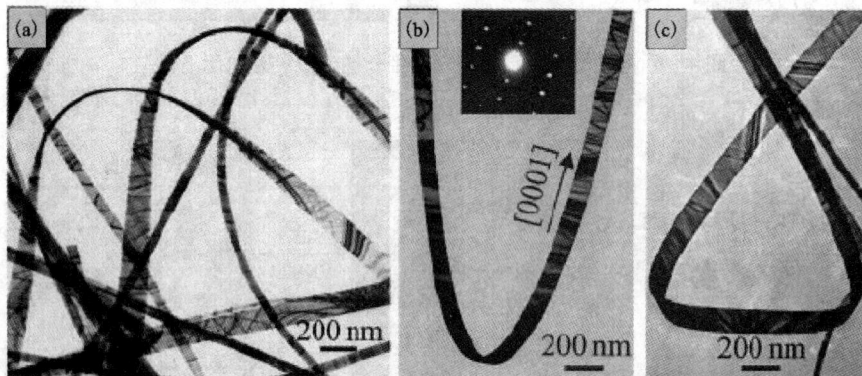

图4-9 直接热蒸发制备出的 ZnO 纳米带 TEM 照片

$$(p/p_e)_{crit} = \exp(\pi h \Omega \gamma^2 / 65 k^2 T^2)$$

式中：p——晶须晶体表面附近气相压力，Pa；

p_e——晶体表面附近气相处于平衡状态时的压力，Pa；

γ——晶体表面能，J/m^2；

Ω——分子体积，m^3；

k——Boltyman 常数，1.38×10^{-23}J/K；

T——热力学温度，K。

理论上讲，在晶须一维方向的生长过程中必须始终保持低于$(p/p_e)_{crit}$的过饱和度以防止晶须侧面成核导致横向生长。然而，实验中的例外情况总是存在，表4-2给出了一些晶须生

长的计算及测量 $(p/p_e)_{crit}$ 值，这些例外可能和其他因素如表面能 γ 等的影响有关。

表 4 - 2　晶须生长过程中的 $(p/p_e)_{crit}$ 值

名　称	计算值 $(p/p_e)_{crit}$	晶须生长过程中可观察到的极限值 $(p/p_e)_{measured}$
Ag	5	约 10
Cd	14	约 20
CdS	4	约 2
Zn	6	约 3
ZnS	3	3 ~ 4
Au, Cr, Cu, Fe, Ni	约 3	< 2

　　$(p/p_e)_{crit}$ 确定了在给定系统中晶须的基本生长条件，但晶须是如何沿螺旋位错轴向生长的呢？实际上，在晶须生长过程中，由于各种制备原因，其轴向将存在一定数量的螺旋位错，如图 4 - 10 所示。AD 线表示与伯格斯矢量 b 平行的螺旋位错线，A 为螺旋位错露头点。由螺旋位错在界面上的露头点所形成的台阶起自界面边缘终于晶面上位错的露头点，这种台阶为气相原子的沉积提供了有利的位置，因为沉积在台阶处的原子相对而言使晶体新增表面能较小（有时反而降低表面能），因此，螺旋位错的台阶是最易沉积气相原子的地方。图 4 - 11 是晶须以螺旋位错轴向生长的示意图，当原子不断沉积于台阶边缘，就会使台阶不断扩展而扫过晶面。当台阶生长横扫晶面时，因台阶任一点捕获气相原子的机会是均等的，故位错中心处台阶扫过晶面角速度比离开中心处远的地方要大，结果便产生一种螺旋塔尖状的晶体表面。晶须本质上就是晶体在位错方向上延伸的结果。

　　尽管在一些气相晶须的生长过程中验证了轴向螺旋位错生长机理的合理性并由此而积累了相当的实验数据，但螺旋位错并不总是在起作用。在某些气相生长过程中，用自催化 VLS 生长机理来解释晶须或纳米线的生长却更为贴切。

　　(3)自催化气 - 液 - 固生长(self - catalytic VLS)

　　一般来说，利用 VLS 生长来设计合成纳米线时，需在源材料中加入金属催化剂。但通过 VS 生长的纳米线，源材料中一般没有金属催化剂。然而，近年来的研究发现，尽管有些源材料中并没有使用金属催化剂，但在一些外在条件（如加热等）作用下，源材料自身内部可产生内在反应（如分解等），形成具有催化作用的低熔点金属（合金）液核，并以此促进纳米线以 VLS 方式生长，我们将这种通过源材料内在反应形核，使纳米线以 VLS 生长的现象称为"自

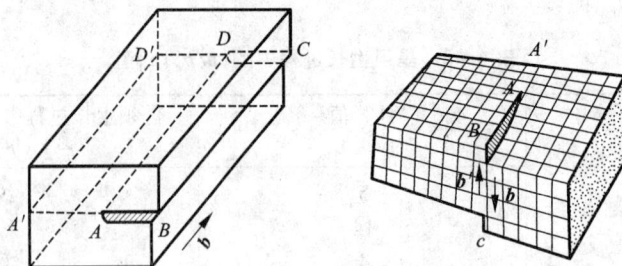

图 4-10　晶须中螺旋位错的形成机理

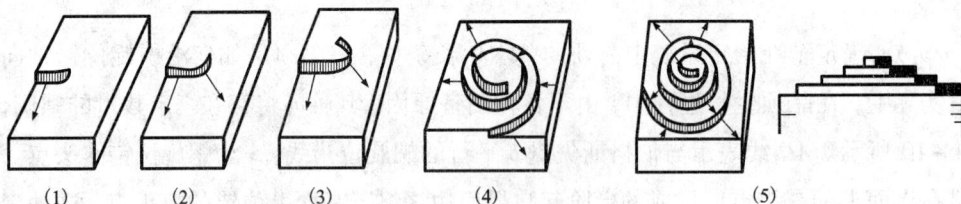

图 4-11　晶须中螺旋位错的生长机理

催化 VLS 生长"(self-catalytic VLS growth)。

　　Y. Q. Chen 等人通过低温热蒸发合成 SnO₂纳米线研究，验证了自催化 VLS 生长机制。实验选择纯 SnO 粉作为热蒸发的源材料，在管式炉的刚玉管腔内进行热蒸发，热蒸发的温度设计为 680℃，结果发现蒸发产物为大量的 SnO₂纳米线。电镜观察到这些纳米线的一端常有一团球状 Sn 颗粒(图 4-12)，这是纳米线以 VLS 生长的典型特征。事实上，SnO 在高于 300℃的温度下就会发生分解反应，并会产生低熔点的 Sn。其化学反应式为：

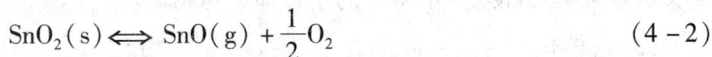

$$2SnO(g) \Longleftrightarrow Sn(l) + SnO_2 \tag{4-1}$$

$$SnO_2(s) \Longleftrightarrow SnO(g) + \frac{1}{2}O_2 \tag{4-2}$$

　　当高温分解产生的这些微纳米级的 Sn 液滴形成后，气相分子 SnO 和 O₂就会吸附在 Sn 液滴的表面，反应生成的 SnO₂随后又分解成 Sn、O 原子溶入 Sn 液滴中。随着 SnO₂分子不断地溶入，Sn 液滴中的 SnO₂含量将达到过饱和状态，导致 SnO₂的析出。如此，就在 Sn 液滴这个软模板(soft template)的限制下，通过 VLS 逐渐长成 SnO₂纳米线。

　　自催化 VLS 生长还可用于纳米线的掺杂和多元纳米线的合成。下面我们介绍用自催化

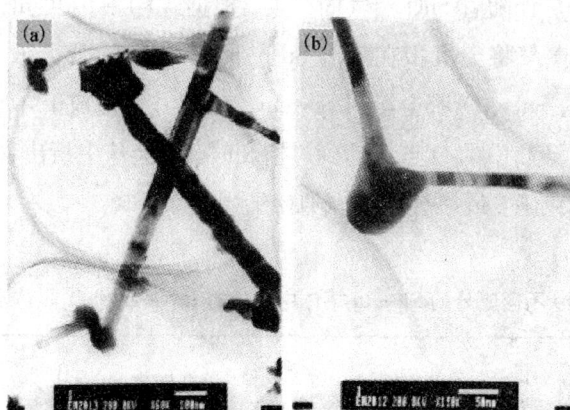

图4-12 端部带有球形或多角形颗粒的SnO₂纳米线TEM像

VLS生长方法合成掺锡氧化铟（In₂O₃：Sn，ITO）纳米线的过程。选用高纯In粉和SnO粉，按90：10的重量比配制，混研后装入陶瓷舟，放入管式炉中的石英管腔中。热蒸发温度设定为920℃，保温20 min，在瓷舟顶部和外壁可以收集到蓬松的黄绿色产物，经分析，这些产物即为掺锡氧化铟纳米线（图4-13）。

通过电镜可以观察到一些掺锡氧化铟纳米线的端部颗粒，这说明它们是以VLS生长机理生长的。实际上这个实验还是利用了SnO在高

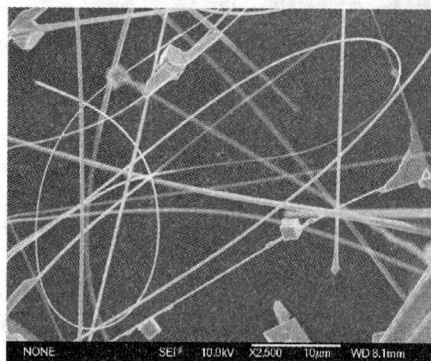

图4-13 掺锡氧化铟纳米线的FESEM图像

温下可分解出液态Sn这一特点，并依据VLS生长机理来实现含Sn氧化物纳米线的生长的。根据G. Frank等人的研究可知，In₂O₃和SnO₂均可溶解在Sn-In熔液中，并形成In-Sn-O三元合金液。当In-Sn-O熔液中的O达到过饱和以后，将会从熔体中析出含Sn的In₂O₃晶体或含In的SnO₂晶体。至于是析出含Sn的In₂O₃晶体还是含In的SnO₂晶体，主要取决于In-Sn-O三元合金熔体中的Sn和In的相对含量，有关的试验数据如表4-3所示。从表中可以看出，一般情况下，从In-Sn-O三元合金液中容易析出含Sn的In₂O₃晶体，In₂O₃晶体中的掺Sn量在4%～9%（原子百分数）范围内。由此我们分析，掺锡氧化铟（Sn：In₂O₃，ITO）纳米线的形成大致经历了这样一个过程：当SnO和In的混合粉末被加热到920℃时，SnO和In

蒸气就会不断蒸发出来。伴随着 SnO 蒸气的产生，根据式(4-1)可知，液态 Sn 也将不断地被分解出来。这样，In 蒸气将会沉积在液态 Sn 上形成 Sn-In 合金液滴。随后，In_2O_3 蒸气（由 In 蒸气和 O_2 反应）、SnO、O_2 都会溶入 Sn-In 合金液中，形成 In-Sn-O 三元合金液滴。当 In-Sn-O 三元合金液滴中的 O 含量达到过饱和时，就会从中析出含 Sn 的 In_2O_3 晶体，它们在三元合金液滴的约束下，最终会生长出 ITO 纳米线。

表 4-3 从不同成分的 Sn-In 熔体中生长的 In_2O_3 或 SnO_2 晶体及其掺杂

熔体成分 /(%Sn/%In)	晶体	掺杂元素	掺杂元素浓度 /%
89/11	In_2O_3	Sn	8
73/27			5
51/49			4
26/74			7
90/10			7
90/10			9
95/5	SnO_2	In	5
95/5			≥3

注：百分数为摩尔分数。

一些含有低熔点金属元素的化合物纳米线常可用自催化 VLS 生长获得，已经报道的有：Sn 掺 In_2O_3(ITO)纳米线、Zn_2SnO_4 纳米线、$ZnGa_2O_4$ 纳米线、Mn 掺杂 Zn_2SiO_4 纳米线、AlGaN 合金纳米线以及 $Al_4B_2O_9$ 纳米线等。

2. 纳米线异质结(超晶格)的合成

在气相合成一维纳米线中，利用成分改变或掺杂可获得纳米尺度上的异质结(heterostructure)和超晶格(superlattice)结构，这些调制的纳米结构具有一些新的、独特的性质，在功能纳米系统的集成等方面有着重要的潜在应用。气相合成纳米线异质结和超晶格的基本思路如图 4-14 所示，即利用金属催化的 VLS 生长方法，通过交替控制提供气相源材料 A 和 B 来获得单个异质结或周期结构的超晶格。这里特别需要指出的是，金属催化剂的选择很重要，要求所选择的金属催化剂能在同一(或相近)生长条件下，同时具备催化不同组元材料(A 或 B)进行 VLS 生长的功能。对于Ⅲ-Ⅴ族和Ⅳ族半导体材料而言，Au 纳米颗粒是具备这种功能的理想催化剂。

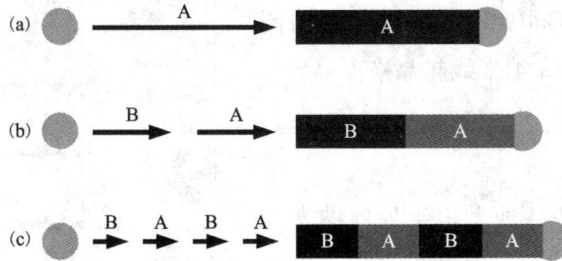

图 4 – 14 同轴异质结的生长示意图

(a)单一成分的纳米线;(b)异质结构;(c)超晶格

M. S. Gudiksen 以 Au 纳米颗粒作为催化剂,采用激光交替烧蚀 GaAs, GaP 固体靶材的方法制备出 GaAs/GaP 纳米线异质结(如图 4 –15)和 GaAs/GaP 纳米线超晶格结构(如图 4 –16)。

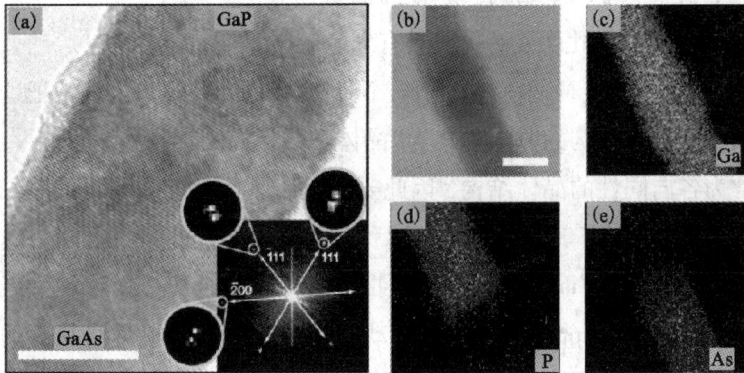

图 4 –15 GaAs/GaP 纳米线异质结的透射电镜图像

图 4 –15 为 GaAs/GaP 纳米线异质结的高分辨透射电镜(high – resolution TEM)照片,插图中的二维 Fourier 转变显示在[$0\bar{2}\bar{2}$]晶带轴上沿⟨111⟩,⟨$\bar{1}11$⟩和⟨$\bar{2}00$⟩晶向上倒易点(reciprocal lattice peaks)的分裂(splitting),分裂点对应着 GaAs 和 GaP 的晶格常数。在异质结周边的成分面扫描和线扫描也证实了 GaAs/GaP 的存在[如图 4 –15(b) ~ (e)]。图 4 –16 (a)为一直径为 20nm 的 GaP/GaAs 纳米线超晶格的透射电镜(TEM)照片,对应这根超晶格纳

米线的 EDS（energy dispersive X – ray spectroscopy）能谱［如图4 – 16(b)］，可见整根纳米线上的成分存在着 GaP 和 GaAs 周期性的调制，形成了(GaP/GaAs)n 纳米线超晶格。

4.1.2　液相法制备

气相法适合于制备各种无机半导体纳米线（管）。对于金属纳米线，利用气相法却难以合成。液相法可以合成包括金属纳米线在内的各种无机、有机纳米线材料，因而是另一种重要的合成一维纳米材料的方法。

对于晶体结构呈高度各向异性的晶体来说，它们依靠其晶体学结构特性差异很容易从各向同性的液相介质中生长成一维线型结构。这样的例子包括硫族（氧除外）单质及化合物，一般具有六

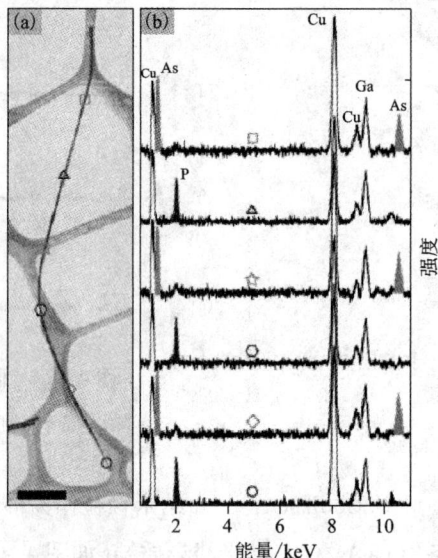

图4 – 16　GaP/GaAs 纳米线超晶格

(a)透射电镜(TEM)照片；(b)对应能谱图

方密堆积链结构，如 Te、Se、$M_2O_2X_6$（M = Li，Na；X = Se，Te）等。人们常把这种在晶体学结构下自然生长成一维纳米结构的方法称之为"晶体学结构控制生长方法"。

金属一般常为各向同性的晶体结构，因此要使金属晶体生长成一维线型结构，则需要在金属晶体形核、生长阶段破坏其晶体结构的对称性，通过生长过程中限制一些晶面的生长来诱导晶体的各向异性生长。Xia 和 Sun 近年来报道一种液相合成金属银纳米线的方法，在这种方法中通过添加包络剂（capping reagent）从动力学上控制金属银某些晶面的生长速率，以促进晶体的各向异性生长，最终形成银纳米线。这种制备方法具有一定的普适性，其核心生长原理就是"毒化晶面生长"机制。

1. "毒化"晶面控制生长

多元醇还原法（polyol process）常被人们用来合成各类金属纳米粒子。夏幼南（Xia）研究组利用多元醇还原法，选择乙二醇作为溶剂和还原剂来还原 AgNO$_3$，同时选用聚乙烯吡咯烷酮 PVP（polyvinylpyrrolidone）作为包络剂（capping reagent），选择性地吸附在 Ag 纳米晶的表面，以控制各个晶面的生长速度，使纳米 Ag 颗粒以一维线型生长方式生长。具体方法如下：先将 0.5 mL PtCL$_2$溶液（溶剂为乙二醇，浓度为 1.5×10^{-4} mol/L）加入到盛有 5 mL 乙二醇的

烧瓶中，160℃加热 4 min，再往烧瓶中逐滴加入 2.5 mL AgNO₃ 溶液（溶剂为乙二醇，浓度为 0.12 mol/L）和 5 mL PVP（$M_W = 55.000$）（溶剂为乙二醇，浓度为 0.36 mol/L），保温一段时间，即可生长出 Ag 纳米线。这种方法合成的 Ag 纳米线的生长机制如图 4–17 所示。

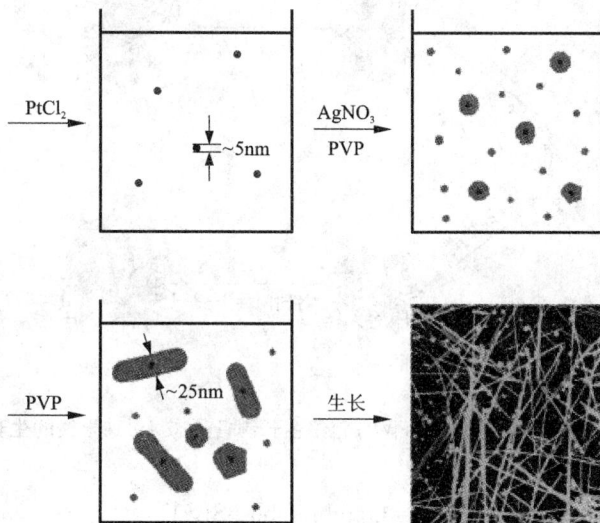

图 4–17　聚乙烯吡咯烷酮（PVP）包络生长制备晶态 Ag 纳米线的生长示意图

其中包含两个主要步骤：

（1）乙二醇还原 PtCl₂ 形成 Pt 籽晶核。

$$2HOCH_2 - CH_2OH \rightarrow 2CH_3CHO + 2H_2O$$

$$2CH_3CHO + PtCl_2 \rightarrow CH_3CO - COCH_3 + Pt + 2HCl$$

（2）在含 Pt 晶核的溶液中加入 AgNO₃ 溶液和 PVP 溶液，导致了 Ag 纳米晶核的形成和一维生长。

当 AgNO₃ 被乙二醇还原以后，Ag 原子通过均质生核以及在 Pt 晶核上的异质生核，形成具有一定尺寸分布的纳米 Ag 颗粒。其中，尺寸较大的纳米 Ag 颗粒通过"Ostwald 熟化机制"逐渐长大，而尺寸较小的纳米 Ag 则逐渐消失。PVP 是一种聚合物表面活性剂，即包络剂（capping reagent），它可以通过 Ag—O 和 Ag—N 配位键选择性地作用在纳米 Ag 的晶面上，通过和 Ag 晶面间的吸附和解附作用控制着各个晶面地生长速率。被 PVP 覆盖的某些晶面其生长速率将会大大减小，如此导致 Ag 纳米晶的高度各向异性生长，使纳米 Ag 颗粒逐渐生长 Ag 纳米线。如果 PVP 的浓度太高，Ag 纳米粒子的所有晶面都可能被 PVP 覆盖，这样就会丧失各向异性生长，得到的主要产物将是 Ag 纳米颗粒，而不是一维 Ag 纳米线，如图 4 - 18 所示。

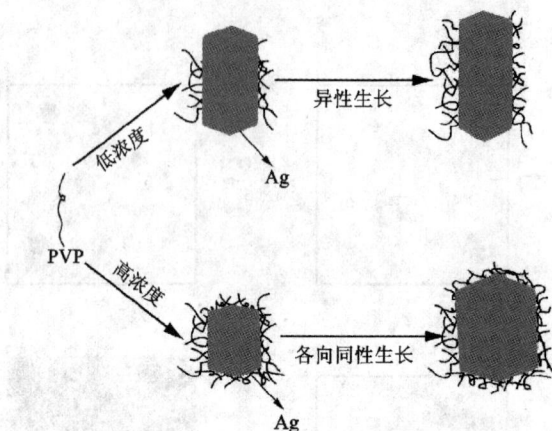

图 4 - 18　聚乙烯吡咯烷酮(PVP)包络生长制备晶态 Ag 纳米线的生长示意图

2. 溶液 - 液相 - 固相法(solution - liquid - solid, SLS)

美国华盛顿大学 Buhro 等人采用溶液 - 液相 - 固相(SLS)法，在低温下(111℃ ~203℃)合成了Ⅲ - Ⅴ族化合物半导体(InP, InAs, GaP, GaAs)纳米线。这种方法生长的纳米线一般为多晶或单晶结构，纳米线的尺寸分布范围较宽，其直径为 20 ~ 200 nm，长度约 10 μm。这种低温 SLS 生长方法的机理非常类似于前面说过的高温 VLS 生长机制。一般制备过程如下：溶剂液一般选碳氢溶剂(如甲苯、1, 3 - 二异丙苯等)，其中的前驱物为三叔丁基茚(tri - tert - butylindane)或镓烷(gallane)。为了防止产物中残留一些金属有机低聚物，常在液相体系中加入一定量的一些质子性的试剂，如 MeOH、PhSH、Et$_2$NH 或 PhCO$_2$H，这里 Me、Ph、Et 分别是英文 methyl、phenyl 和 ethyl 缩写，指甲荃、苯荃和乙荃。在加热条件下，上述液相中涉及到的金属有机物反应通式如下：

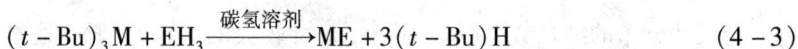

$$(t - \mathrm{Bu})_3\mathrm{M} + \mathrm{EH}_3 \xrightarrow{\text{碳氢溶剂}} \mathrm{ME} + 3(t - \mathrm{Bu})\mathrm{H} \qquad (4 - 3)$$

表 4 - 4 给出了各个具体反应中的物质种类和反应条件。公式(4 - 3)和表 4 - 4 中的 t - Bu 为 tert - butyl 的缩写，即叔丁荃，XH 指质子性催化剂，M 和 E 分别指Ⅲ族 In、Ga 元素和Ⅴ族 P、As 元素，H 指氢元素。

表 4 – 4　几种金属有机物液相反应中的物质种类和反应条件

反应	M	E	质子性催化剂（XH）	熔滴	溶液温度/℃
（a）	In	P	MeOH, PhSH, Et₂NH 或 PhCO₂H	In	111 ~ 203
（b）	In	As	MeOH 或 PhSH	In	203
（c）	Ga	As	PhSH	Ga/In	203

图 4 – 19 是溶液 – 液相 – 固相（SLS）生长过程的示意图，下面以表 4 – 4 中反应（a）为例来讨论 InP 纳米线 SLS 生长机制。在低温加热条件下，溶液中的前驱物，$(t-Bu)_3M$（tri – tert – butylindane，三叔丁基铟）会热分解产生金属 In 液滴（flux droplet），这类 In 液滴将作为纳米线生长的液态核心。与此同时，化学反应产物 ME（InP）会不断溶入 In 液滴中。当溶至过饱和后，就会析出固相 InP，这样又会导致 In 液滴欠饱和，再继续溶入反应产物 ME 又导致过饱和析出，如此反复，就可在 In 液滴的约束下，长成一维纳米线。

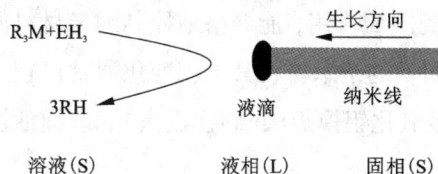

图 4 – 19　溶液 – 液相 – 固相（SLS）法生长过程示意图

4.1.3　模板法制备

在前面两节中，我们详细介绍了合成一维纳米材料的两种有效的常用方法：气相法和液相法。本节我们将详细介绍第三种有效的常用方法——模板法。所谓模板合成就是将具有纳米结构且形状容易控制的物质作为模板（模子），通过物理或化学的方法将相关材料沉积到模板的孔中或表面，而后移去模板，得到具有模板规范形貌与尺寸的纳米材料的过程。模板法与气相法和液相法相比具有诸多优点，主要表现在：①多数模板不仅合成方便，而且其性质可在广泛范围内精确调控；②合成过程相对简单，很多方法适合批量生产；③可同时解决纳米材料的尺寸与形状控制及分散稳定性问题；④特别适合一维纳米结构（如纳米线和纳米管）的合成。因此模板合成是公认的合成纳米材料及纳米阵列的最理想方法之一。模板方法可以制备金属、半导体、碳、聚合物和其他材料组成的纳米管和纳米线，它们可以是单组分材料，也可以是复合材料。由于模板法在材料合成方面具有特别的优势,因此,模板合成技术在光学材料、磁性材料、光电材料、生物材料方面具有广阔的应用前景。

模板根据其自身的特点和限域能力的不同通常可分为软模板(soft template)和硬模板(hard template)。硬模板主要是指一些具有相对刚性结构的模板,如阳极氧化铝膜、高分子模板、分子筛、胶态晶体、碳纳米管和限域沉积位的量子阱等。软模板一般是指没有固定的组织结构而在一定空间范围内具有限域能力的分子体系,主要包括表面活性剂分子形成的胶束模板、聚合物模板、单分子层模板、液晶模板、囊泡、LB 膜以及生物大分子等其他与模板法相关的液相控制体系。尽管软模板并不能总是严格地控制产物的尺寸和形状,但软模板技术具有方法简单、操作方便、成本低等优点而日益成为制备、组装及剪裁纳米材料的重要手段。软模板和硬模板的共同之处在于都能提供一个有限大小的反应空间,区别在于前者提供的是静态的孔道,物质只能从开口处进入孔道内部;而后者提供的则是处于动态平衡的空腔,物质可透过腔壁扩散进出。软模板的形态具有多样性,一般都很容易构筑,不需要复杂的设备。但软模板结构的稳定性较差,因此模板效率通常不够高。与软模板相比,硬模板具有较高的稳定性和良好的空间限域作用,能严格地控制纳米材料的尺寸和形貌。但硬模板结构比较单一,因此用硬模板制备的纳米材料其形貌变化通常也较少。下面我们重点介绍两种典型的软、硬模板方法:阳极氧化铝模板法(硬模板法)和表面活性剂模板法(软模板)。

1. 阳极氧化铝模板法

图 4-20 为单面阳极氧化铝模板 AAO(anodic aluminum oxide)的结构示意图。可以看出,氧化铝模板是由很多规则的六角形的单元(Cell)所组成的,结构单元间彼此呈六角密排分布,有序孔占据结构单元的中间位置,因而氧化铝模板是由六角密排高度有序的孔阵列构成的。孔的轴向与其表面垂直,孔的底部和铝片之间隔了一层阻挡层(barrier layer)。阳极氧化铝模板的孔径一般在 5～420 nm 范围内可调控,孔密度为 $10^9 \sim 10^{12}$ 个孔/cm^2,膜的厚度可达 100 μm 以上。阳极氧化铝模板的热稳定性和化学稳定性都很好,且对可见光透明,便于光学性质的研究以及光电器件的制作,因此是一种比较理想的模板,也是目前应用最多的硬模板。在阳极氧化铝模板法中,可以采用不同的阳极氧化和工艺条件来改变合成纳米线的尺寸和结构,其调节方式灵活简便,目前该方法已被用于制备各种材料的纳米粒子阵列、纳米电缆、纳米管和纳米线,如金属、非金属、半导体、导电高分子等。实际上,氧化铝模板在合成中仅起一种模具作用,材料的合成仍然要采用化学反应等途径来完成,常用的化学方法有电化学沉积法、化学聚合法、溶胶-凝胶法、化学气相沉积法等。产物的形貌取决于填充的程度,如果填充完全的话,可以

得到纳米线阵列。部分填充时则可以得到纳米管阵列，如图 4 - 21。

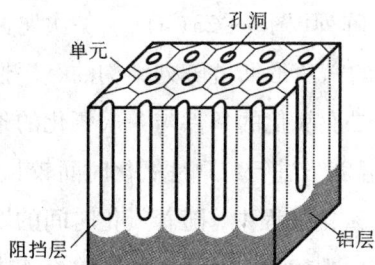

图 4 - 20　氧化铝模板的结构示意图

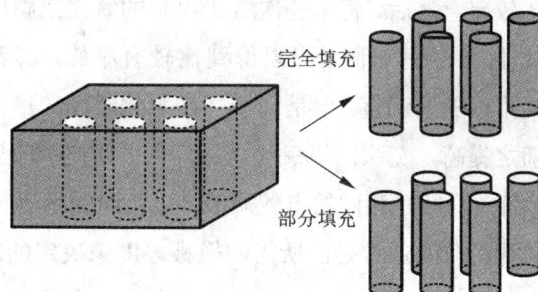

图 4 - 21　阳极氧化铝模板合成一维纳米结构示意图

（1）氧化铝模板的制备

20 世纪 90 年代初，Masuda 用二次阳极氧化法合成了高度有序的氧化铝模板。目前人们已经普遍采用这种二次阳极氧化法合成氧化铝模板。氧化铝模板的制备主要包括三个过程：预处理，阳极氧化和后续处理。

1）预处理过程

铝片（纯度为 99.999%，厚度为 0.2 ~ 0.3 mm）的预处理是整个氧化铝模板制备过程中的一个关键部分，预处理效果对模板的有序性影响较大。首先，将铝片依次在丙酮和乙醇中清洗以去除表面的油污。然后，在真空中将铝片在 450℃ 下退火数小时，退火处理的目的是消除铝片内部的机械应力，同时也使晶粒长大。随后，在无水乙醇和高氯酸的混合液中进行电化学抛光。最后，将已抛光的铝片用去离子水清洗几次，晾干，得到的是表面非常平整、光亮的高纯铝片。

2）阳极氧化过程

氧化铝模板是铝片在草酸、硫酸、磷酸溶液中阳极氧化制得的，通常采用 Masuda 提出的二次阳极氧化法制备，图 4 - 22 是阳极氧化法制备氧化铝模板的装置示意图。用圆柱状 Cu 电极将 Al 圆片紧紧压在模具的口端，中间露出小片圆形的区域和电解液接触进行氧化反应。中央电极放置在电解槽正中以保证左右两片铝片在相同的电压条件下反应。高纯铝片的阳极氧化是一个典型的自组装过程，一般通过调节电解质溶液的类型和浓度、阳极电压、温度和氧化时间来实现高度有序的多通道氧化铝模板的自组装。采用二次阳极氧化法来制备氧化铝模板的工艺流程如图 4 - 23 所示。以草酸作为电解质溶液为例，首先，将预处理的高纯铝片在草酸溶液中进行第一次阳极氧化[图 4-23(a)]，此时所得到的多孔氧化铝膜的顶部的有序性比较差。然后，将第一次氧化得到的氧化铝膜用磷酸和铬酸的混合溶液在 60℃ 腐蚀数小时，此时，在铝片表面上可以得到比较有序的六角形的凹坑阵列[图 4-23(b)]。一次腐蚀的时间可以随意调整，但是随着一次氧化时间的增加，上述的六角形凹坑阵列结构的有序性也会随之提高。二次阳极氧化是在六角凹坑阵列上进行的，二次氧化的条件与一次氧化的条件基本相同，即在相同的电解质溶液、相同的电压、相同的温度下进行，只是氧化时间较长，二次氧化的时间通常是由所需的模板厚度来决定的。在二次氧化过程中，随着氧化时间的增加，孔分布更加均匀，最终形成高度有序的多孔氧化铝模板[图 4-23(c)]。在硫酸溶液中也可以利用类似的合成技术制备孔径较小的氧化铝模板，由于在一定条件下利用硫酸溶液腐蚀铝的速度比草酸的要慢，所以，在硫酸溶液中的二次氧化时间一般比在草酸溶液中的长，这样才能制备出比较厚的氧化铝模板。

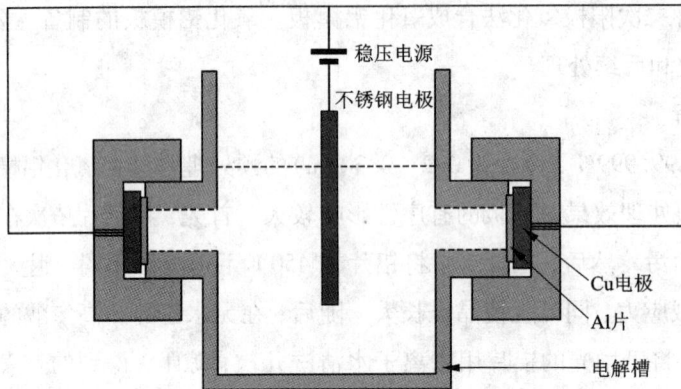

图 4-22　阳极氧化法制备氧化铝模板的装置示意图

3)后续处理过程

通过对多孔氧化铝膜的后续处理可以合成双通氧化铝模板，即氧化铝有序通道阵列模板（AAM）。这一过程包括两个步骤：去背面铝和去障碍层。用来去除氧化铝膜背面铝的方法是用可溶的惰性金属盐溶液与铝反应，去除背面剩余铝后，在孔的底部仍保留一层致密的氧化铝阻挡层[图 4-23(d)]。可以用稀磷酸溶液去除这个阻挡层，这一过程也称扩孔，最终得到是氧化铝有序通道阵列模板[图 4-23(e)]。

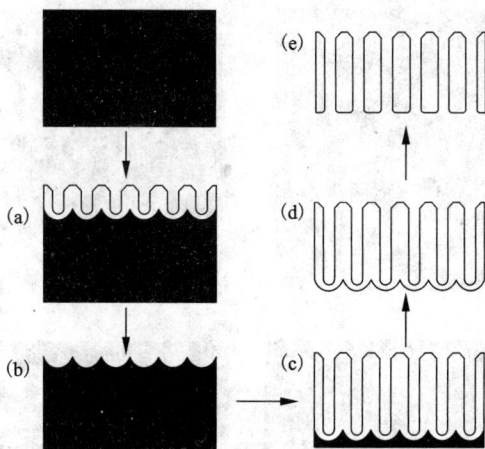

图 4 – 23　二次阳极氧化法制备氧化铝模板的工艺流程图

图 4 – 24 是高度有序的双通氧化铝模板的扫描电子显微镜（SEM）图。大面积比较有序的纳米通道阵列模板的表面形貌如图 4 – 24(a)所示，完整有序区域为 1～2 μm，其对应通道密度约为 $10^{10}/cm^2$。通过适当控制后续处理过程可得到表面非常干净的模板，在一个晶界范围内可以合成高度有序六角密排的氧化铝模板[图 4 – 24(b)]，其中通道直径约为 50 nm，相邻通道与通道的间距为 100 nm，模板的通道整齐、均匀、平行排列[图 4 – 24(c)]，且通道与表面垂直[图 4 – 24(d)]。

（2）氧化铝模板合成一维纳米材料

氧化铝模板近年来广泛地被用来合成一维纳米结构，特别是合成有序纳米阵列。下面以用电化学沉积技术在氧化铝模板中合成一维纳米金属材料的有序阵列为例，介绍合成纳米线和纳米管有序阵列的合成方法。图 4 – 25 为纳米线有序阵列合成的流程图。首先利用蒸镀法或溅射法在双通模板[图 4 – 25(a)]的一面制备一层厚度大约为 200 nm 的金膜[图 4 – 25(b)]作为电沉积的工作电极。通过控制实验参数，使制备材料优先在电极上成核，并沿氧化铝模板通道的轴向择优生长。由于氧化铝模板中通道的限制作用，因而可以实现在模板中组装金属纳米线有序阵列[图 4 – 25(c)]。采用碱或酸的稀溶液适当腐蚀掉氧化铝膜，就可获得纳米线有序阵列[图 4 – 25(d)]。

纳米管有序阵列的合成过程如图 4 – 26 所示，首先利用真空蒸镀法在双通模板[图 4 – 26

图 4 − 24　氧化铝模板的 SEM 照片

(a)低倍表面形貌图；(b)高倍表面形貌；(c)截面图；(d)表面和截面图

(a)]的一面蒸镀一层厚度大约为 50 nm 的金膜[图 4 −26(b)]作为电沉积的工作电极。通过控制实验参数及相应的修饰技术，使制备材料优先在氧化铝模板的通道壁上成核并沿通道径向择优生长，从而将纳米管组装在氧化铝模板中[图 4 −26(c)]。采用碱或酸溶液适当腐蚀掉氧化铝膜，可获得纳米管有序阵列[图 4 −26(d)]。值得注意的是，随着沉积时间的增长，金属纳米管的管壁增厚，超过一定程度后，纳米管就转变为纳米线。

上面我们介绍了氧化铝模板合成纳米线、纳米管有序阵列一般方法，下面介绍两个具体的实例。

1) Sb_2Te_3 纳米线阵列

首先通过溅射在氧化铝模板的背面沉积一层金，并以此作为工作电极，用石墨作为辅助

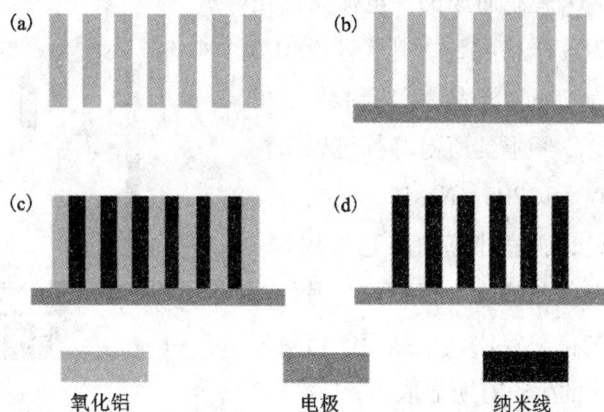

图 4 – 25　纳米线有序阵列的合成流程图

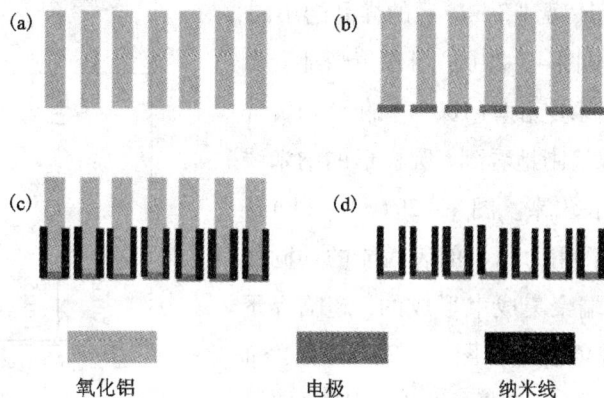

图 4 – 26　纳米管有序阵列的合成流程图

电极。在电镀槽中，采用传统的两电极法进行电化学沉积（图 4 – 27），电镀液的组成如下：0.05 mol/L SbO$^+$，0.075 mol/L HTeO$_2^+$。溶液的 pH 等于 1，如果溶液的 pH 太高，它会引起 SbO$^+$ 和 HTeO$_2^+$ 的水解而产生沉淀；如果 pH 太低，它会腐蚀模板。具体的制备过程如下：HTeO$_2^+$ 来源于一定量的 Te 粉（分析纯）与 5 mol/L HNO$_3$ 在加热条件下的反应（Te + 4 HNO$_3$ = H$_2$TeO$_3$ + 4 NO$_2$↑ + H$_2$O）而制得的，而 SbO$^+$ 来源于 SbCl$_3$。为了溶解 SbCl$_3$，避免 Sb^{3+} 水解而产生沉淀，在溶液中加入一定量的柠檬酸和酒石酸钾，使 Sb^{3+} 形成柠檬酸的配合物。溶液

pH 是通过 5 mol/L HNO$_3$ 调制而成的。电流密度由双恒电位仪（HDV－7C）严格控制，其大小为 0.5 mA/cm^2，沉积时间为 2 h。样品的 X 射线衍射（XRD）如图 4－28 所示，图上的所有峰都可以指标化成六方结构的 Sb$_2$Te$_3$（JCPDS，No. 15－874：$a =$ 4.262 Å，$c = 30.45$ Å），通过计算的晶胞参数 $a =$ 4.26 Å，$c = 30.5$ Å，与文献值吻合得较好。另外可以看到，$(11\bar{2}0)$ 晶面的衍射峰比其他晶面的衍射峰强，说明 Sb$_2$Te$_3$ 纳米线的生长有明显取向，是沿 $[11\bar{2}0]$ 方向生长的，后面的高分辨电子显微镜（HRTEM）分析也证实了这一点。Sb$_2$Te$_3$ 样品的表面形貌如图 4－29（a）～（d）所示。图 4－29（a）～（b）是经 1 mol/L NaOH 腐蚀 5 min 后的样品的不同放大倍数的形貌图，从图 4－29（a）可以清晰地看出大面积、高度均匀、高填充率（100％）的 Sb$_2$Te$_3$ 阵列。图 4－29（b）可以清晰地看到，圆柱形的纳米线从完美的六角单元生长出来。图 4－29（a）～（b）花形图案是由于毛细管作用力和大的表面能的共同作用，造成纳米线在顶端聚集成束形成的，超临界干燥也许能避免这种现象发生。图 4－29（c）是经 1 mol/L NaOH 腐蚀 10 min 的样品的断面照片，图 4－29（b）和图 4－29（c）显示出纳米线阵列是有序、连续、致密且长度和直径非常均匀的。图 4－29（d）是经 1 mol/L NaOH 腐蚀 10 min 的样品的表面形貌。图 4－29（b）和图 4－29（d）表明，随着腐蚀时间的增加，暴露的纳米线就越长。

图 4－30 是典型的单根 Sb$_2$Te$_3$ 纳米线的 HRTEM 照片及其对应的选区电子衍射（SAED）花样，它清晰地显示出纳米线非常光滑的表面，SAED 衍射花样斑点明亮，说明 Sb$_2$Te$_3$ 纳米线是单晶。衍射斑点可以指标化成六方 Sb$_2$Te$_3$ 的 $(11\bar{2}0)$、$(\bar{1}2\bar{1}0)$、$(21\bar{1}0)$ 晶面，通过计算可以得出电子束的入射方向是平行于 $[0001]$。清晰的晶格条纹像也反映了纳米线为结构均匀的单晶，晶面间距是 0.212 nm，对应于六方 $\{11\bar{2}0\}$ 的晶面间距且垂直纳米线生长方向。

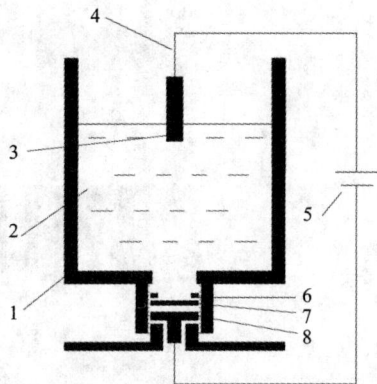

图 4－27　电镀纳米线阵列装置示意图

1—电镀槽；2—电镀液；3—石墨电极；
4—导线；5—直流稳压电源；
6—橡胶垫圈；7—铝片；8—铜电极

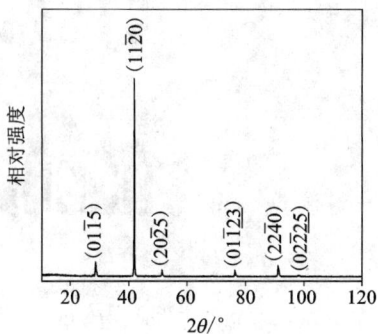

图 4－28　Sb$_2$Te$_3$纳米线阵列的 XRD

图 4 - 29　不同腐蚀时间 Sb₂Te₃ 纳米线阵列的表面和断面照片

(a)和(b)5 min 的表面照片；(c)10 min 的断面照片；(d)10 min 表面照片

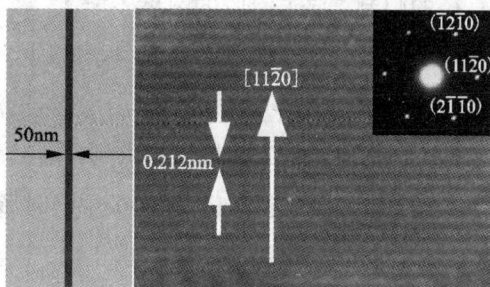

图 4 - 30　单根 Sb₂Te₃ 纳米线的 HRTEM 晶格条纹像及对应的 SAED 花样

电沉积 Sb₂Te₃ 纳米线主要经历以下几步：

①在电场力的作用下，首先 $HTeO_2^+$ 和 SbO^+ 扩散到金电极表面，然后吸附在金电极表面。

②吸附的 $HTeO_2^+$ 和 SbO^+ 得到电子生成单质 Te 和 Sb，反应式如下：

$$HTeO_2^+ + 3H^+ + 4e = Te(s) + 2H_2O \tag{4-4}$$

$$SbO^+ + 2H^+ + 3e = Sb(s) + 3H_2O \qquad (4-5)$$

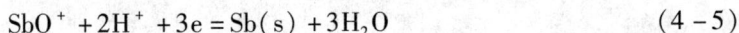

③生成的 Te 和 Sb 相互反应生成 Sb_2Te_3，这样总的反应可表达如下：

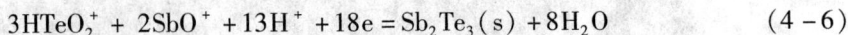

$$3HTeO_2^+ + 2SbO^+ + 13H^+ + 18e = Sb_2Te_3(s) + 8H_2O \qquad (4-6)$$

④Sb_2Te_3 在模板孔洞中成核生长。

为了制备大面积、高填充率的单晶纳米线阵列，一些影响因素必须要考虑。首先，电沉积前模板要预处理，它包括超声去污和驱除气泡，如果有不纯物在模板的表面或在孔洞的内部，Sb_2Te_3 就会优先在不纯物的地方成核和生长，造成不均匀成核和生长，因而要制备高填充率、致密的纳米线阵列是非常困难的。如果模板孔洞中有空气的话，可以产生"气栓"，从而堵塞金属离子进入孔洞，纳米线只能在模板的表面沉积，如此也不可能制备高填充率、致密的纳米线阵列。其次，如果反应、成核、生长速度比扩散速度快，就会造成金电极附近的离子缺乏，从而产生浓度梯度。为了避免快速成核、生长以及浓度梯度，可以降低电流密度和减少离子浓度，还应考虑温度、pH 值、模板的完整性等其他因素。只有在合适的条件下，才能制备出高填充率、符合化学计量比的 Sb_2Te_3 纳米线阵列。

2）Eu_2O_3 纳米管有序阵列

无机化合物纳米管阵列通常采用无电沉积、溶胶 – 凝胶等方法在模板中合成，其中传统的溶胶 – 凝胶模板方法是将模板直接浸在相应的溶胶中进行合成。这一合成过程的驱动力是毛细作用，由于模板通道直径的限制，要求溶胶的浓度不能太高，因此，通过这种方法很难在小直径通道模板中组装所期望尺度的纳米阵列。中国科学院固体物理研究所张立德研究组克服了传统溶胶 – 凝胶方法合成纳米结构阵列的不足，采用改进的溶胶 – 凝胶技术在氧化铝模板中成功地合成了 Eu_2O_3 纳米管阵列。首先将模板浸入到含有硝酸铕和尿素的混合溶液中一段时间，然后在 80 ℃下恒温 72 h，在溶液和氧化铝模板中同时形成了 $Eu[(OH)_x](H_2O)_y$ 溶胶，在此期间由于溶胶颗粒带负电而氧化铝通道壁略带正电，因而在氧化铝通道壁附着有相当浓度的溶胶颗粒，随后将模板放置在管式炉中热处理，进行胶凝和晶化。Eu_2O_3 纳米管阵列的合成正是基于先在模板通道壁上合成，然后逐渐沿模板通道中心生长，这样，通过控制时间就可以适当调制管壁厚度。纳米管的外径可以通过模板通道直径来控制，而纳米管的内径则可以通过控制组装时间来调制。图 4 – 31（a）和图 4 – 31（b）分别是单根 Eu_2O_3 纳米管的 SEM 照片和去除模板后的 Eu_2O_3 纳米管的 TEM 照片，从中可见合成的 Eu_2O_3 纳米管的外径约为 70 nm。

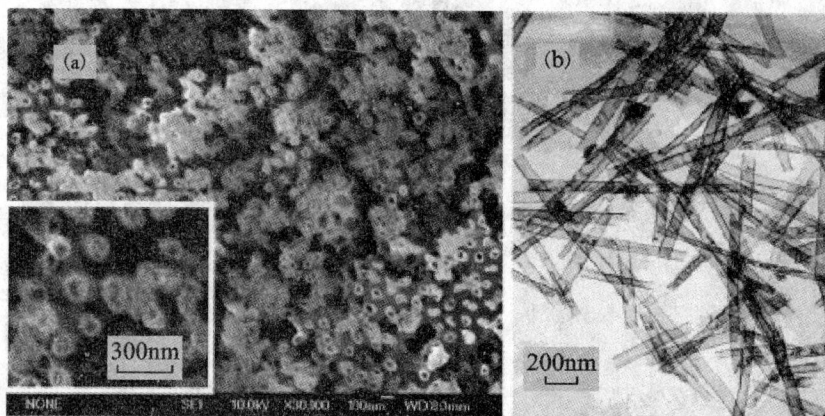

图4-31 Eu₂O₃纳米管的 SEM 照片(a)和 TEM 照片(b)

2. 表面活性剂模板法

表面活性剂模板法也叫微乳液法，这是纳米材料合成中应用十分广泛的一种方法。胶体溶液中表面活性剂可以自组装形成各种各样的空腔结构，如图4-32所示。表面活性剂模板法主要利用微乳液法中的胶束(b)和反胶束(d)。亲油端在内、亲水端在外的水包油型胶束叫正相胶束，它可以将有机溶剂分化成液滴悬浮在水中。亲水端在内、亲油端在外的油包水型胶束叫反相胶束，它可以将水溶液分化成小液滴分散在有机溶剂里。至于什么时候形成正相胶束，什么时候形成反相胶束，则与表面活性剂的种类及水、有机溶剂、表面活性剂的量有关。通常正相胶束的直径为5~100 nm，反相胶束的直径为3~6 nm。胶束的形状也不只限于球形，有时也能形成椭球形或棒状胶束。

利用表面活性剂模板合成一维纳米结构的一般过程(图4-33)如下。当溶液中的表面活性剂分子浓度达到临界胶束浓度(即分子在溶剂中缔合形成胶束的最低浓度)时，根据表面活性剂分子性质的不同，可自发形成圆柱形反相胶束［如图4-33(a)］或圆柱形正相胶束［如图4-33(d)］。伴随着适宜的化学或电化学反应，这些形成的胶束可作为软模板吸附溶液中的微粒子，其中圆柱形反相胶束内表面吸附微粒子［如图4-33(b)］，圆柱形正相胶束外表面吸附微粒子［如图4-33(e)］，分别形成表面活性剂包覆的一维纳米结构。最后，去除表面活性剂，便可获得所需的纳米棒［如图4-33(c)］或纳米管［如图4-33(f)］状结构。

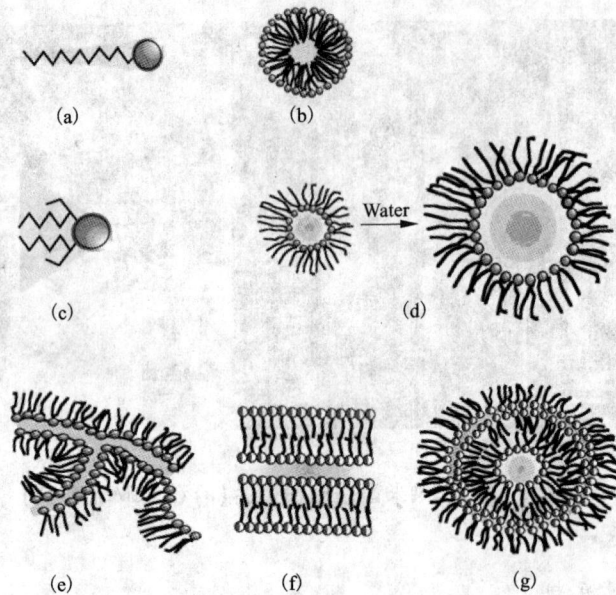

图 4 – 32　胶体溶液里表面活性剂的形状及各种自组装状态

(a)具有锥形结构的表面活性剂分子；(b)球形胶束；(c)具有香槟塞形状的表面活性剂分子；

(d)反胶束；(e)圆柱状胶束；(f)平面层状胶束；(g)洋葱状胶束

　　一个表面活性剂模板法合成一维纳米结构的实例如下。图 4 – 34 为 Yong 等人采用阳离子表面活性剂十六烷基三甲基溴化铵(CTAB)作为模板合成金纳米棒的示意图。实验采用 $HAuCl_4$ 为 Au 源，维生素 C 为还原剂，CTAB 作为表面活性剂。在表面活性剂溶液中加入尺寸为 2～3 nm 的金颗粒，作为种晶诱导表面活性剂迅速形成棒状胶束[如图 4 – 33(a)]。由于 CTAB 为阳离子表面活性剂，因此，可吸附 Au 离子，这些 Au 离子在维生素 C 的还原作用下，可变成 Au 颗粒。随着浓度的增加，这些 Au 颗粒便组装生长成为纳米棒[如图 4 – 33(b)]。再经进一步的陈化分离，除去 CTAB 模板[图 4 – 33(c)]就得到了 Au 纳米棒状结构。

　　软模板法尤其是表面活性剂法，是一种十分简便有效的方法。目前人们已经用表面活性剂模板法制备了氧化物、卤化物、硫属化合物、金属、聚合物、配合物及无机盐等多种纳米结构材料。

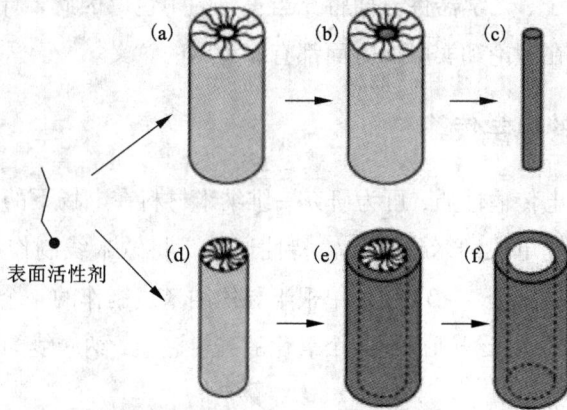

图 4 – 33　表面活性剂模板法合成一维纳米结构的原理示意图

(a)形成柱状反相胶束；(b)目标材料纳米线被反相胶束包覆的结构；

(c)去掉表面活性剂分子得到单独的纳米线

注：(d)~(f)和(a)~(c)过程相似，区别在于反相胶束的内表面是模板，而正相胶束的模板是外表面

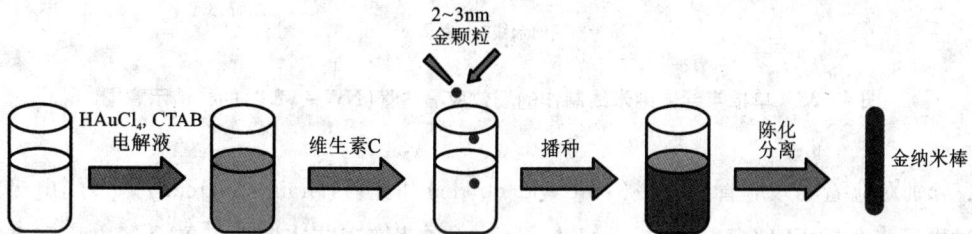

图 4 – 34　表面活性剂(CTAB)作为模板合成金纳米棒的过程示意图

4.2　一维半导体纳米线的物性

电子运动状态由原来在体半导体中的三维自由运动向量子阱、异质结中的二维自由运动的演变，使半导体中的电子态、元激发和相互作用过程等均发生了重大变化，由此赋予了二维量子体系许多新的特性。这启发并促使人们研究进一步降低电子自由运动的维度，以获得更强的量子约束效应，即研究多维量子限制结构中的电子态和各种相关物理性质。于是一维量子线、零维量子点结构的设计和研究备受关注。另外，随着单元器件尺寸的进一步减少，传统晶体管概念终将失效，电子的量子属性将主导器件的工作性能，一维纳米材料特定的几

何形态将在构筑纳米电子、光学器件方面将充当重要的角色。因此，研究一维纳米材料的物性及其构筑的原理器件在理论和实际两方面都有着重要的意义。

4.2.1　单根纳米线的电学传输

测量单根纳米线的电传输性质，可为研究一维纳米材料在电场下的电子结构和载流子特性提供重要的信息。研究单根纳米线电传输特性通常是将纳米线制作成一个场效应晶体管 FET(field effect transistor)。图 4 – 35 是用单根半导体纳米线制作的一个典型的场效应晶体管的构造示意图。所研究的纳米线铺放在一个氧化的硅衬底上，纳米线的两端覆盖有两个金属

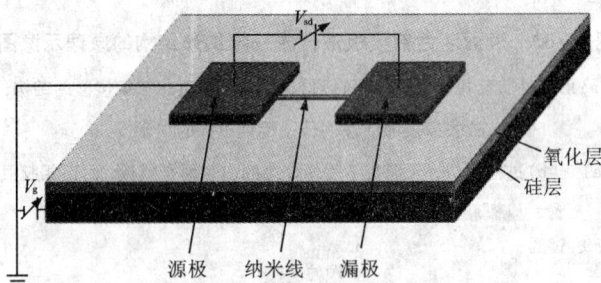

图 4 – 35　单根半导体纳米线制作的场效应晶体管(NW – FET)的构造示意图

电极，分别对应着场效应管的源极(source electrode)和漏极(drain electrode)。金属电极的制作通过电子束刻蚀 EBL(electron beam lithography)和蒸镀工艺来完成。在金属电极和硅衬底背部的导电硅之间加上一个电压，这个电压可以看作是半导体纳米线场效应管的栅压 V_g。因为这个电压中的一部分加在金属电极和覆在其下的半导体纳米线之间，可以调控半导体纳米线中多数载流子的"耗尽"或"积累"，起到栅电压的控制作用。通常通过测量电流(I)，源 – 漏电压(V_{sd})以及栅压(V_g)之间的关系曲线来研究纳米线的电学性能。图 4 – 36 所示为掺硼(B)硅纳米线场效应晶体管在不同的栅压 V_g 条件下电流 I 和电压 V_{sd} 的关系曲线。从图中可以看出，$I \sim V_{sd}$ 呈线性关系，说明金属电极和硅纳米线之间是欧姆接触。从恒定电压 V_{sd} 下，电流 I 对栅压 V_g 的响应曲线(图 4 – 36 中插图)可以看出，随着正 V_g(指金属电极接正)的增加，电流 I 减小，即导电性减小；随着负 V_g(指金属电极接负)的增加，电流 I 增大，即导电性增加。由此可以判断，所测的硅纳米线是 p 型的。因为对于 p 型半导体材料而言，当栅压为正电压时，半导体中的多数载流子空穴在库仑斥力的作用下远离半导体/氧化膜界面，形成

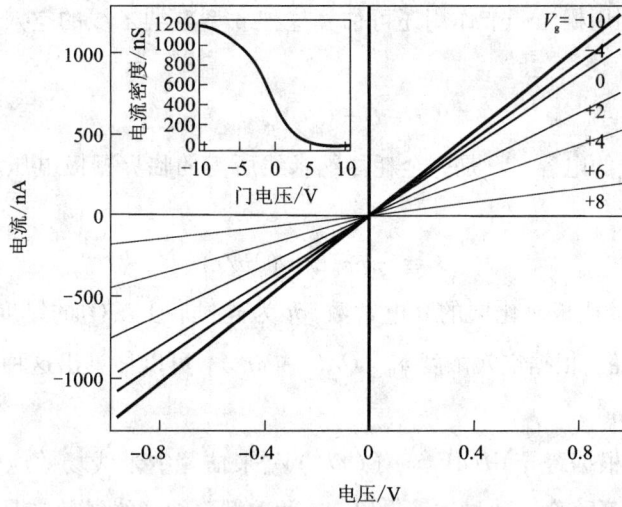

图 4 - 36　掺硼(B)硅纳米线场效应晶体管电流 I 和电压 V_{sd} 的关系曲线

没有载流子的"耗尽层"(如图 4 - 37),因而随着正 V_g 的增加,电流 I 减小;反之当栅压为负电压时,半导体中多数载流子空穴在库仑力的作用下,积聚在半导体/氧化膜界面附近,于是形成了空穴的"积累层",因而随着负 V_g 的增加,电流 I 增加。

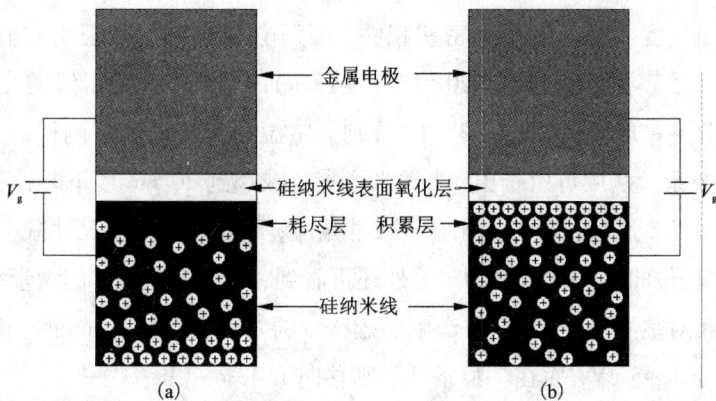

图 4 - 37　金属电极及其覆盖的硅纳米线的剖面图及载流子分布随栅压 V_g 的变化

特别值得注意的是，这种 p 型硅纳米线制成的场效应晶体管器件，其导电调节能力可达 10^3 数量级。另外，利用栅压调节作用还可估算这种 p 型硅纳米线的空穴浓度。纳米线的总电荷量 Q 可表示为：

$$Q = C \cdot V_{th}$$

这里 C 是纳米线的电容，V_{th} 是完全耗尽纳米线所需的临界栅极电压。电容 C 可由下式给出：

$$C \cong 2\pi\varepsilon\varepsilon_0 L / \ln(2h/r)$$

式中，ε 为有效的栅极氧化层的介电常数，h 为硅衬底上 SiO_2 的厚度，L 为纳米线的长度，r 为纳米线的半径。根据空穴浓度 $n_h = Q/(e \cdot \pi r^2)$，可以估算出这种 p 型硅纳米线中的空穴浓度约为 $10^{18}/cm^3$。

此外，我们还可根据跨导 $dI/dV_g = \mu(C/L^2)V_{sd}$ 来估算纳米线场效应管中的载流子迁移率，式中 μ 为载流子迁移率。通过估算得出，这种 p 型硅纳米线场效应晶体管产生的空穴迁移率在 $50 \sim 300 cm^2/V \cdot s$。最好的 p 型硅平面（planar）器件的迁移率为 $40 \sim 100 \ cm^2/V \cdot s$（对应于空穴浓度 $10^{18} \sim 10^{19}/cm^3$ 条件下）。由此可见，p 型硅纳米线场效应晶体管产生的迁移率优于或相当于最好的 p 型硅平面器件。这也就说明了当载流子通过纳米线传输时，不会遭遇晶界的强烈散射，因此这些单根纳米线结构对于载流子的传输是十分有效的。

4.2.2 单根纳米线的光学性质

纳米线取向、尺度大小与电子态密切相关，因而会在光谱上表现出它们之间的依赖关系。图 4 - 38 记录了直径分别为 50、20、15、10（nm）的单根 InP 纳米线的光致发光（PL）谱及其相关数据。图 4 - 38（a）和图 4 - 38（b）分别为室温和 7 K 低温下测得的 PL 谱和纳米线直径之间的依赖关系。从中可以看出，当纳米线直径减小到 20 nm 以下时，发光峰位均向高能方向移动，即蓝移。这种现象归因于量子尺寸效应，即随着纳米线尺寸减小，InP 的有效能隙增大，导致 PL 峰位向高能方向移动。另外还可看到，对于一定尺寸的纳米线而言，低温（7 K）下的 PL 峰位相对室温下的 PL 峰位产生了蓝移。例如，直径为 15 nm 的 InP 纳米线其室温下的发光能量位于 1.45 eV，而在 7 K 条件下则移向 1.48 eV。

为了更好地理解纳米线 PL 谱和直径之间依赖关系的物理本质，采用有效质量模型 EMM（effective mass model—DCM）来拟合这些实验数据，有效质量模型是用于计算圆柱体中电子和空穴势能的理论模型。研究发现，当采用一个减小的有效质量 m^* 数值作为初始拟合参数

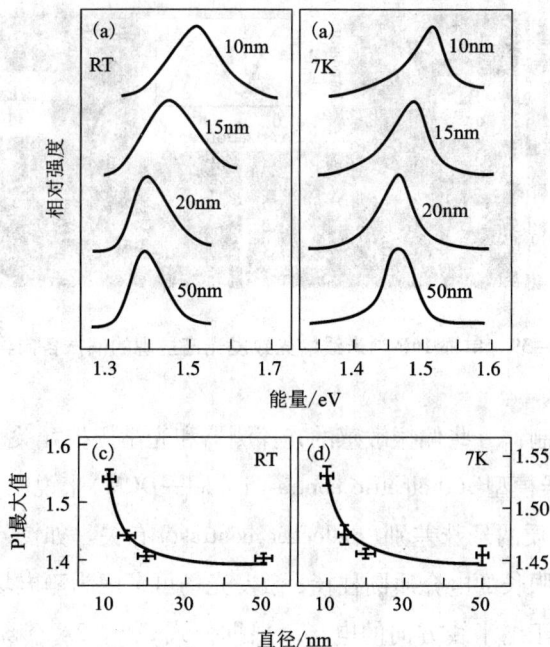

图 4 - 38　不同直径的单根 InP 纳米线的光致发光(PL)谱(a),(b)
及其有效质量模型(EMM)模型拟合数据(c),(d)

时，EMM 模型可以很好地拟合这些数据[如图 4 - 38(c)(d)]。拟合得到的室温下的有效质量为 $0.052m_0$(m_0 为自由电子质量)，和文献所报道的 InP 体材料的有效质量值 $0.065\ m_0$ 相对应。InP 纳米线中有效质量减小的原因可归结于 InP 纳米线的晶体位向，即 InP 纳米线⟨111⟩生长方向轴对应于重空穴方向，垂直于生长方向上受到限制，空穴质量减小，使得有效质量减小。此外，在低温(7 K)下，拟合得到的有效质量为 $0.082\ m_0$，比室温下的要大，其原因在于随着温度的降低，InP 重有效载流子质量增大。

如图 4 - 39 所示，单根 InP 纳米线的光致发光谱呈现出很强的偏振各向异性，其线偏振度 $P = (I_{/\!/} - I_\perp)/(I_{/\!/} + I_\perp) = 0.91 \pm 0.07$，式中，$I_{/\!/}$ 和 $I_\perp$ 分别式偏振方向平行和垂直于纳米线的光致发光积分强度。P 的数值在 $0 \sim 1$ 之间，P 值越接近 1，表明纳米线的一维特性越明显。纳米线这种强烈的偏振各向异性说明：当激发光场电势矢量方向与纳米线之间由平行变化到垂直时，纳米线的发光可由"开"转到"关"。

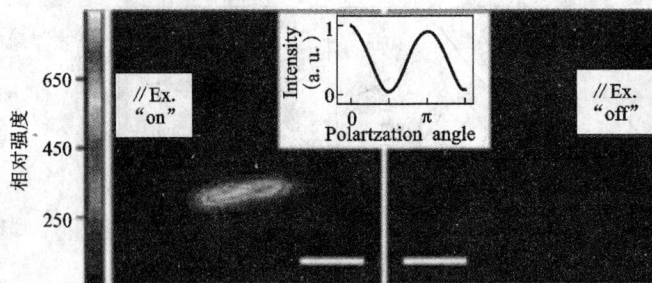

图 4 – 39　单根 **InP** 纳米线的光致发光谱呈现的偏振各向异性

这些纳米线适合于制作一些偏振敏感的光探测器和光学栅控开关。纳米线强烈的偏振各向异性可用"电介质差异模型"(dielectric contrast model—DCM)来说明,它和纳米线与其周围空气(或真空)间的电介质的悬殊差别(dielectric contrast)有关。如图 4 – 40 所示,可将纳米线看作真空中的一段有限长的电介质圆柱棒,激发光场可考虑为静电场,$E_\perp$,$E_/\!/$ 表示激发场电矢量方向垂直和平行于纳米线方向的电场。根据公式 $E_i = (2\varepsilon_o/(\varepsilon + \varepsilon_o))E_e$ 可以算出圆柱体(纳米线)内的垂直电场($E_\perp$)偏振被强烈地衰减,式中 E_i 为圆柱体(纳米线)内的电场,E_e 是激发场,ε,ε_o 分别为圆柱体(纳米线)和真空介电常数。而圆柱体(纳米线)内的平行电场($E_/\!/$)振幅保持不变。利用上述 DCM(dielectric contrast model)模型计算出的线偏振度 $P = 0.96$,而试验中获得的 InP 纳米线的线偏振度为 0.91 ± 0.07,其理论模型计算和试验值比较吻合。

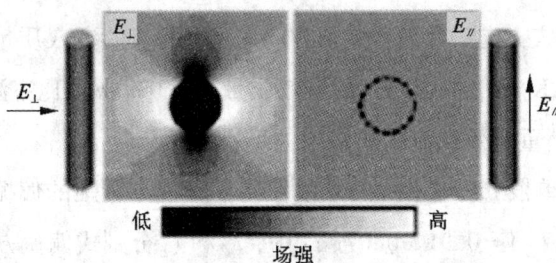

图 4 – 40　**DCM**(dielectric contrast model)模型示意图

4.3　碳纳米管

作为一维纳米材料的典型代表，碳纳米管（Bucky tube，巴基管）是在1991年由日本电气公司（NEC）高级研究员、名城大学教授Sumio Lijima（饭岛澄男）利用透射电镜首次观察到的。在透射电镜下，碳纳米管表现为由石墨薄片（碳原子排列成的六角网状结构）卷成的具有螺旋周期的管状构造。管子一般由多层组成，两端封闭，直径在零点几纳米至几十纳米之间，长度为数微米，甚至毫米以上。图4-41示出的是一开口多壁碳纳米管的透射电镜照片。

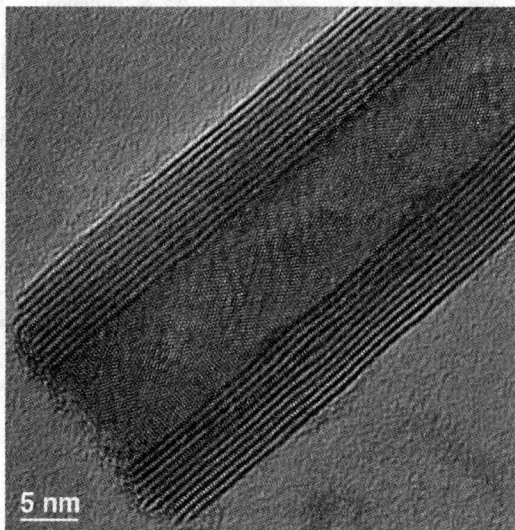

图4-41　一开口多壁碳纳米管的透射电镜照片

4.3.1　碳纳米管的结构

（1）结构

碳纳米管是由石墨片卷曲而成的无缝管状结构，若端口封闭，一般是用半个富勒烯封顶。碳纳米管的直径在0.4 nm至几十纳米之间，长度一般是几十纳米到数微米，甚至毫米级以上。碳纳米管一般包括：

单壁碳纳米管（single walled carbon nanotubes—SWNTs）：含有一层石墨烯片层。直径一般为1~6 nm，最小直径大约为0.4 nm。因为其最小直径与富勒烯分子类似，所以碳纳米管也被称为富勒管或巴基管（Bucky tube）。

多壁碳纳米管（multi-walled carbon nanotubes—MWNTs）：含有多于一层的石墨烯片层。层间距约为0.34 nm，直径为几个纳米到几十纳米。

碳纳米纤维（carbon nanofibers—CNFs）：结构和性能处于普通碳纤维和碳纳米管的过渡

状态。它由两种不同结构的碳组成，内层是结晶石墨片层（即碳纳米管），外层是一层热解碳，中间是中空管。

（2）分类

碳纳米管可视为是一张展平的石墨纸以一定的角度和方向卷成的无缝圆管。将其纵向剖开、展平，围成纳米管截面圆周的矢量$\overrightarrow{AA'}$称为手性矢量（chiral vector），图4-42是其示意图。石墨平面内的晶格矢量a_1，a_2夹60°角，$na_1 + ma_2$矢量即为手性矢量$\overrightarrow{AA'} = C_h = na_1 + ma_2$。沿与该矢量垂直方向为轴向，将原点与矢量端点重合，即得(n, m)型碳纳米管，手性矢量C_h与单位矢量a_1（或a_2）的夹角称为手性角θ。碳纳米管的直径和螺旋度（helicity）由手

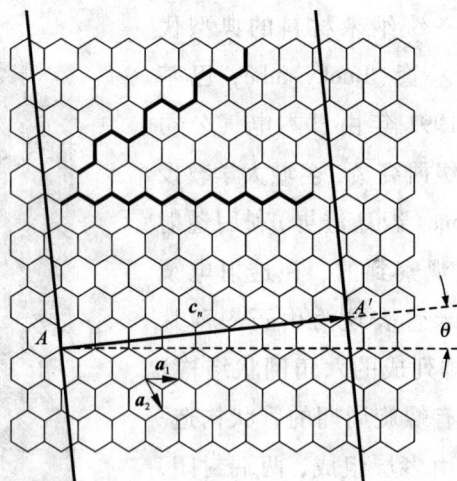

图4-42　围成纳米管截面圆周的手性矢量AA'

性矢量(n, m)唯一地确定。依手性矢量的不同，可将单壁碳纳米管分为三类。

1）$n = m$，$\theta = 30°$，此类碳纳米管被称为单臂（armchair - 扶手椅形）纳米管。

2）$n(m) = 0$，$\theta = 0°$，此类碳纳米管被称为锯齿形（zigzag）纳米管。

3）$0° < \theta < 30°$，此类碳纳米管被称为手性（chiral - 螺旋形）纳米管（管壁上的碳六角形呈螺旋状排列）。

在图4-42中，以$\overrightarrow{AA'}$为手性矢量的碳纳米管是$(9, -1)$型碳纳米管，属于手性碳纳米管。图4-43中分别示出了$(5, 5)$-单臂（扶手椅形）纳米管［图4-43（a）］、$(9, 0)$-锯齿形纳米管［图4-43（b）］、$(10, 5)$-手性（螺旋形）纳米管［图4-43（c）］的结构示意图，注意在其截面处碳原子排列成的扶手椅形、锯齿形形状以及在管壁上碳六角环的排列规则。

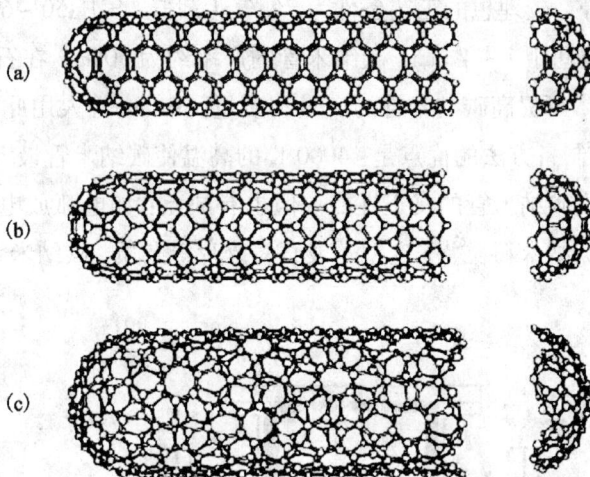

图 4 – 43　纳米管的结构示意图

(a)(5,5) – 单臂(扶手椅形)纳米管；(b)(9,0) – 锯齿形纳米管；

(c)(10,5) – 手性(螺旋形)纳米管

4.3.2　碳纳米管的制备

石墨相是碳的稳定相,金刚石、富勒烯和碳纳米管都是亚稳相。要制备碳纳米管,必须在有外界提供能量的环境下进行结构重构。碳纳米管的制备研究目标是:结构分布均匀且可控;纯度高、易分散;成本低,适宜进行连续批量地商业化生产。现在国内外已有众多的生产线在进行碳纳米管的批量生产制备,但仍然有一些基础性的科学问题需要研究解决,其中的主要关键因素有碳源、催化剂及载体、制备条件等,如发现要制备单壁碳纳米管必须加催化剂,催化剂和制备温度对碳纳米管的直径分布有重要影响。当前主要的碳纳米管的制备方法有石墨棒直流电弧放电法、碳氢化合物催化热分解法、激光蒸发气相沉积法和火焰法等。

(1)石墨棒直流电弧放电法

真空电弧室内充惰性气体保护,将两石墨棒电极靠近、拉起电弧,再拉开、保持电弧稳定。在电弧放电过程中阳极温度相对阴极较高,所以阳极石墨棒不断被消耗,生成的石墨碎片在阴极石墨棒上沉积,得到含有碳纳米管的产物。石墨棒直流电弧放电法制备碳纳米管的

工艺装置示意图见图 4 - 44。该制备方法中的主要影响因素有：载气类型、气压；电弧的电压、电流、电极间距等。较理想的工艺条件为：氦气为载气，气压 50 ~ 60 Pa，电压 19 ~ 25 V，弧流 60 ~ 100 A，电极间距 1 ~ 4 mm，碳纳米管的产率约为 50%。在石墨棒中掺入金属 Fe、Co、Ni 等作为催化剂，可提高碳纳米管的产量和质量。Iijima 等人用此方法生产出了半径约 1 nm 的单层碳管。该制备方法的优点是：4000 K 的高温使碳纳米管最大程度地石墨化，管的缺陷少，比较能反映出碳纳米管的真正性能。但也有缺点：如电弧放电剧烈，难以控制进程和产物，合成物中有碳纳米颗粒、无定型碳或石墨碎片等杂质，碳纳米管和杂质融合在一起，很难分离。

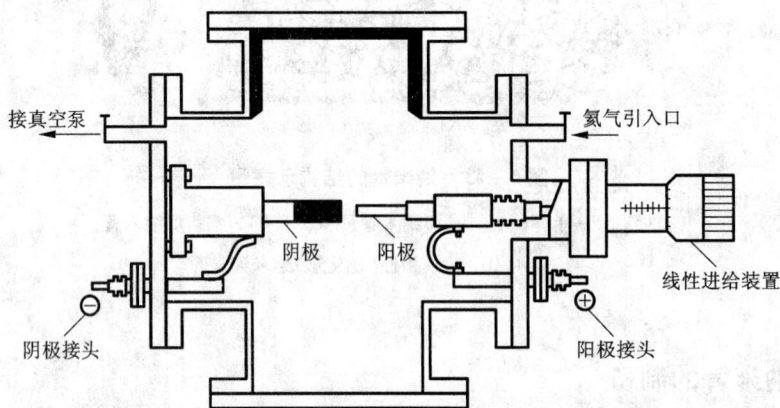

图 4 - 44　石墨棒直流电弧放电法制备碳纳米管的工艺装置示意图

(2)碳氢化合物催化热分解法

该方法为化学气相沉积(CVD)法，将有机气体(如乙炔、乙烯等)和一定比例的稀释气体氦气混和作为稀释气体，通入事先除去氧的石英管中，于一定的温度下在催化剂表面裂解形成碳源，碳源通过催化剂扩散，在催化剂后表面长出碳纳米管，同时推动小的催化剂颗粒前移。直到催化剂颗粒全部被石墨层包覆，碳纳米管生长结束。该制备方法中的影响因素有：催化剂的选择，反应温度、时间，气流量等。碳纳米管的直径大小依赖于催化剂颗粒的直径。较为理想的实验参数为：温度 650 ℃ ~ 700 ℃，气体流量 = 10 mL/min、N_2 = 600 mL/min，反应时间 60 ~ 70 min，碳纳米管产率可高达 90% 以上。该制备方法的优点是：反应过程易于控制，设备简单，原料成本低，可大规模生产，产率高等。缺点是：碳纳米管层数多，石墨化程度较差，存在较多的结晶缺陷，对碳纳米管的力学性能及物理化学性能会有不利影响。

（3）激光蒸发气相沉积法

在氩气气流中，用双脉冲激光蒸发含有 Fe/Ni（或 Co/Ni）的碳靶，可制备出直径分布范围在 0.81 ~ 1.51 nm 的单壁碳纳米管。该法制备的碳纳米管纯度达 70% ~ 90%，基本不需要纯化，但其设备复杂、能耗大、投资成本高。

（4）火焰法

利用碳 - 氢气体（如甲烷、乙烯、乙炔等）作为燃烧气体，在火焰高温中碳 - 氢分子分解为碳原子和氢原子，然后碳原子形成碳纳米管或碳纳米纤维。

前面已提到碳纳米管是碳的亚稳相，在其外界赋能下的结构重构制备过程中，通常都伴有石墨碎片、无定形碳等杂质的生成，因此必须对其进行提纯。氧化法适合对用电弧法制得的样品进行处理。如气相氧化法：利用碳纳米管比无定型碳、石墨等有更强抗氧化性的特点纯化碳纳米管。在氧化性气氛中对碳纳米管进行高温煅烧，热重分析法表明，在 700 ℃下无定型碳和石墨氧化生成 CO 或 CO_2，量减少最大；但同时碳纳米管重量减少也最大，从而导致 99% 的碳纳米管不能回收，且该方法制得的碳纳米管烧损率较大，纯化率较低。人们又开发出液相氧化法：将样品分散在具有氧化性的溶液中，如：硝酸、硫酸或两者的混合物中，去除碳纳米管之间其他形态的碳，且使管分散，这样提纯的碳纳米管产率为 40%。另外，采用酸性的重铬酸钾溶液和碳纳米管中的无定型碳反应可达到纯化碳管的目的。但此方法容易将溶液中的其他元素结合在碳管上，造成另一种意义上的污染。超声波处理法适合于对用催化裂解法制备的碳纳米管样品进行处理。因为在反应过程中，碳纳米管是在金属催化剂表面长出的、且混有无定型碳，将含有不同形态碳的催化剂微粒溶解在丙酮中，经超声波振荡，随着时间的延长，约 10% 的碳从催化剂颗粒表面分离，从而可提纯碳纳米管。此外，还有酸洗法等方法用于碳纳米管在制备后的提纯。

4.3.3 碳纳米管的性质

碳纳米管具有极为优异的理化特性，是高性能纳米材料的典型代表。下面就其力学、电学和化学特性及其应用情况作简要介绍。

（1）力学特性

作为工程材料，不锈钢的抗张强度是 1.5 GPa，石墨纤维的值是 4.7 GPa，而单壁碳纳米管的抗张强度高达 200 GPa，比钢要高 100 多倍，但密度却只有钢的 1/6。因此，碳纳米管具有极为优异的力学性能，其拉力强度是大多数合金的 25 倍以上，可用于复合材料的增强剂。有人设想从距离地球 3 万 6 千公里高的同步轨道卫星上垂下一根碳纳米管线束，通过它可将卫星等货物拉上太空。之所以到现在才出现如此大胆的设想，是因为碳纳米管是迄今唯一的可在如此长度上承受自身重量的材料。

（2）电学特性

手性矢量 (n, m) 值，即直径和手性角 θ 的值对纳米管的性能影响很大。由于量子限域效应，电子只能沿着管的轴向运动，碳纳米管的电学特性随分子结构的改变而发生明显变化，没有其他一种材料像碳纳米管那样，在分子结构不同时具有如此不同的特性。$|n - m| = 3q$，q 为整数时，(n, m) 碳纳米管是金属性的（无能隙）。所以单臂碳纳米管均为金属性（$n = m$）；手性和锯齿形碳纳米管中有小部分是金属性的，以上两种情况占小直径碳纳米管的 1/3。手性和锯齿形碳纳米管中有许多是半导体性的，具有有限的带隙，并且随着碳纳米管的直径变大，带隙将减小，如锯齿形碳纳米管的能隙反比于管半径的平方，所以大直径的碳纳米管均是金属性的。

将具有不同分子结构的碳纳米管套构在一起，形成的共轴金属 – 半导体、半导体 – 金属碳纳米管对在结构上是稳定的，据此可构建全碳的电子元件，实现电子器件的高性能、低能耗、微型化。

（3）化学特性

碳纳米管的中空管道可作为模板，用于合成其他材料的纳米丝。如以下的化学气相反应：

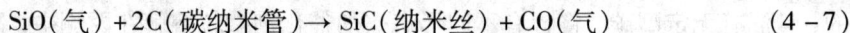

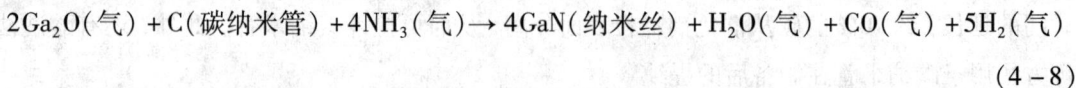

$$SiO(气) + 2C(碳纳米管) \rightarrow SiC(纳米丝) + CO(气) \qquad (4-7)$$

$$2Ga_2O(气) + C(碳纳米管) + 4NH_3(气) \rightarrow 4GaN(纳米丝) + H_2O(气) + CO(气) + 5H_2(气)$$

$$(4-8)$$

碳纳米管在此作为特殊"试管"，通过参与反应（提供碳源）、促进反应（纳米管的高活性和几何构型提供形核场所）、限制反应（一维生长方向），为一维实心纳米线的制备提供了新思路。

除在材料领域的应用以外，碳纳米管在化学能源领域的应用正越来越受到人们的重视。从 20 世纪 90 年代起，许多国家都制定了系统的氢能研究计划，其短期目标是氢燃料电池汽车的商业化，但现有利用氢能的障碍在于氢气的规模化存储和运输。按 5 人座的轿车行使 500 公里计算，需要 3.1 kg 的氢气，以正常的油箱体积（50 L）计算，氢气的存储密度应有

6.5%（重量百分比）或者 62 kg/m³，目前的储氢材料都不能满足这一要求。如液化储氢成本太高，且需要很高能量维持其液化；压缩储氢的重量密度和体积密度都很低，不可行；金属氢化物储氢虽然体积存储密度较高，但重量密度最低，多数不到 2%。现在发现碳纳米管具有很强的吸附储氢能力，由于其管道结构及多壁碳管之间的类石墨层空隙，使其成为最有潜力的储氢材料。已证明在室温和不到 1 bar 的压力下，单壁碳管可以吸附氢气 5% ~ 10%，多壁碳纳米管储氢可达 14%。虽然这些报道均受到质疑，原因是目前尚未建立一个世界上公认的检测碳纳米管储氢的检测标准，但根据理论推算和反复验证，普遍认为碳纳米管的可逆储/放氢量在 5% 左右，即使只有 5%，它也是迄今为止最好的储氢材料。

另外，碳纳米管也在电池中的电极材料领域找到了用武之地。目前，锂离子电池正朝高能量密度方向发展，希望最终能为电动汽车配套、真正成为工业应用的非化石发电的绿色可持续能源，因此要求材料具有高的可逆容量。碳纳米管的层间距略大于石墨的层间距，充放电容量大于石墨，而且碳纳米管的筒状结构在多次充 – 放电循环后不会塌陷、循环性好。此外，碱金属如锂离子和碳纳米管有强的相互作用，用碳纳米管做负极材料制成的锂电池，其首次放电容量高达 1645 mAh/g，可逆容量为 700 mAh/g，远大于石墨的理论可逆容量 375 mAh/g。目前，用碳纳米管做电极的充电电池已能使电动汽车充 1 次电后行驶 400 km，这是目前电动汽车能达到的最远行程。

4.3.4 碳纳米管的应用

除在电池、储氢等领域利用其化学特性的应用外，碳纳米管还在诸多领域有利用其力学、电学特性的应用。

碳纳米管是一种绝好的纤维材料，优于当前的任何纤维。它既具有碳纤维的固有性质，又具有金属材料的导电导热性、陶瓷材料的耐热耐蚀性、纺织纤维的柔软可编性，以及高分子材料的轻度易加工性，是一种一材多能和一材多用的功能材料和结构材料，将给汽车、飞机等飞行器的制造带来革命性的突破。碳纳米管由于纳米中空管及螺旋度的共同作用，具有极高的强度和理想的弹性，杨氏模量甚至可达 1.3 TPa，在内外层承受了 16% 的应变的情况下，碳纳米管没有断裂，证明其具有非凡的韧性和恢复能力。作为复合材料的纤维增强体，碳纳米管具有极好的强度、弹性、抗疲劳性及各向同性，同时兼具有石墨的润滑性和导电性，在航空、航天等特殊制造领域里有无可比拟的优势。例如：激光合金化淬火制出的碳纳米管/45#钢复合材料，比在同样的工艺条件下合成的石墨/45#钢复合材料的抗磨性能提高

40%；碳纳米管做增强纤维的铜基复合材料的耐磨性远大于铜轴承；碳纳米管作为水泥系列材料的增强材料，可使水泥具有极高的稳定性和耐冲击性，同时还能防静电、耐磨损。

在隐身材料领域，碳纳米管由于其管状结构和较高的介电常数，并且可植入磁性颗粒，故呈现出较好的宽频吸收特性，在 2 ~18 GHz 范围内有很好的介电损耗，比传统的铁氧体、碳纤维和石墨的性能优越。加上它的低密度、耐腐蚀、耐高温和抗氧化等优点，是极好的军用隐身材料。

在平面显示领域，碳纳米管阵列显示器将垄断行业。碳纳米管具有极好的场致电子发射性能，用碳纳米管制成的电子枪与传统材料相比，不但具有在空气中稳定、易制作的特点，而且具有较低的工作电压和大的发射电流，适用于制造大的平面显示器。将碳纳米管阵列沉积在一种高分子膜上制成的显示器，在 200 V 的工作电压下工作 200 h，电流密度可达 100 A/cm^2。目前这一领域的研究已经接近产业化，日本已制出利用该类技术的彩色电视机样机，其图像分辨率是目前已知其他技术所不可能达到的。

在微电子器件领域的探索。碳纳米管由石墨演化而来，有大量离域的电子沿管壁游动，既具有金属导电性，也具有半导体的性能（主要与其直径和螺旋结构有关）。通过在碳纳米管中引入缺陷（如在六边形网格中引入五边形、七边形结构），可导致同一碳纳米管既具有金属的性质，又具有半导体的性质，这是一种分子二极管，电流可以沿着管子由半导体向金属的方向流动，而反向则无电流。另外，两根不同粗细的碳纳米管对接也可形成半导体异质结，在碳纳米管内邻近异质结的地方引入第三电极则能形成由栅极控制的导电沟道。据此原理制成的碳纳米管晶体管可以在室温下操作，并且具有很高的开关速度。通过调节栅极电压，碳纳米管的电阻可以在从半导体到绝缘体这样一个很宽的范围内变动，这种三电极单分子晶体管的发现是分子电子学的一个重大进步。此外，利用毛细管作用将液态金属填充到碳纳米管中可制成纳米金属导线，使微电子器件升级为纳电子器件，可望制造出袖珍巨型计算机和袖珍机器人，并使所有控制系统纳米化，实现纳米电子学的美好未来。

思 考 题

1. 利用 VLS 机理合成纳米线，如何选择催化剂？试设计一种用 VLS 机制生长 Ge 纳米线的实验方案。

2. 利用 VLS 机理合成超晶格（异质结）纳米线，如何选择催化剂？

3. 纳米线以 VS 机理生长需要满足哪些条件？

4. 何为"自催化 VLS 生长"？怎样利用自催化 VLS 生长实现纳米线的掺杂？

5. 采用气相法为什么难以合成出金属纳米线？

6. 液相法合成金属纳米线，加入包络剂（capping reagent）的作用是什么？

7. 何谓纳米材料的模板法合成？它有哪些优点？

8. 常见的合成一维纳米材料的模板有哪些？

9. 试结合工艺流程图说明氧化铝模板的制备过程。

10. 试结合工艺流程图说明利用氧化铝模板合成纳米线阵列的过程。

11. 如何利用 P 型 Si 纳米线场效应晶体管（FET）中的栅压调节作用来估算 P 型 Si 纳米线的空穴浓度？

12. 如何利用构成碳纳米管截面圆周的手性矢量来描述和区分单壁碳纳米管？

13. 碳纳米管优异的理化性能使其在哪些应用领域具有优势和前景？

第5章 二维纳米材料

二维纳米材料是一类新兴的纳米材料类别，是指三维空间中有一个维度处于纳米尺度范围（1～100 nm）的片状结构材料。鉴于组成该类材料的结构单元可以为原子或分子，二维纳米材料可以为无机物、有机物、高分子聚合物等。鉴于其独特的二维量子尺寸效应及表面效应，该类材料表现出不同于其体相材料的性质，如光学、电学、热学及力学性能等，并在诸如能量存储、分子分离、传感与检测、光电子器件及催化等领域有着非常广泛的应用前景。

具有单原子层厚度的石墨烯（Graphene）是二维纳米材料中最具有代表性的例子。单原子层石墨烯（graphene）最早是由曼切斯特大学（University of Manchester）Geim 小组于 2004 年通过机械剥离的方法从石墨中成功分离出来的，至此标志着超薄纳米材料的诞生。近年来，人们分别从理论和实验角度证实了石墨烯的高载流子迁移率、强机械性能、高热力学稳定性、高热导率等优异性能，正是这些令人惊叹的材料性质引导着来自全世界的科学家近十多年的广泛研究。特别需要提到的是，2010 年的诺贝尔物理学奖颁给了在石墨烯方面有"突破性"贡献的两位科学家 Geim 教授和 Novoselov 教授。

人们对不同特性的需求促进了不同种类超薄二维纳米材料的快速发展。石墨烯研究的成功引发了科学工作者对单原子层或超薄二维纳米材料浓厚的研究兴趣，随之越来越多的工作开始关注具有层状结构的类石墨烯二维纳米材料研究和发展，其中主要包括过渡金属硫属化合物（TMDS）、层状共价有机骨架材料（COF）、层状金属氧化物、层状金属氢氧化物（LDH）、石墨氮化碳（$g-C_3N_4$）、六角氮化硼（h-BN）、黑磷等。在合成方面，基于材料本身结构的特征，层状结构材料（Layered materials）可以通过剥离（机械剥离或液相剥离）的方法获得大批量、大面积、无缺陷的具有单原子层或少层结构的超薄二维纳米材料。相比于层状结构二维纳米材料的制备，非层状化合物（Non-layered materials）在具有单原子层或者超薄二维纳米材料的发展较为缓慢，其主要原因是该类材料具有三维密堆积生长倾向，在制备过程中缺乏二维方向生长的驱动力，其合成手段主要局限于自下而上的办法，如湿化学法，即通过在材料制备过程中限制其某一维度的生长。

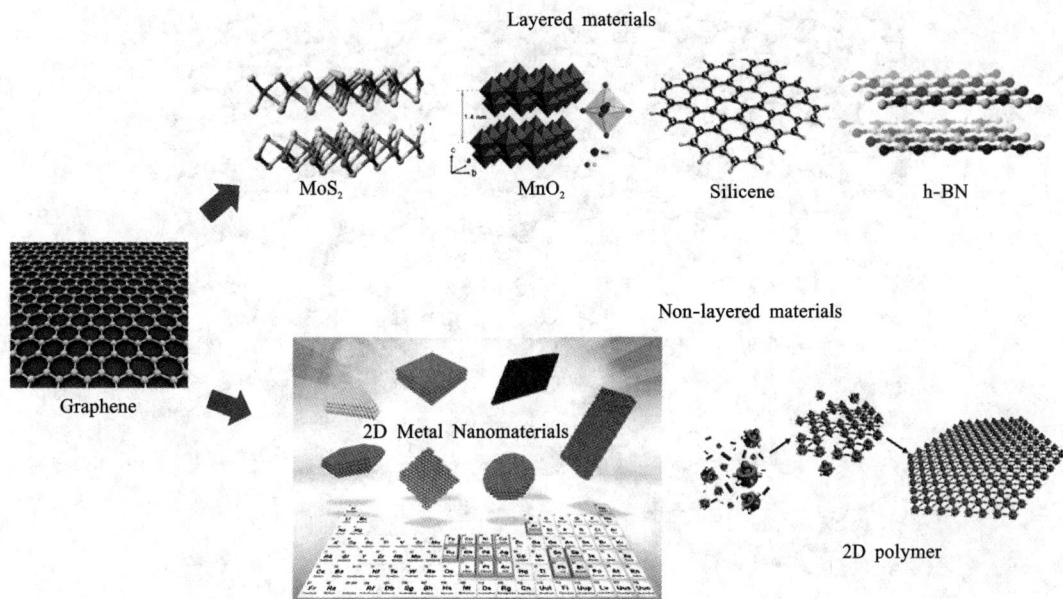

图 5 - 1　典型的二维纳米材料晶体结构示意图

5.1　层状结构二维纳米材料的合成制备

5.1.1　微机械剥离法

　　微机械剥离方法是一种传统的制备纳米片的方法，指通过机械力克服材料层与层之间弱相互作用力(范德华力)从而获得具有单原子层或少层厚度的超薄二维纳米材料。能够使用机械剥离法制备原子级厚度二维纳米材料的块体材料应具备层状结构，如石墨烯(见图 5 - 2)。值得一提的是，2004 年，英国曼彻斯特大学物理学家 Geim 教授和 Novoselov 教授剥离高质量石墨烯的具体操作是：首先将石墨片放置在胶带中，折叠胶带粘住石墨片的两侧并撕开胶带，石墨片随之被一分为二(见图 5 - 3)。不断地重复这一过程，就可以得到越来越薄的石墨片，而其中部分样品则是仅由一层碳原子构成的石墨烯。

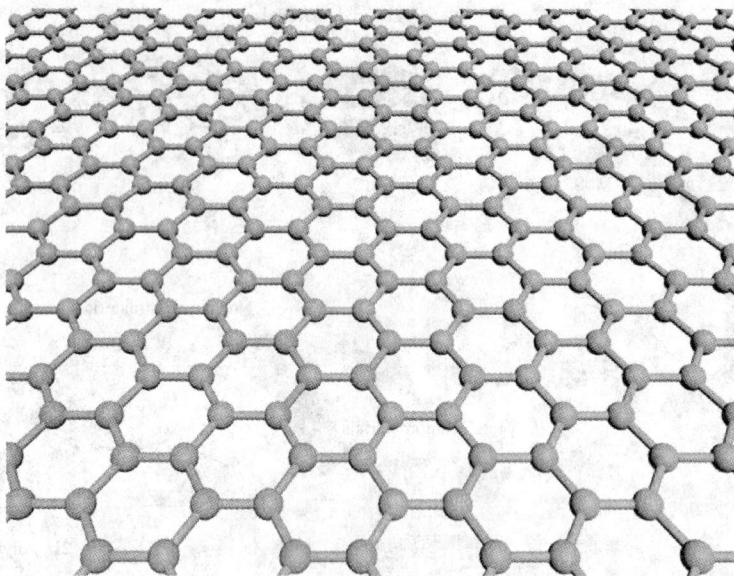

图 5-2　石墨烯晶体结构示意图

图 5-3　胶带微机械剥离法制备石墨烯

通过微机械剥离法获得的石墨烯具有完整的晶体结构，其保持了石墨的本征性能且室温稳定。而且石墨烯的单原子层纳米结构赋予它许多无以伦比的独特性能，是迄今为止发现的厚度最薄、强度却最高、结构最致密的材料，并拥有电学、光学、化学等方面的卓越性能，激发了全球范围内的石墨烯研发热潮，将有望成为高速晶体管、高灵敏传感器、激光器、触摸屏以及生物医药器材等多种器件的核心材料。

除石墨外，过渡金属硫属化合物、部分共机有机骨架材料（COF）等也属于层状化合物（见图5-4）。新加坡南洋理工大学的张华教授课题组利用上述机械剥离法成功制备了具有

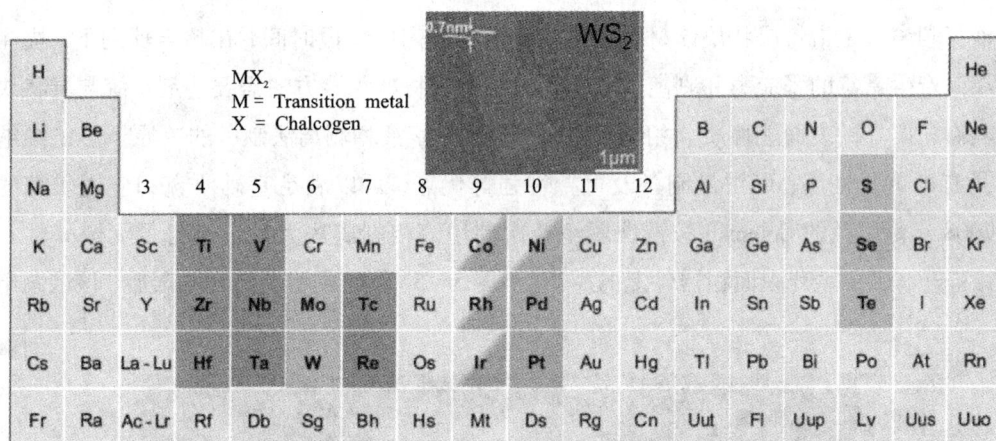

(a)

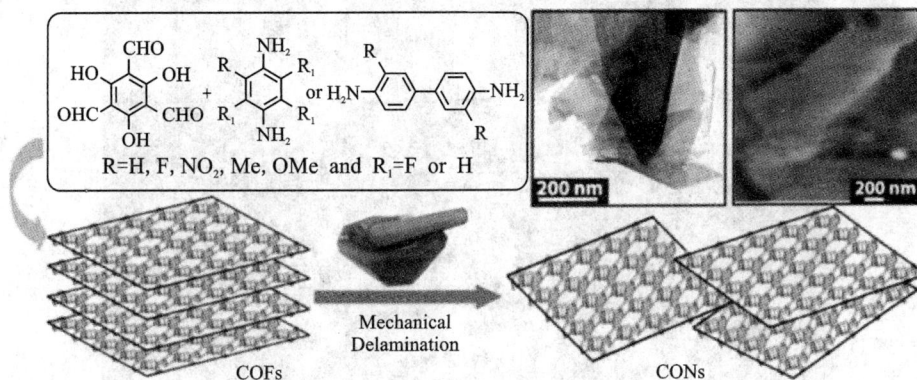

(b)

图5-4 微机械剥离法制备过渡金属硫属化合物和共价-有机骨架材料纳米片

单原子层或少层厚度的 WSe$_2$、TaS$_2$ 和 TaSe$_2$ 超薄纳米片。印度 R. Banerjee 教授课题组首次报道了一种简单、安全且环境友好的机械研磨的方法，并成功剥离一系列共价有机骨架材料纳米片(二维聚合物 COF)。

尽管微机械剥离法具有方法简单、普适性高、高度结晶等特点，但仍有非常明显的缺点，如产率低、可重复性差、缺少精度、缺乏对二维纳米材料的尺寸、厚度及形状的精确调控。在后续的应用研究中，不能达到实验的要求，亟需更加系统、可控的制备方法。

5.1.2 液相剥离法

液相剥离法是指将层状块体材料分散在特定的溶剂中一段时间，在超声辅助下，块体材料的层间产生密集的张应力并剥离成较薄的二维纳米材料。该方法需要溶剂系统与层状块体材料具有相匹配的表面能性质。相比于微机械剥离法，液相剥离法制备的单原子层二维纳米材料具有可重复性高、可批量制备及可控性强等优点，可以满足基础研究和应用研究的需求。2008 年爱尔兰的 Coleman 教授课题组首次利用液相剥离法大批量制备了无缺陷性石墨烯，并且开辟了一系列大面积器件上的应用(见图 5-5)。继成功剥离石墨烯后，该课题组又

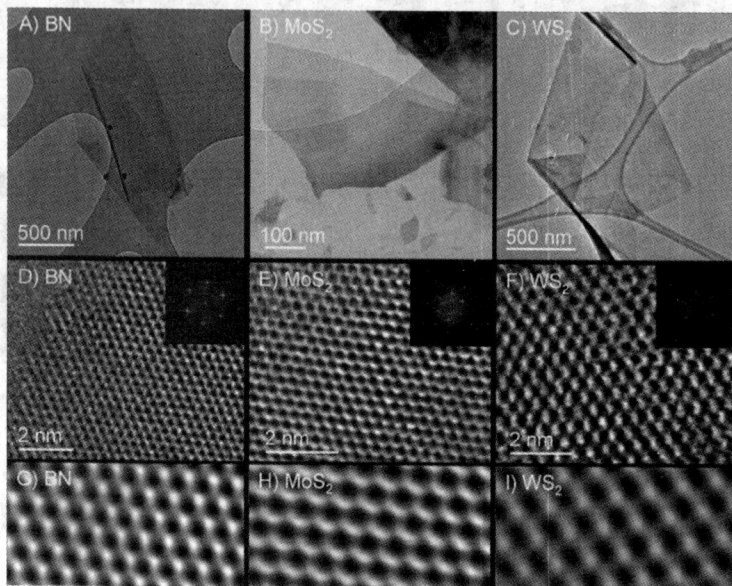

图 5-5 液相剥离法制备各种类石墨烯纳米片

将该类方法扩展到其他类石墨烯二维纳米材料，如 MoS_2、WS_2、$TaSe_2$、$NiTe_2$、Bi_2Te_3 等，使超薄二维纳米材料在电子器件、储能、催化等领域的应用前景更为广阔。

尽管液相剥离法比微机械剥离法在剥离效率上有了较好的提高，但是剥离产物的厚度均一性仍然较差。剥离时需要借助外驱动力，如超声或搅拌，剥离时间较长，对于层间作用力较强的层状材料，如过渡金属氧化物等，还不能进行有效的剥离。有效的液相剥离对溶剂有高表面能的要求，这些溶剂往往有较高的沸点，在剥离后的产物中对溶剂的去除较为繁琐。为此，兰州大学的张浩力教授课题组提出一种混合溶剂剥离类石墨烯层状化合物的方法。该方法通过 Hansen solubility parameters（HSP）理论对不同层状纳米材料在溶剂中的分散性进行分析预测，并选用合适的溶剂组分按一定的比例可以在低沸点的溶剂混合物中大量剥离出类石墨烯超薄二维纳米材料。由于所使用的溶剂均为低沸点物质，剥离后的溶剂处理变得更加容易，实验过程显现出更加友好、低成本及低毒等优点。

5.1.3　插层剥离法

插层剥离法是指将离子或分子插入层状化合物的层与层之间，减弱层间作用力，通过进一步超声作用获得单分散性单原子层或少层厚度的超薄二维纳米材料。最早的插层剥离法可以追溯至上世纪，该工作利用正丁基锂作为插层剂与层状过渡金属硫属化合物块体材料相作用形成 Li_xXS_2，经过滤清洗残留有机物，最后通过超声获得单原子层超薄二维纳米材料。该方法的优点是(1)普适性高；(2)获得的原子级厚度二维纳米材料的产率可以高达100%。缺点是(1)嵌锂过程中金属元素容易被还原从而导致产物出现相的不均匀性，即出现金属相和半导体相，最终影响产物的物理化学性质；(2)反应需要在很高的温度下进行，且耗时较长。

针对上述方法存在的问题，新加坡南洋理工大学的张华教授课题组成功发展了一种利用电化学锂化的方法制备单原子层超薄二维纳米材料，如 MoS_2、WS_2、TiS_2、TaS_2 等（见图 5-6）。具体内容是将层状化合物块体材料作为锂离子电池的正极，在电池充电过程中锂离子插层至块体材料的层与层之间，层间距被扩宽，从而减弱层间范德华力；电池放电过程中，插层的块体材料中锂离子被还原为锂原子，锂与水发生化学反应生成氢氧化锂和氢气，从而使层间距进一步加大，最后在超声作用下，获得具有单原子层厚度的二维纳米材料。通过系统调节电化学过程中诸如终止电压、放电电流等锂插层条件，可以大大增加该方法所覆盖的层状化合物种类。

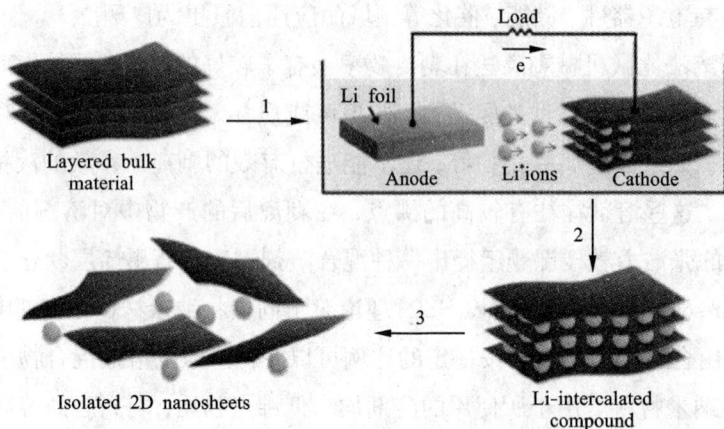

图 5－6　锂离子插层剥离层状化合物块体材料

尽管锂离子插层剥离法具有很高的剥离效率和可控性，但是在电化学过程后存在复杂后处理过程，对于一些具有变价金属氧（硫）化物及层间作用力强的层状或准层状化合物而言，其剥离效果仍然非常有限。为此，中国科学技术大学的谢毅教授课题组提出气体分子插层剥离法，如在 VS_2 层状块体材料中插入 NH_3 分子成功剥离得到超薄 VS_2 纳米片（见图 5－7）。该方法与锂离子插层法相比，插入的气体分子易除去，获得的超薄二维纳米材料表面清洁无残留，显现出其本征的晶体结构。

5.1.4　化学蚀刻法

化学蚀刻法是指通过化学刻蚀的方法去除层间某种原子，从而减弱层间作用力，最后通过简单的超声作用获得具有单分散性的单原子层超薄二维纳米材料。具有强层间作用力的层状化合物，如过渡金属碳化物或碳氮化物（MAX），简单的剥离方法或插层方法不能显现出很好的剥离效果。美国 Y. Gogotsi 教授课题组提出利用 MAX 的结构特征（即层状六方结构，具有 P63/mmc 对称性，其中 M 层为密堆积结构，X 层原子填充八面体位置，MX 层被 A 层原子隔开），在室温下利用氢氟酸选择性地去除 A 层（如 Al 层）原子达到剥离 MAX 化合物的效果（见图 5－8）。研究结果表明，单层过渡金属碳化物或碳氮化物（如 Ti_3C_2、Ti_2C、TiCN、Ta_4C_3等）具有与石墨烯相媲美的电学性能。

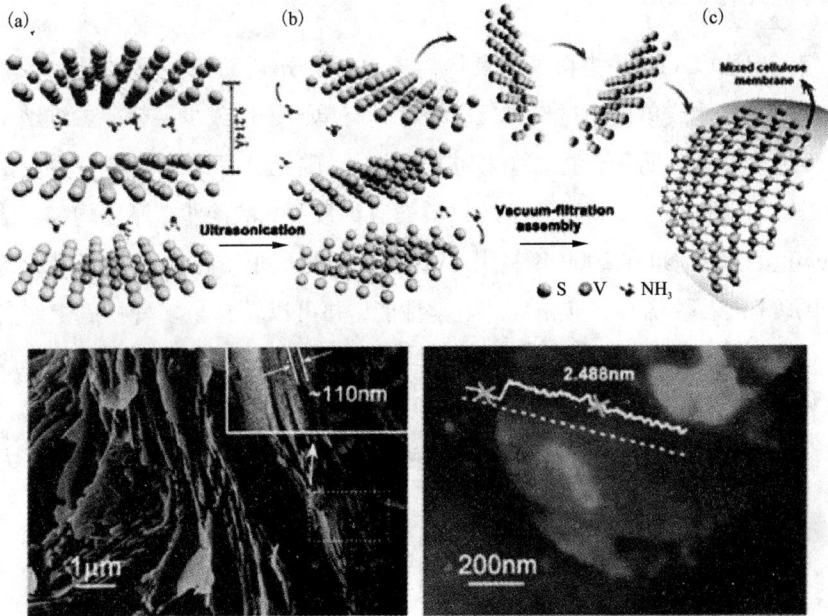

图5－7　锂离子插层剥离层状化合物块体材料

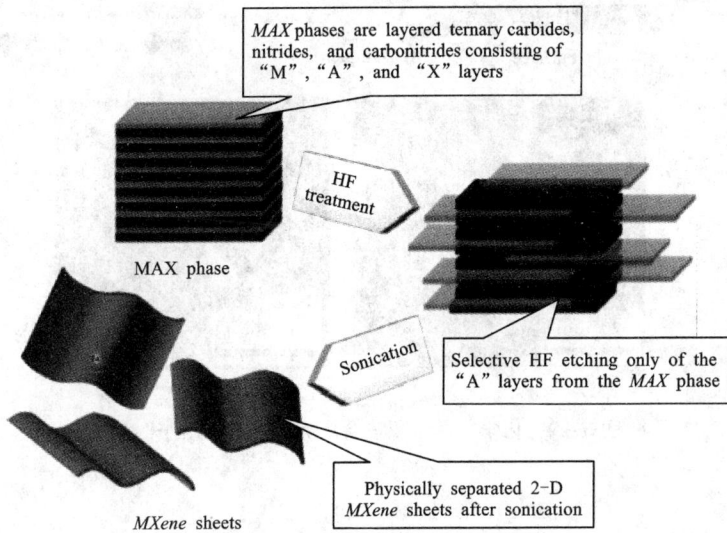

图5－8　化学蚀刻法剥离过渡金属碳化物或碳氮化物

5.1.5 化学气相沉积法

化学气相沉积法(CVD)是指在高温及等离子体或激光辅助条件下利用含有薄膜元素的一种或几种气相化合物或单质通过气相反应获得具有单原子层或少层超薄二维纳米材料。这些材料可以为过渡金属硫属化合物、氧化物、氮化物、碳化物等纳米薄膜材料。相比于其他方法制备的二维纳米材料,CVD 法制备的材料具有纯度高、缺陷少、厚度均匀、结晶好等优点。美国 Ruoff 教授课题组在 2009 年利用 CVD 法在铜衬底上首次合成石墨烯取得了重大突破,获得的单原子层石墨烯具有非常好的电学性能,并可以转移至多种衬底上制备各种电子器件。随着 CVD 在大面积石墨烯的成功制备,人们将该方法推广至其他类石墨烯纳米材料的合成,如 MoS_2、WS_2、WSe_2、TiS_2、VSe_2 等(见图 5 – 9)。尽管该方法对于超薄二维纳米材料合成有很多优势,但其合成工艺对设备、基底材料等方面有非常严格的要求,大大限制了其应用前景。

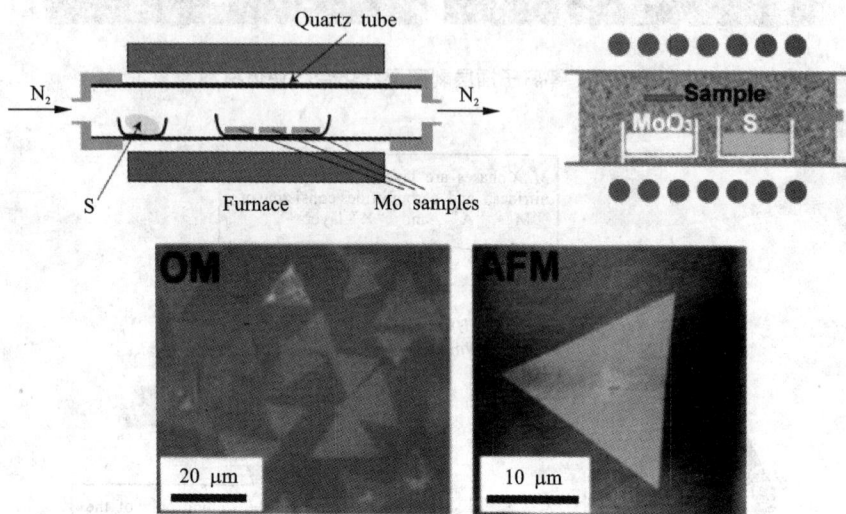

图 5 – 9 化学气相沉积法合成大面积 MoS_2 纳米片

5.2　非层状结构二维纳米材料的合成制备

5.2.1　自组装合成法

　　自组装合成法是指基于某种相互作用，无序的结构单元（如纳米颗粒、多肽、有机小分子等）在一定的方向上自发地相结合形成一种稳定的、具有单颗粒厚度或单分子厚度的二维纳米结构，包括无机、有机二维纳米材料（见图 5 – 10）。美国 R. N. Zuckermann 教授课题组报

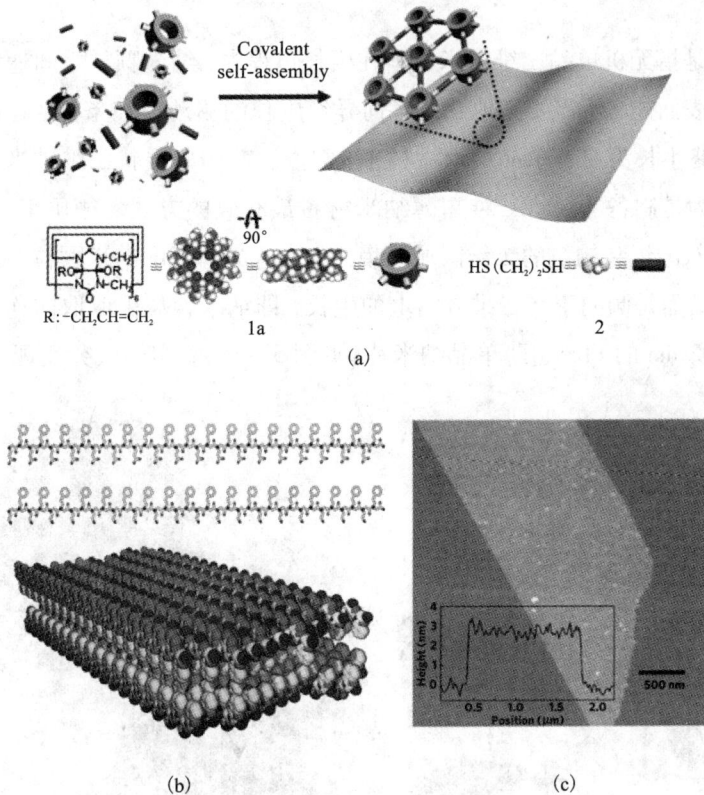

图 5 – 10　自组装合成的二维纳米材料

（a）单分子厚度二维聚合物；（b – c）多肽二维单晶纳米片

道了两种带相反电荷的多肽聚合物基于周期性的双亲性、静电力以及芳香堆积作用力可以自发地组装成超薄二维纳米材料，且厚度仅2.7 nm，即两个多肽链的厚度。韩国K. Kim教授课题组基于可聚合单体的结构特点，即面内活性烯烃基团在横向上发生交联反应，即发生原位巯基－烯烃点击聚合反应构筑具有单分子厚度二维聚合物。值的一提的是，该制备过程无需任何模板剂。尽管自组装合成法具有一定的有效性，但并不是一种普适的合成手段。该方法对前驱体要求较高，需要具备某种自组装的驱动力且在某一个维度方向上进行组装。到目前为止，基于该方法合成的二维纳米材料的报道仍然较少，如何更好地利用该方法构筑二维纳米材料需要人们进一步的研究和发展。

5.2.2 取向连接法

取向连接法是指无机单晶二维纳米材料在生长过程中，纳米颗粒之间通过有取向的相互连接从而减小其表面能，不需要其他二维各向异性生长的驱动力和条件，在限域环境下达到热力学平衡，最终生长为二维单晶纳米材料。该类方法对于非层状二维纳米材料具有非常深远的意义，被认为是制备非层状二维超薄纳米材料最有效的方法。德国H. Weller教授课题组首次报道在十八酸组装构筑的二维限域环境内，预合成的PbS纳米颗粒在晶体生长过程中并没有继续长大，而是倾向于在二维方向上的生长，即纳米颗粒采取取向连接的方式组装生长成了厚度仅2.2 nm的PbS超薄单晶纳米片(见图5-11)。实验研究发现，在限域空间中，

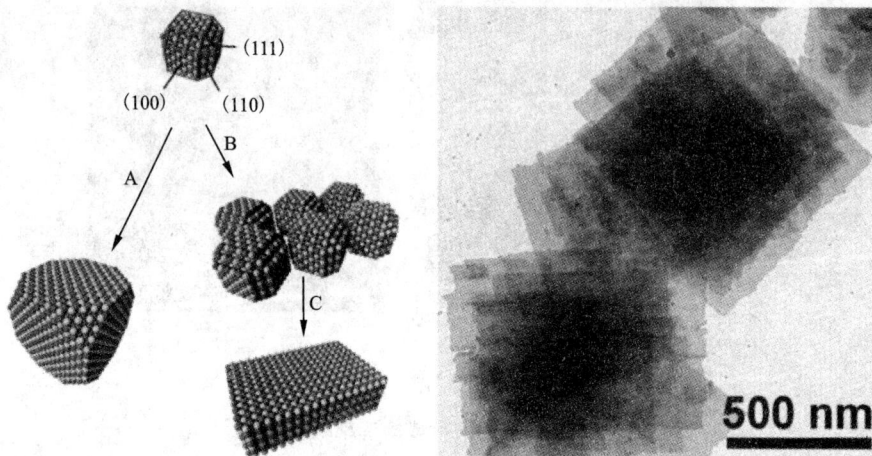

图5-11 取向连接法合成PbS单晶纳米片

为了降低表面能，纳米颗粒优先生长活性最高的，即晶面在二维限域平面内进行取向连接，生长为二维单晶纳米材料。中国科学技术大学的谢毅教授课题组也报道了基于二维取向连接法合成了仅半个晶胞厚度的 Co_9Se_8 超薄二维单晶纳米片，并从不同时间的生长阶段对取向连接的机理给予了详细的验证。由于该方法对反应条件(如反应温度、反应前驱体、反应溶剂等)等有严格的要求，因此利用取向连接合成法合成非层状二维纳米材料的报道还相对较少。针对不同材料，需要设计新的反应体系并调节实验参数实现超薄二维纳米材料的制备。

5.2.3 二维模板法

二维模板法是指以二维模板为主体构型去诱导材料生长的成核和生长，从而复制模板的形貌制备二维纳米材料。根据实验中所用模板的性质不同，模板法可以分为硬模板法和软模板法。构筑二维软模板的结构单元可以为双亲性小分子、聚合物、生物大分子等。以双亲性小分子为例，利用其分子结构中亲水基和疏水基的特点，双亲性小分子可以自发地在水中组装成二维平板结构(Lamellar structure)，在平板结构间的二维水层发生化学反应，诱导材料的生长，最终获得二维纳米材料。如中国科学院苏州纳米技术与纳米仿生研究所靳健研究员课题组利用一种非离子型双亲分子 - Dodecyl Glycidol Itaconate (DGI)在水中自组装成双分子膜/水/双分子膜的交替层状有序结构的层状液晶体系，基于亲水端中羟基的还原性能力，通过在二维限域水层中引入氯金酸，利用双分子膜的界面诱导效应，可以实现具有大面积、超薄、厚度可控的金纳米片的制备(见图 5 - 12)。软模板在合成反应结束后，可以简单地被洗去，获得二维纳米材料。该实验方法还可以扩展至其他贵金属纳米片的合成，即具有一定的普适性。

用于合成二维纳米材料的硬模板可以是石墨烯及其衍生物、蒙脱土、过渡金属氢氧化物等。以石墨烯为例，新加坡张华教授课题组利用氧化石墨烯作为硬模板，在其表面原位合成了横向尺寸为 500 nm，厚度仅 2.4 nm(相当于 16 个金原子层厚度)的金纳米片。整个合成过程，十八烯胺与氯金酸的还原产物 AuCl 形成配合物，并沿着硬模板表面自组装成二维超分子结构，处于二维限域空间中的 AuCl 进而被继续还原为金原子，形成二维超薄金纳米片(见图 5 - 13)。相比于软模板法，硬模板在反应结束后难以除去，进而对后续二维纳米材料的性质研究和应用研究产生诸多限制。

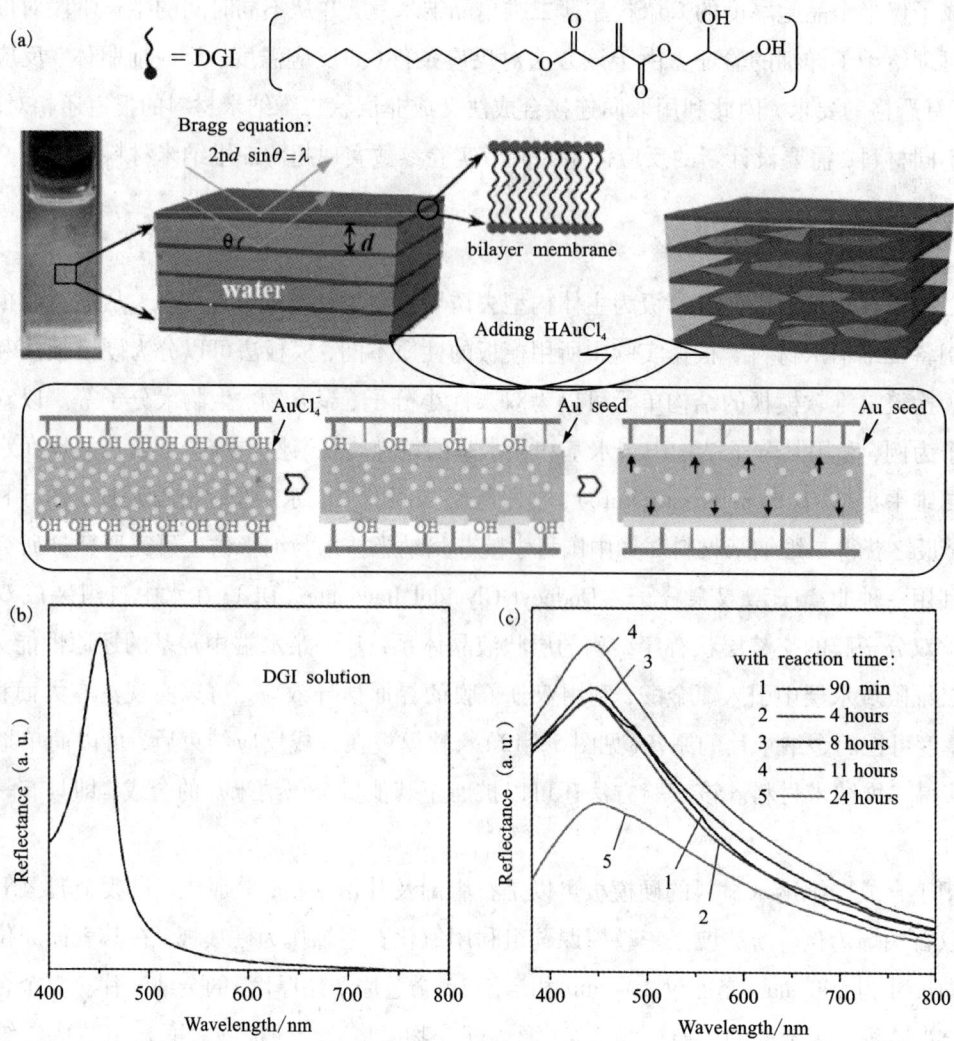

图 5-12　软模板法制备超薄单晶金纳米片

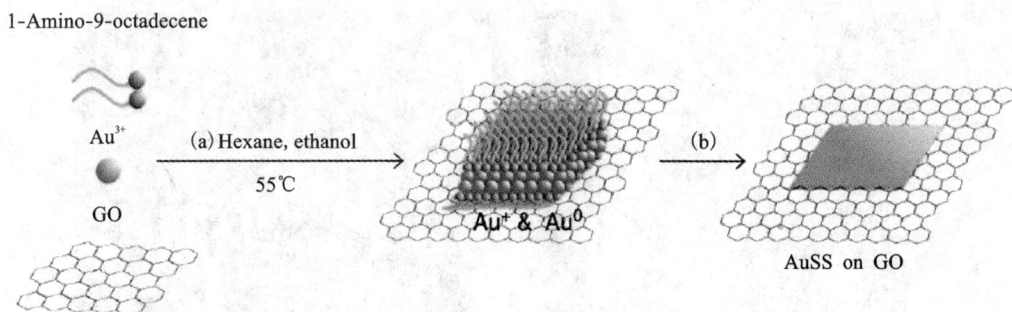

1-Amino-9-octadecene

Au^{3+}

GO

(a) Hexane, ethanol
55℃

Au$^+$ & Au^0

(b)

AuSS on GO

图 5－13　硬模板法制备超薄金纳米片

5.2.4　晶面吸附法

晶面吸附法是指在纳米颗粒生长过程中，利用表面配体小分子通过配位作用吸附在某一些晶面减慢其生长速度，而其他晶面则相对生长速度加快，最终获得的纳米材料会显现出某一晶面占主导优势的二维纳米材料。这种方法在二维贵金属纳米材料上有比较广泛的应用。如厦门大学的郑南峰教授课题组提出利用 CO 作为表面生长抑制剂，在聚乙烯吡咯烷酮的辅助下合成横向尺寸 100 nm、厚度仅 1.8 nm（相当于 10 个原子层厚度）的钯单晶纳米片（见图 5－14）。美国夏幼南教授课题组在合成二维银单晶纳米片的工作时讨论了不同表面生长抑制剂对纳米结构形貌的影响。研究数据表明，银单晶纳米片的生长方向是与体系中表面生长抑制剂相关的。利用柠檬酸三钠作为表面配体时，（111）晶面会受到抑制，利用聚乙烯吡咯烷酮作为表面配体时，（100）晶面会受到抑制。

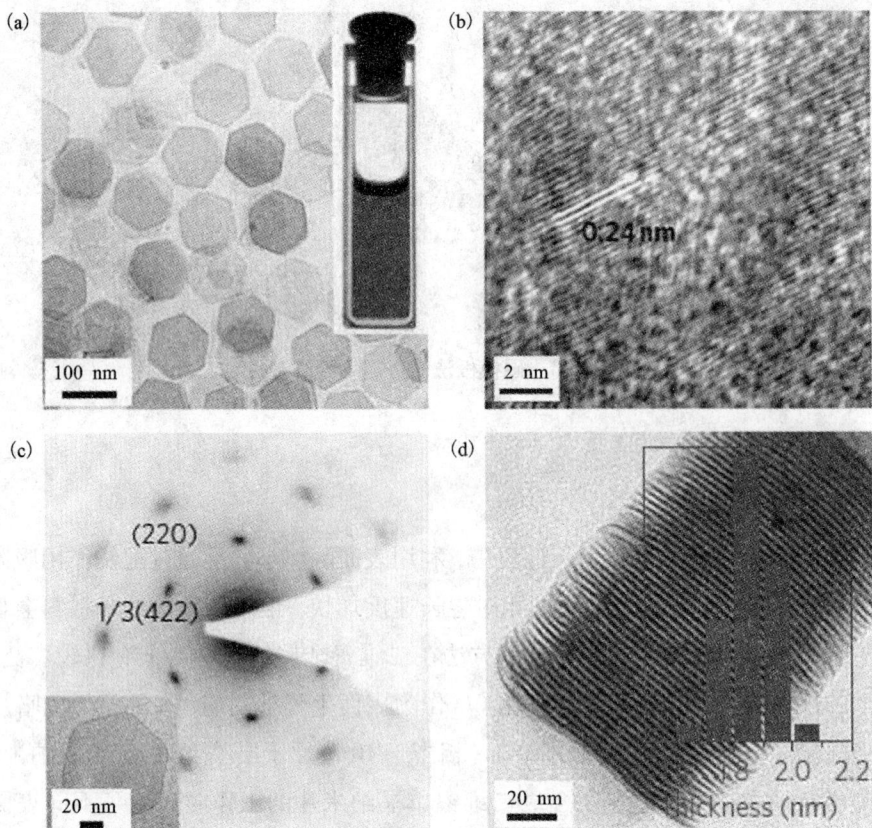

图 5 - 14 晶面吸附法制备超薄钯纳米片

5.3 二维纳米材料的应用

5.3.1 能源存储研究领域的应用

作为一种理想的单原子层厚度的新型二维纳米材料,石墨烯显示出极高的比表面积(理论值达 2600 m^2/g)、高导电性、优异的机械性能等特征,有利于其在能源存储领域的应用。同时,石墨烯的衍生物 - 氧化石墨烯,其表面含有丰富的化学官能团,可以简单、有效地与其他纳米材料相复合构筑功能性纳米材料。基于上述理念，美国戴宏杰教授课题组提出在氧化石墨烯表面原位生长金属氧化物（如 GO/MnO_2，$GO/Ni(OH)_2$）作为电极材料构筑具有优异电化学性能的超级电容器、锂离子电池、燃料电池以及水分解电催化剂（见图 5－15）。相比于传统金属氧化物电极，电极材料电荷转移速度得到大大改善，器件电化学性能得到大大增强。

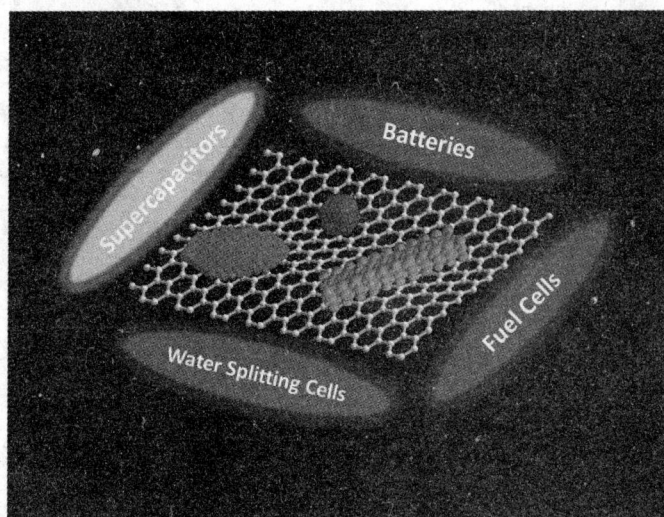

图 5－15　无机纳米材料－石墨烯复合材料用于能源存储领域示意图

除了石墨烯，其他具有原子级或少层二维纳米材料作为电极材料时也显现出非常优异的性能表现。鉴于超薄纳米结构具有高的表面原子占有率，对于电极材料的比电容是非常有利的。中国科学院苏州纳米技术与纳米仿生研究所的靳健研究员课题组基于剥离的单层金属氢氧化物与单层氧化石墨烯表面电荷的特征，在水溶液中发生自组装并形成"金属氢氧化物/氧化石墨烯/金属氢氧化物"复合结构（见图 5－16）。利用上述复合结构作为电极材料，由于电极活性材料与氧化石墨烯间良好的表面接触，大大提高了电化学反应中其有效的电子传递，从而获得电容性能优异的超级电容器。

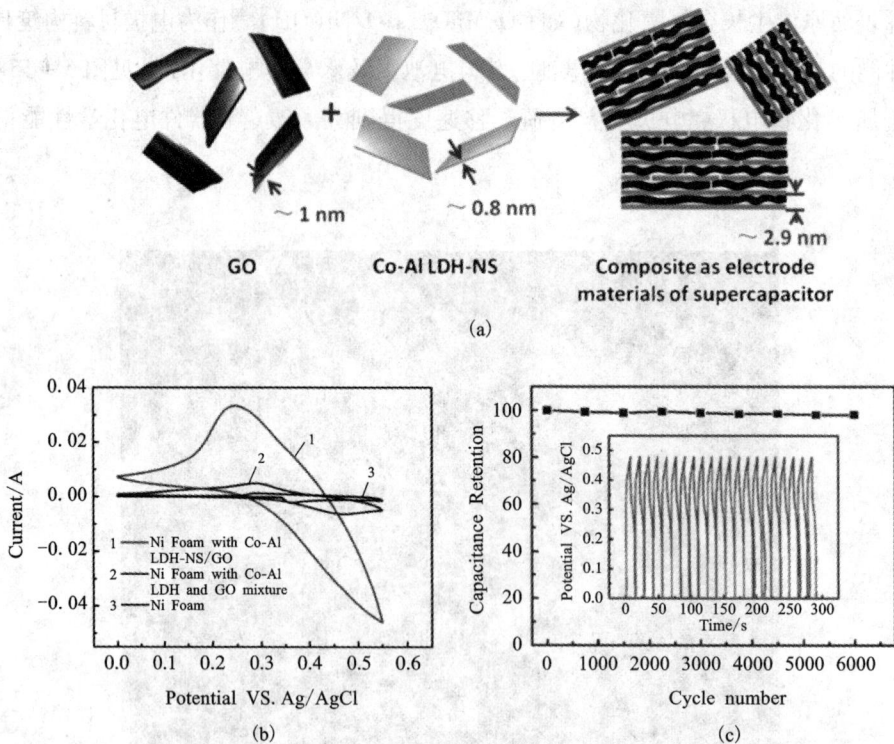

图 5 - 16 "金属氢氧化物/氧化石墨烯/金属氢氧化物"复合结构用于超级电容器

(a)单层 Co - Al 金属氢氧化物/氧化石墨烯复合示意图;(b)镍箔、负载金属氢氧化物和氧化石墨烯混合物的镍箔以及负载金属氢氧化物/氧化石墨烯复合物的镍箔循环伏安曲线;(c)金属氢氧化物/氧化石墨烯复合物作为电极材料构筑超级电容器在电流密度为 20A/g 下的恒流充放电曲线。

5.3.2   分子分离研究领域的应用

基于单原子层厚度和丰富的表面含氧官能团,石墨烯类材料可以作为结构单元构筑薄膜类材料,利用薄膜内部纳米片间二维毛细通道结构作为渗透通道用于气体或者溶剂分离。英国 A. K. Geim 教授课题组利用旋涂技术制备具有层层组装结构的氧化石墨烯薄膜,见图 5 - 17(a,b)。经研究发现,上述薄膜对液体、蒸气及气体(甚至是氦气)显现出完全不渗透的现象,但却对水具有非常大的通量,且水的通量是氦气的 10^{10} 倍。研究小组将上述现象归结为二维毛细管柱压下的摩擦力。美国于妙教授课题组利用具有选择性缺陷的氧化石墨烯作为结构单元，通过真空抽滤的方法构筑超薄(厚度仅 1.8 nm)的氧化石墨烯薄膜。经研究发现，该薄膜对氢气具有极高的选择性，如氢气在混合气体氢气/二氧化碳和氢气/氮气的分离选择性高达 3400 和 900。该研究中通过简易方法制备的超薄膜在氢气分离应用中具有非常大的应用前景。

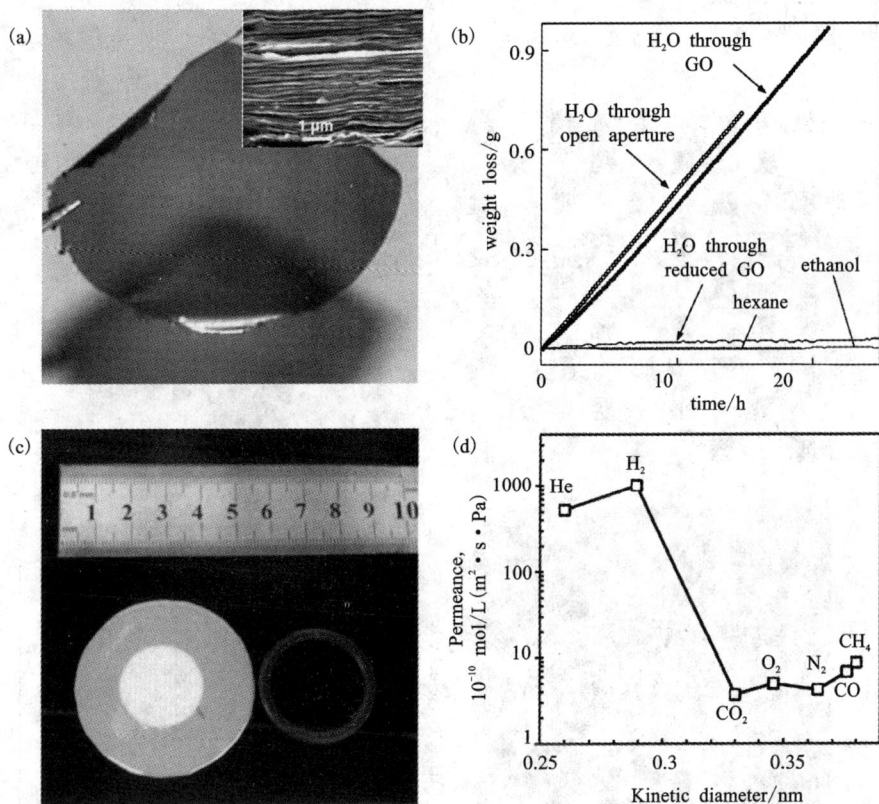

图 5-17　层层组装结构的氧化石墨烯薄膜用于气体或者溶剂分离

(a, b)旋涂法制备氧化石墨烯薄膜用于溶剂分离；(c, d)真空抽滤法制备氧化石墨烯超薄膜用于气体分离在气体分离领域，多孔材料一直是热门材料。鉴于二维纳米材料的结构特点，二维超薄多孔材料正在成为分离领域的研究热点。中国科学院大连化学物理研究所杨维慎研究员和李砚硕研究员的研究团队通过剥离二维金属有机骨架材料获得有单分子层厚度的分子筛纳米片（见图 5 - 18）。以上述单分散的纳米片作为结构单元，研究者们利用热组装方法构筑了厚度小于 10 nm 的超薄分子筛膜并用于气体分离研究。有趣的是，该薄膜对氢气/二氧化碳混合气体具有非常高的分离系数（>200）。该项工作也是首次展现了二维金属有机骨架材料在膜分离领域的重要应用。

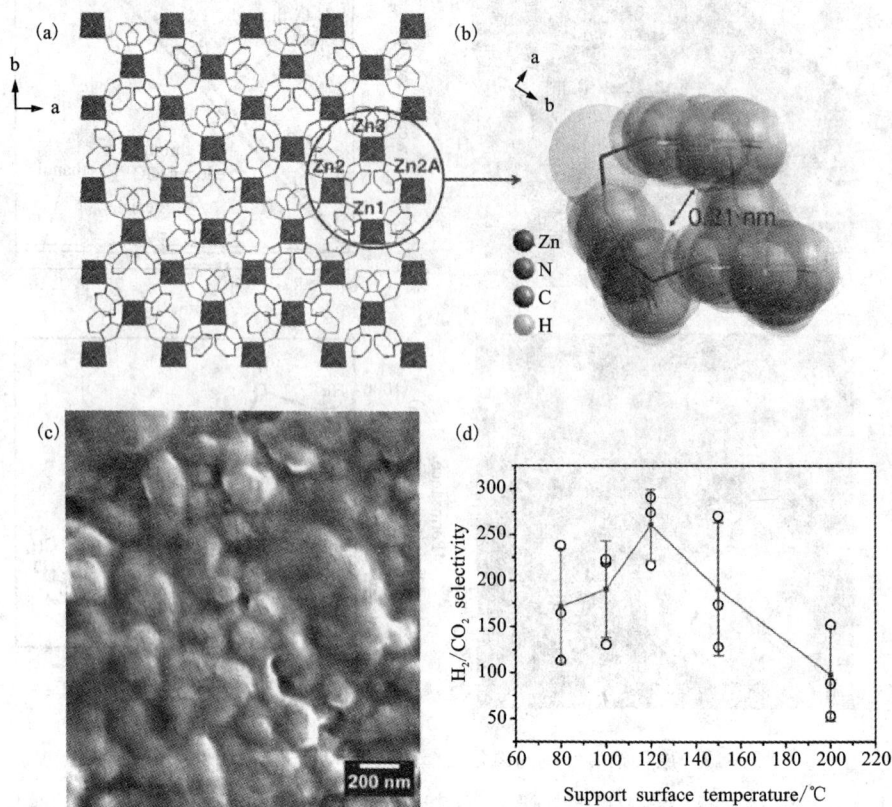

图 5 - 18　二维金属有机骨架材料纳米片作结构单元构筑超薄分子筛膜用于气体分离

5.3.3　分子传感研究领域的应用

相比于其他维度的纳米材料,二维纳米材料具有独特的电子结构和大的比表面积,有利于气体分子的吸附,并应用于传感器领域的研究,有希望获得更低的电子信号噪音及检测限。新加坡张华教授课题组利用机械剥离法获得的具有不同厚度 MoS_2 纳米片,见图 5 - 19。研究人员证明该方法所制备的 MoS_2 纳米片具有一定的 n - 型掺杂行为,并基于此设计并制备单片纳米片的场效应晶体管。研究人员利用该器件进行有毒气体一氧化氮的检测分析,研究结果表明,单层 MoS_2 纳米片显现出非常快速但不稳定的响应性,而两层、三层以及四层厚度的 MoS_2 纳米片则显现出对一氧化氮非常灵敏的特性。

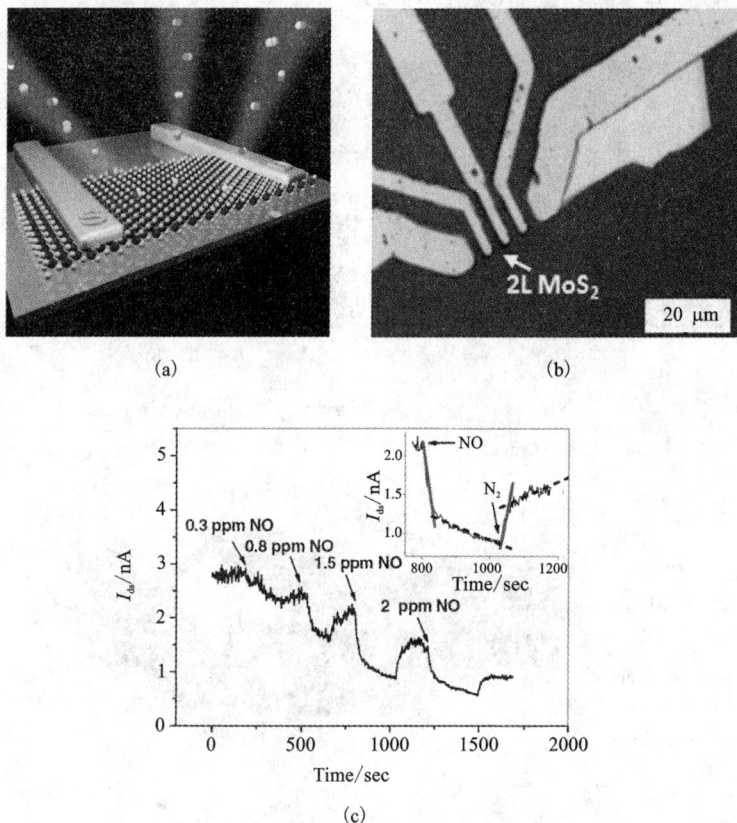

图 5 - 19　基于 MoS_2 超薄纳米片构筑场效应晶体管用于 NO 传感

5.3.4 电子器件研究领域的应用

过渡金属硫属化合物属于类石墨烯材料，鉴于其可调的带隙宽度，在半导体器件领域具有极大的应用前景。MoS_2是该类材料中的典型例子，其晶体结构类似于石墨烯，是一种天然的半导体材料，且有望替代 Si 的新型材料。具有单原子层结构的 MoS_2 纳米片，拥有优越的电子结构和电学性能，其能带结构由块体的间接带隙(带宽 1.2 eV)转变为直接带隙(带宽 1.8 eV)，可以用于电子器件领域。瑞士 A. Kis 教授课题组提出基于上述典型电子结构的单层 MoS_2 纳米片构筑电子学器件，利用原子层沉积技术(ALD)在纳米片表面构筑一层 30 nm 厚的 HfO_2 薄膜作为栅介质，实现了电子器件在室温下电流开关比超过 10^8，流动性高达 200 $cm^2/V \cdot s$，且该性能足以与硅薄膜相媲美(见图 5 – 20)。

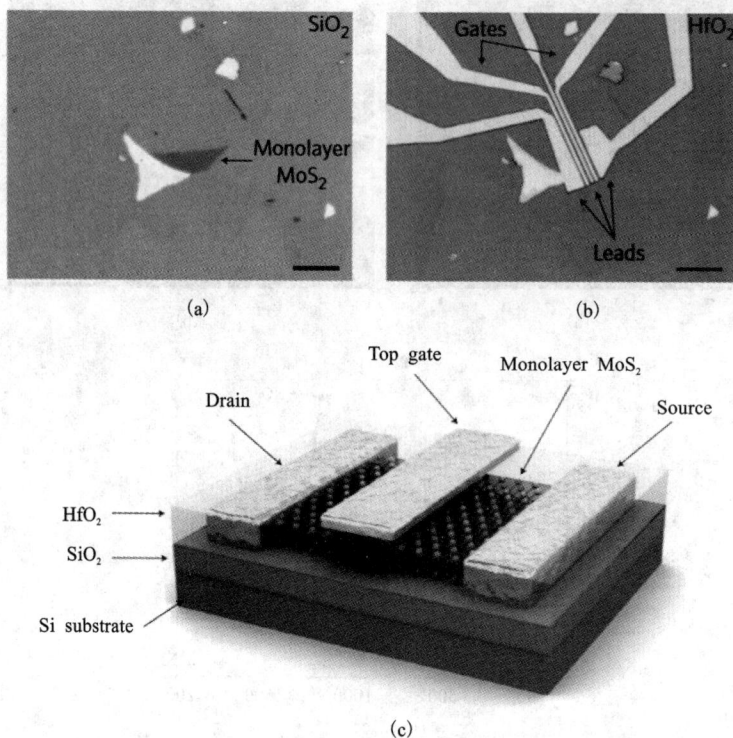

图 5 – 20 基于单层 MoS_2 超薄纳米片构筑电子器件

5.3.5 催化研究领域的应用

与块体材料相比,超薄二维纳米材料在表面形态上显现出表面原子占有率高及表面原子不饱和度等特征,表面具有大量的活性位点可广泛用于各种催化反应。厦门大学郑南峰教授基于晶面吸附法,利用 CO 作为表面吸附剂,合成厚度仅 1.8 nm 的金属钯纳米片。研究人员研究其作为催化剂氧化甲酸时,超薄钯纳米片的电催化性能相较于商品化钯提高了 2.5 倍,见图 5 -21(a)(b)。中国科学技术大学谢毅教授课题组利用软模板法制备了四个原子层厚度的钴/氧化钴薄层纳米片。相比于纯金属钴纳米片,在电还原二氧化碳成甲酸的过程中,活性得到进一步提高(实现了超过 40 个小时的约 10 mA/cm^2 电流密度),同时对甲酸的选择性也提升至 90%,其催化性能表现超过了目前已知的金属或金属氧化物,见图 5 -21(c)(d)。

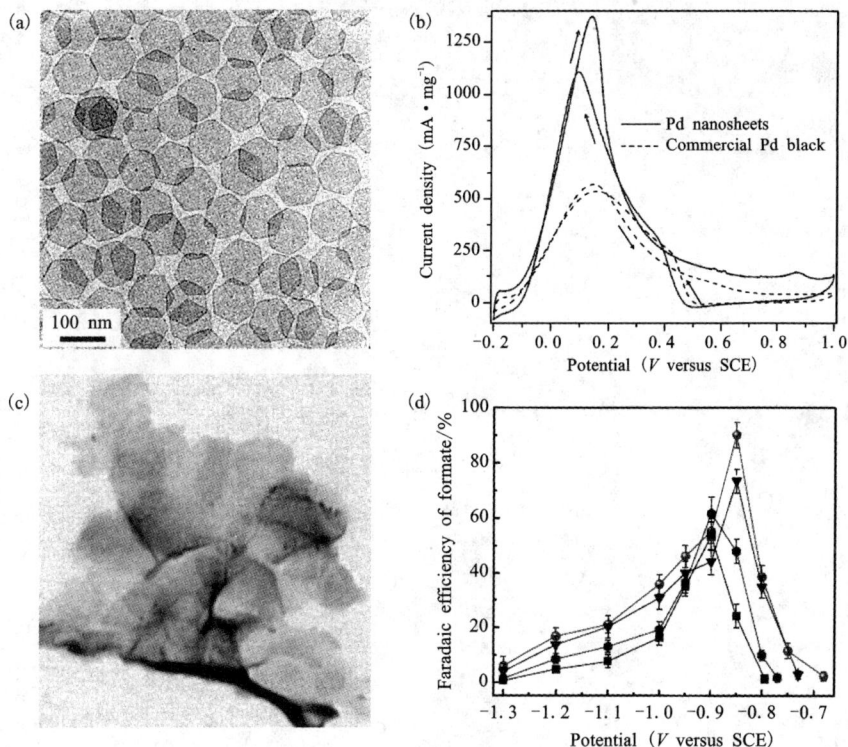

图 5 -21 超薄二维纳米材料作催化剂

(a,b)超薄金属钯纳米片及其电催化性能;(c,d)少层钴/氧化钴薄层纳米片及其电催化 CO$_2$ 还原活性

思 考 题

1. 石墨烯是如何被发现的? 石墨烯有哪些优异的物理化学性质?

2. 类石墨烯材料主要有哪些类? 它们的结构和特性与石墨烯有什么不同?

3. 非层状二维纳米材料有哪些特性?

4. 过渡金属硫属化合物的带隙有何特色?

5. 简述二维纳米材料日渐庞大的家族。

6. 简述二维纳米材料的结构特点与应用领域的关系。

第6章 有序纳米结构及其应用

　　从制备出纳米结构的第一天起，科学家们就梦想着如何才能做到对纳米结构的可控制备。如果说起初的纳米材料的制备研究带有一定的随机性的话，那么有序纳米结构组装体系的研究则更强调按人们的意愿设计、组装、开发出自然界中尚不存在的新的物质体系，以合成出具有人们所期望特性的纳米材料。有序纳米结构是指由零维纳米微粒、一维纳米材料构筑的，在长程范围内具有一定排布规律，有序稳定的纳米结构。有序纳米结构阵列在许多应用中都是理想的材料，在纳米科技高速发展的今天，人类对信息、环境、能源、医疗和国防等方面的要求越来越高，长程有序的纳米结构阵列材料为器件的高效化、智能化、小型化等提供了契机。可以认为，有序纳米结构组装体系是今后纳米材料合成研究的主导领域，是将纳米材料走向器件应用的关键一步。

　　把物质进行纳米尺度加工，从而制造出微型器件的纳米加工技术，在实际应用中有两种方式，即"自上而下"方式(top‒down)和"自下而上"方式(bottom‒up)，见图6‒1所示。"自上而下"方式主要用于制造存储器和CPU等半导体器件的微细加工，是利用光线或电子束等削除大片材料，从而留下所需要的微细图形结构。"自下而上"方式，则是利用薄膜形成技术，即通过人工手段把原子或分子一层一层淀积(在极端情况下可以把原子或分子一个一个的淀积)来形成新的晶体结构(人工晶格)，从而造出新的物质或者新的器件。从目前的发展来看，有序纳米结构的制备主要有以下几种方法：纳米刻蚀技术、自组装、模板法以及它们的组合。首先，简单介绍一下"自上而下"的纳米刻蚀技术和"自下而上"的自组装方法。

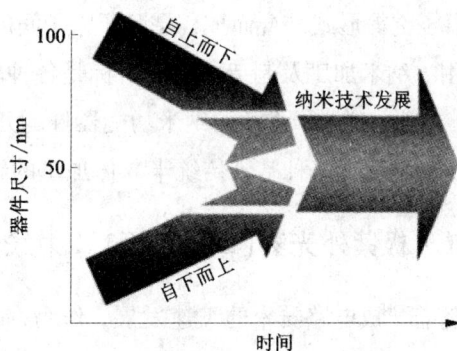

图6‒1 纳米科技是自上而下和自下而上两种技术的结合

6.1 纳米刻蚀技术

人类每一次加工和制造技术的发展，都带来了工业和社会文明的进步，将加工精度从微米级提高到纳米级，使人类对自然的认识和改造深入到了一个更新的层次。全球范围内正在为建立适应纳米尺度的新的集成方法和新的技术展开竞争，这些技术的突破将对信息产业和其他相关产业带来一场深刻的革命，由此获得的经济价值将是难以估量的。随着微电子技术的发展和应用市场的开发，集成电路的集成密度越来越高，电路设计尺寸不断缩小，从微米级到亚微米级、纳米级，进而深入到分子、原子级。这一方面对材料的性能参数和加工工艺精度提出了更高的要求；另一方面也面临着"一个极限问题"，迫使人们去探索和认识微细加工的极限，研究基本的曝光过程，寻找更短波长的可用光源，积极探索未来下一代新的集成电路产品。应运而生的纳米加工技术的出现及发展，必将在微电子学领域中引起巨大的技术开拓，传统的微电子学也必将发展到纳米电子学。纳米级加工是将待加工器件表面的纳米结构单元、甚至是一个个原子或分子作为直接的加工对象，因而，纳米级加工的物理实质就是要切断微观粒子间的结合，实现原子或分子的去除或增添。而各种物质是以共价键、金属键、离子键等形式结合而成，要切断原子间的结合需要很大的能量密度，传统的加工方法已不实用。纳米加工及制造的最终目标是各种新颖纳米功能器件的开发，其发展为各种新颖电子学、光学、磁学、力学的纳米功能器件的开发提供了广阔的前景。随着纳米加工技术的发展，现已出现了多种基于传统半导体加工的纳米刻蚀技术。

6.1.1 极紫外光刻(EUVL)和 X 射线光刻(XRL)

随着集成电路技术的飞速发展，作为衡量半导体工业水平的特征尺寸已经达到纳米量级。在这一发展过程中，遇到很多技术难题，其中如何采用合适的光刻技术得到纳米级的特征尺寸是半导体加工面临的最关键的一个问题，为此人们开发了基于传统半导体加工的纳米加工技术：极紫外刻蚀和 X 射线刻蚀。在了解这两种技术之前，我们有必要对传统半导体加工中的光刻工艺向大家简单介绍一下。

光刻是利用光致抗蚀剂的光敏性和抗蚀性，配合光掩模板对光透射的选择性，使用光学和化学的方法完成特定区域刻蚀的过程。光致抗蚀剂简称光刻胶或抗蚀剂，是一种光照后能改变抗蚀能力的高分子化合物，包括正抗蚀剂和负抗蚀剂两种，对于正抗蚀剂，紫外光照后，曝光区域在显影液中变得可溶；对于负抗蚀剂，紫外光照射后曝光区域在显影液中变得不可溶。光掩模板俗称光掩模或光刻板，是指在光照时覆盖于光刻胶膜上，除特定区域外均对光有掩蔽作用的图样，也就是晶体管制作所需图样的模板。

　　光刻技术是半导体工业的关键技术，主要包括图形复印和定域刻蚀两个方面。图形复印，就是经曝光系统将预制在掩模板上的器件或电路图形按所要求的位置，精确传递到预涂在晶片表面或介质层上的光致抗蚀剂薄层上。光通过光掩模板透射到光致抗蚀剂上，通过改变抗蚀剂的化学性质和溶解性，在基片上印上一定图样的电路。所以，用普通光学手段将模板上的图形透射到抗蚀剂层（曝光工序），经显影在曝光区（对于正抗蚀剂）或未曝光区（对于负抗蚀剂）便能留下干净的半导体表面，流程图见图 6-2。

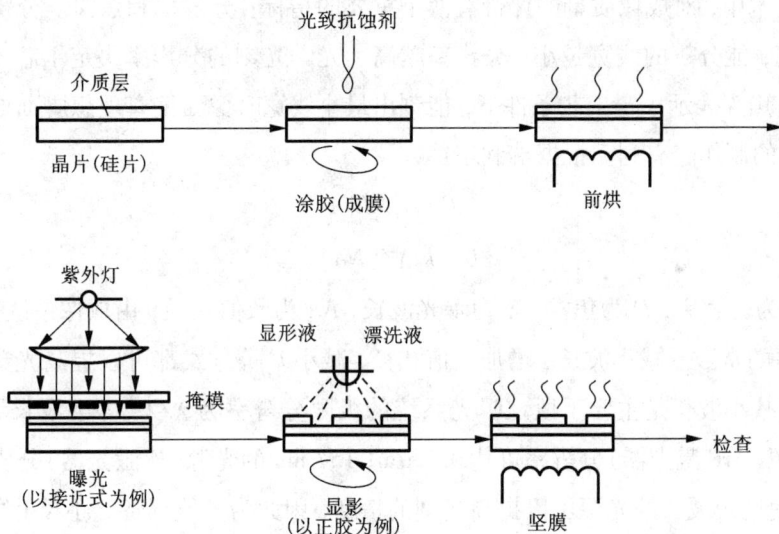

图 6-2　传统光刻工艺中的图形复印过程示意图

　　定域刻蚀就是利用化学或物理方法，将抗蚀剂薄层未掩蔽的晶片表面或介质层除去，从而在晶片表面或介质层上获得与抗蚀剂薄层图形完全一致的图形。金属或杂质也可以通过孔洞沉积在半导体上，形成高电导的区域或者实现互联。溶解掉剩余的抗蚀剂的同时，其表面的金属也会被去除，这是"剥离"步骤，先前有空洞地方的金属图案仍然留在表面，示意图见图 6-3。这样，经连续化的图形化、显影、腐蚀和沉积许多不同的工序就可以制造复杂的集成电路。

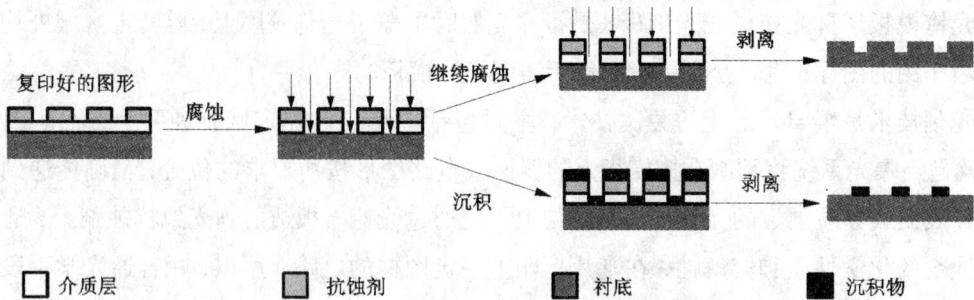

图 6-3　传统光刻工艺中的定域刻蚀过程示意图

在光刻技术中，对成像质量的评价有两个重要的指标：分辨率和焦深。分辨率表示能分辨的最小线宽，能分辨的线宽越小，分辨率越高。光学光刻的分辨率决定了芯片上单个器件的最小尺度。焦深表示一定工艺条件下，能刻出最小线宽时像面偏离理想脚面的范围。焦深越大，对图形的制作越有利。根据瑞利定律，

$$R = k_1 \lambda / NA$$

$$D = k_2 \lambda / (NA)^2$$

其中，R 为分辨率，D 为焦深，λ 为曝光波长，NA 为数值孔径，由成像系统决定，k_1 和 k_2 是与系统有关的常数。减小波长、增加数值孔径、减小 k_1 等方式都可以提高光刻曝光系统的分辨率，其中减小波长是主要手段。曝光系统的极限分辨率为 $\lambda/2$，即半波长。因此，波长 193 nm 的光源（ArF 激光器）分辨率可达 0.1 μm；157 nm 的光源（F_2 激光器）分辨率可达 0.08 μm。可见，使用短波长的光源可以提高光刻的精度，因此为了能制备更小尺寸的微结构，人们对光刻技术的光源作了不断的改进，形成了所谓的后光学光刻或者称之为下一代光刻技术，包括极紫外光刻技术（EUVL）和 X 射线光刻技术（XRL）等。

极紫外光刻（EUVL）技术是有望突破 100 nm 以下特征尺寸的新光刻技术之一。用波长范围为 11~14 nm 的光，经过周期性多层膜反射镜，照射到反射掩模上，反射出的 EUV 光再经过投影系统，将掩模图形形成在硅片的光刻胶上（图 6-4）。对于波长小于 157 nm 的光来说，自然界中的大多数材料均对其有强烈的吸收，难以制作透镜和掩模材料。幸运的是，最近的研究表明，由 Si 和 Mo 组成的多层膜结构对 13 nm 附近的极紫外光的反射率很高，因此可以用来制作 13 nm 波长的光学系统和掩模板，其理论分辨率可以达到 7 nm。与传统光刻技

术中的透射式光学系统不同，EUVL 技术采用了反射式光学系统，尽管如此，在其他系统结构和概念方面，EUVL 技术与传统的光刻技术基本一致，其工艺兼容性、技术规范和系统要求也非常相似，所以很容易被现代的半导体工业接受和采用。13 nm 波长的极紫外光可以由同步辐射源或激光诱导等离子体源产生，由于曝光波长很短，因此很容易获得高的分辨率；同时，由于这种技术无需采用近邻效应校正技术和移相掩模技术，有利于降低光刻成本，因此应用前景非常

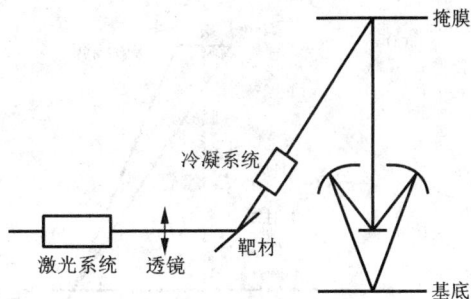

图 6 - 4　典型的 EUVL 技术示意图

（包括高能激光系统、会聚透镜系统、样品靶、
冷凝器、掩膜版、反射镜系统和衬底）

好，目前相当多的科学家认为该技术是制造未来纳米集成电路的较佳候选者。

图 6 - 5 采用 EUVL 技术在硅片上刻蚀的线宽分别为 200 nm、150 nm 和 100 nm 的纳米线条图案。

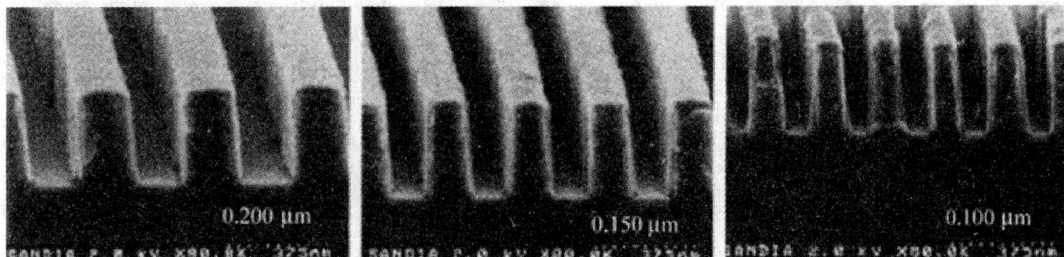

图 6 - 5　EUVL 技术实例

X 射线光刻技术是研究中的新一代曝光技术之一，由于波长很短，所以可获得极高的分辨率。X 射线光刻的焦深容易控制，对于 0.13 μm 的光刻分辨率，其焦深可达 7 μm。X 射线可用高能电子束轰击不同的金属靶材料产生，也可用激光等离子体方法获得，但最有效的 X 射线源是高能同步辐射加速器所产生的同步辐射，通常采用的波长范围在 0.4 ~ 1.4 nm。X 射线曝光过程与光学曝光过程类似，都是将掩模板上的图形转移到硅表面的光刻胶上。由于到目前为止还无法对 X 射线聚焦，采用的曝光系统基本都是无投射光学系统的近贴式和 1 ∶ 1 投影式（图 6 - 6）。X 射线曝光所用的掩模板与光学掩模板不一样，X 射线掩模板是由氮化

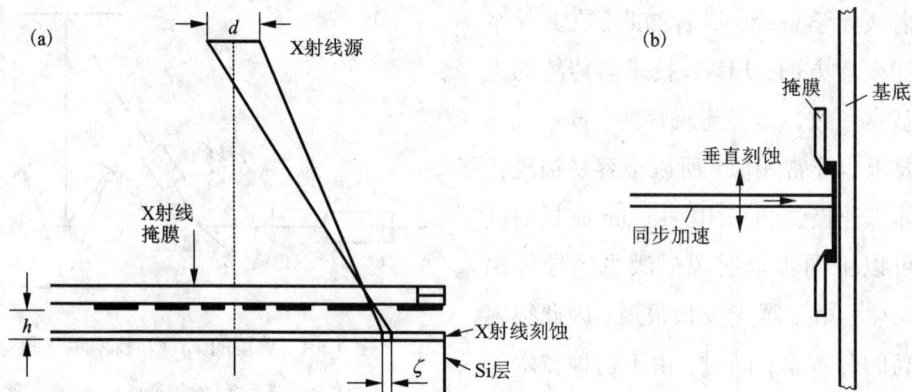

图 6 – 6　典型 XRL 技术示意图

(a)类似于点光源的贴近式曝光；(b)平行束垂直 1:1 投影刻蚀

硅或碳化硅等轻元素材料做成 1 ~ 5 μm 厚的薄膜底版，然后在上面根据电路图形要求，沉积 0.14 ~ 0.17 μm 厚的重金属层(通常为金或钨)，作为吸收层。由于 X 射线目前是 1:1 式，即要制作 80 nm 的线条，掩模上的图形尺寸也必须是 80 nm，而且掩模板本身仅为几个微米厚的薄膜，这使掩模的制作具有相当大的难度，同时还有掩模板使用过程中的受热变形问题。这些都是 X 射线光刻技术必须解决的难关。

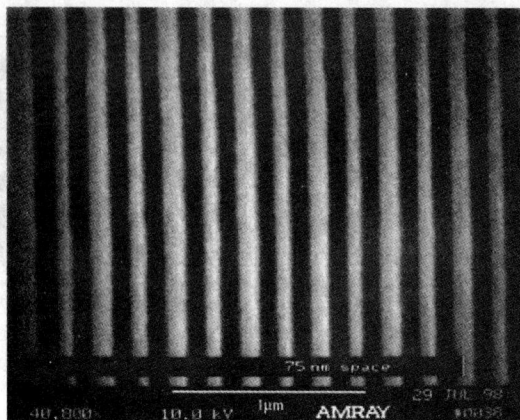

图 6 – 7　XRL 技术实例

图 6 – 7 展示了采用 XRL 技术在硅片上刻蚀的线宽和线间距都为 75 nm 的纳米线条图案。

6.1.2 电子束刻蚀(EBL)和离子束刻蚀(IBL)

在光学光刻技术中,由于深紫外线能被各种材料强烈吸收,继续缩短波长将难以找到制作光学系统和掩模板的材料,这使得光学光刻在技术上遇到其难以跨越的困难。为此,人们将目标从光学光刻技术转到了无须使用掩模板、波长更短、可以用电磁透镜聚焦的高能带电粒子束(电子和离子)刻蚀,示意图见图 6 - 8。

电子束刻蚀是以电子束作为集成电路的刻蚀手段,对它的研究几乎是与光学曝光同时开始的。光学曝光的分辨力和焦深主要受到光源波长和透镜数值孔径的限制,而电子束的辐射波长则可以通过增大能量来大大缩短,因此电子束曝光的分辨力远远超过光学光刻分辨力,光学光刻目前所达到的分辨力用电子束在 10 多年以前就已经达到了;电子束曝光利用电磁场将电子束聚焦成微细束,辐照在电子抗蚀剂上,因此避开了光学透镜材料的限制;此外,由于电子束可方便地由电磁场偏转扫描,复杂的电路可直接写在硅片上而无须使用掩模板,因此具有一定的灵活性,可直接制作各种图形。由电

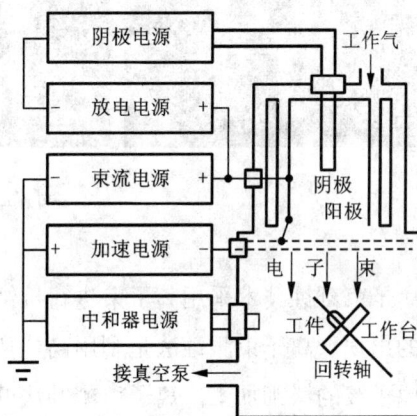

图 6 - 8 电子束刻蚀装置

(还包括电子枪、镜筒、电磁透镜、
偏转扫描线圈、样品操作台等)

子束曝光制作的最小器件尺寸可达 10 ~ 20 nm;当电压高达 100 kV 时,电子束曝光计制作出 1 ~ 2 nm 的单电子器件。尽管如此,电子束刻蚀技术也存在一些严重的缺点,由于电子束是把电路图形一个像素一个像素地扫描曝光到硅片上,因此速度极慢,还远未达到光学光刻所能达到的 40 ~ 100 片/h 的生产率,无法适应大工业批量生产的需要;此外,由于电子质量极轻,在感光胶中的散射范围很大,这些散射电子会影响邻近电路图形的曝光质量,因而邻近效应很难控制。目前的发展趋势就是将电子束刻蚀与光学光刻的混合匹配曝光技术,即电路的大部分工艺由光学光刻完成,超精细图形由电子束光刻完成,结合两者的优势,弥补不足,正由于这些特性,目前电子束光刻一般用于制作高精度掩模。

图 6 - 9 展示了采用 EBL 技术在硅片上刻蚀的线宽分别为 100 nm 和 12 nm 的纳米线条,以及规则的六角图案。

图 6 - 9　EBL 技术实例

离子束刻蚀技术采用离子束进行抗蚀剂的曝光,该技术始于 20 世纪 80 年代液态金属离子源的出现。离子束溅蚀法是利用高能离子的轰击作用直接对被加工工件进行物理溅蚀,以实现原子级的微细加工。离子束溅蚀法的加工原理与电子束类似。采用扩散泵使加工室达到 10^{-5} Torr(1 Torr $= 1.333 \times 10^2$ Pa)的真空,然后充入压力为 5×10^{-4} Torr 的工作气体(如氩气)。钨阴极与环状阳极之间的电压为 40 V,可保证电极间的持续放电。永久磁铁产生的轴向磁场为热激发电子形成一个螺旋形长通道,可最大程度地使氩气电离为等离子体。由等离子体中释放出的离子束通过双层栅极聚焦系统(其中内栅起隔离作用,外栅用于离子束的加速),由此形成具有强方向性及低散射能的簇射离子束。被加工的金刚石安装在一个倾斜角可调的回转工作台上,距栅极约 5 mm。通过改变回转轴的倾角范围和回转速度,可得到不同的加工形状及加工精度。加工速率及质量与离子束能量、工件表面电流密度及离子束相对于被加工表面的夹角有关。最简单的液态金属离子源是一根金属(钨或钼)针,在针尖顶端附有镓或金硅合金,通过加热使其熔化,然后通过加外场使液态金属表面产生场致离子发射。由于离子是从一个在外电场作用下形成的极小的液体尖端发射的,其发射面积仅为几个纳米,因而可以较容易地利用离子光学系统将发射的离子聚焦成微细离子束,进行高分辨率离子束曝光。离子束曝光技术具有一些电子束无法比拟的优点,与电子相比,最轻的离子也要比电子重近 2000 倍,因此离子在感光胶中散射范围极小,邻近效应几乎为零;此外,由于离子质量重,在同样的能量下,感光胶对离子的灵敏度要比对电子高数百倍。但离子束的聚焦方法也存在一些局限性。首先，液态金属离子源发射的离子具有较大的能量分散，而聚焦离子束系统所采用的静电透镜有较大的色差系数，由于色差的影响，无法将离子束聚焦成电子束一样细，因而其分辨率比电子束曝光低；其次，由于离子质量重，在感光胶中的曝光深度有限，例如，能量为 70 kV 的镓离子在感光胶中的曝光深度小于 0.11 μm，从金硅合金离子源发射的能量为 200 kV 的硅离子，其曝光深度也不过为 0.15 μm；相比之下，20 kV 能量的电子束可曝光 1 μm 以上的感光胶，有限的曝光深度大大限制了离子束曝光的应用范围。离子束曝光在集成电路工业中主要用于光学掩模板的修补和集成电路芯片的修复。在光学掩模板的制造过程中，难免会产生一些缺陷，如多余的烙斑或不必要的透光斑，利用聚焦离子束溅射能力可将多余的烙斑去掉，在离子束扫描过程中同时通入某种化学气体，则可把碳或钨沉积到透光斑缺陷上；用离子束还可切断芯片上的某一组连线或接通某一组连线，从而可在芯片上纠正设计错误，提高芯片利用率。

6.1.3 纳米压印技术(NIL)

纳米压印光刻技术的研究始于 StephenY. Chou 教授主持的普林斯顿大学纳米结构实验室。通过将具有纳米图案的模版以机械力(高温、高压)压在涂有高分子材料的硅基板上，等比例压印复制纳米图案，进行加热或紫外照射，实现图形转移。其加工分辨力只与模版图案的尺寸有关，而不受光学光刻的最短曝光波长的物理限制。NIL 技术已经可以制作线宽在 5 nm 以下的图案。由于省去了光学光刻掩膜版和使用光学成像设备的成本，因此纳米压印技术具有低成本、高产出，同时不需要很多的资金来维持生存的经济优势。大面积、快速、多层纳米压印技术的发展使得纳米压印曝光技术很可能成为下一代电子和光电子产业的基本技术。

纳米压印技术主要包括热压印(HEL)、紫外压印(UV - NIL)以及微接触印刷(μCP)。纳米压印技术是加工聚合物结构最常用的方法，它采用高分辨率电子束等方法将结构复杂的纳米结构图案制在印章上，然后用预先图案化的印章使聚合物材料变形而在聚合物上形成结构图案。

1. 热压印技术(HEL)

纳米热压印技术是在微纳米尺度获得并行复制结构的一种成本低而速度快的方法。该技术在高温条件下可以将印章上的结构按需复制到大的表面上，被广泛用于微纳结构加工。它的主要工艺过程如图 6 - 10 所示。

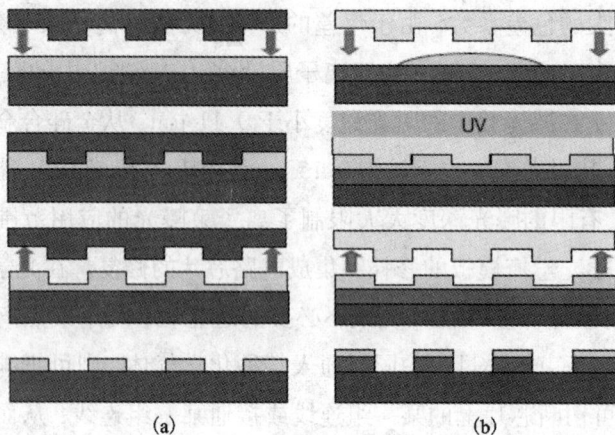

图 6-10　热压印和紫外压印工艺流程图

整个热压印过程必须在气压小于 1 Pa 的真空环境下进行，以避免由于空气气泡的存在造成压印图案畸变。热压印印章选用 SiC 材料制造，这是由于 SiC 非常坚硬，减小了压印过程中断裂或变形的可能性。此外 SiC 化学性质稳定，与大多数化学药品不起反应，便于压印结束后用不同的化学药品对印章进行清洗。在制作印章的过程中，先在 SiC 表面镀上一层具有高选择比(38∶1)的铬薄膜，作为后序工艺反应离子刻蚀的刻蚀掩模，随后在铬薄膜上均匀涂覆 ZEP 抗蚀剂，再用电子束光刻在 ZEP 抗蚀剂上光刻出纳米图案。为了打破 SiC 的化学键，必须在 SiC 上加高电压(350 V)，再用反应离子刻蚀在 SiC 表面得到具有光滑的刻蚀表面和垂直面型的纳米图案。整个热压印过程可以分为三个步骤：

(1)聚合物被加热到它的玻璃化温度以上。这样可减少在压印过程中聚合物的黏性，增加流动性，在一定压力下，就能迅速发生形变。为了保证在整个压印过程中聚合物保持相同的粘性，必须通过加热器控制加热温度不变。

(2)在印章上施加机械压力(为 500~1000 kPa)，在印章和聚合物间加大压力可填充模具中的空腔。

(3)压印过程结束后，整个叠层被冷却到聚合物玻璃化温度以下，以使图案固化，提供足够大的机械强度，便于脱模。然后用反应离子刻蚀将残余的聚合物(PMMA)去掉，模板上的纳米图案完整地转移到硅基底表面的聚合物上，再结合刻蚀技术把图形转移到硅基底上。图 6-11 展示了热压印技术所用的硅印章以及在硅圆片上复制的纳米图案，还有线宽 200 nm

的线条图案。

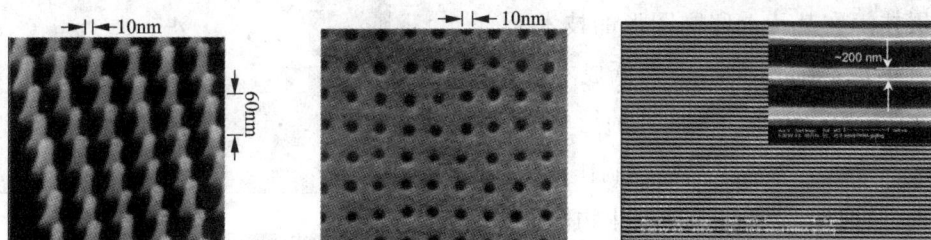

图 6 – 11　热压印技术实例

2. 紫外压印技术

紫外压印工艺是将单体涂覆的衬底和透明印章装载到对准机中，在真空环境下被固定在各自的卡盘上。当衬底和印章的光学对准完成后，开始接触压印。透过印章的紫外曝光促使压印区域的聚合物发生聚合和固化成型。与热压印技术相比，紫外压印对环境要求更低，仅在室温和低压力下就可进行，从而使该技术大大缩短生产周期，同时减少印章磨损。由于工艺过程的需要，制作紫外压印印章要求使用能被紫外线穿过的材料。通常紫外压印工艺中印章是用 PDMS 材料涂覆在石英衬底上制作而成。PDMS 是一种杨式模数很小的弹性体，用它制作的软印章能实现高分辨率。

图 6 – 12 展示了采用紫外压印技术得到的直径 50 nm 的平行柱状阵列、纳米片阵列以及采用 60°角两次交叉压印得到的金刚石状阵列图案。

图 6 – 12　紫外压印技术实例

3. 微接触印刷(μCP)

微接触印刷是用弹性模板结合自组装单分子层技术在基片上印刷图形的技术。它是一种形成高质量微结构的低成本方法,可以直接应用于制作大面积的简单图案,适用于微米至纳米级图形的制作,最小分辨率可达35 nm,在微制造、生物传感器、表面性质研究等方面有很大的应用前景。图6-13所示为Co纳米粒子微接触印刷过程示意图。PDMS弹性模板通过接触法或浸润法涂上Co纳米粒子"墨水",模板上的微图形以自组装单分子层的形式存在于基片表面。在此过程中,Co纳米粒子自动排列成规整的结构以使其自由能最

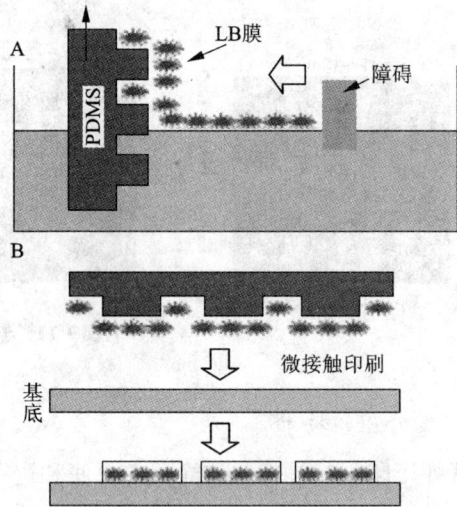

图6-13 Co纳米粒子微接触印刷过程示意图

小,并且具有自动愈合缺陷的趋势,这可减少印刷缺陷并保证印刷清晰度。得到的自组装单分子层可以通过印刷将图案转移在金属(通常是金、银、铜)或其他基底表面,形成的图案可用作掩膜以刻蚀其下的Si、SiO_2等基底。自组装单分子层也可以作为选择性沉积的钝化层,控制沉积物图案。这一方法也适应于用溶胶凝胶法沉积的$(Pb,La)TiO_3$和$LiNbO_3$薄膜图案,该薄膜图案可应用于微电子器件、MEMS(加速度计和压力传感器、化学探测器)和纳米器件。

与XRL、EUVL、EBL等技术比较,NIL技术除具有操作简单的优点之外,还具有一个突出的优点,就是可以采用层层压印的方式获得三维有序纳米结构,图6-14展示了这种层层压印方式的示意图,以及一个三层压印技术获得的立体纳米线条图案。

"纳米压印"是一种全新的纳米图形复制方法。其特点是具有超高分辨率,高产量,低成本。高分辨率是因为它没有光学曝光中的衍射现象和电子束曝光中的散射现象。高产量是因为它可以像光学曝光那样并行处理,同时制作成百上千个器件。低成本是因为它不像光学曝光机那样需要复杂的光学系统或像电子束曝光机那样需要复杂的电磁聚焦系统。因此纳米压印可望成为一种工业化生产技术,从根本上开辟了各种纳米器件生产的广阔前景。

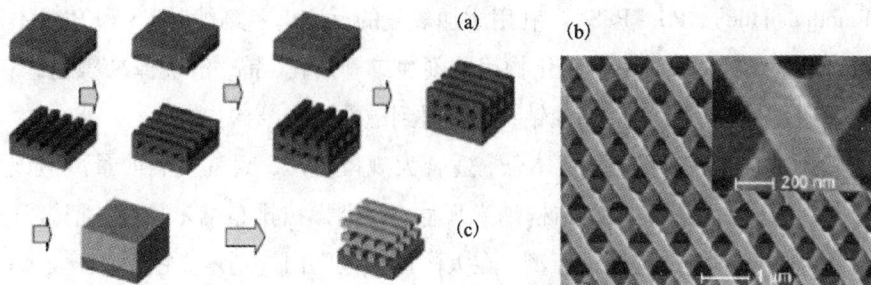

图 6 – 14　多层压印技术及其实例

6.1.4　其他几种纳米刻蚀技术

1. 纳米掩膜刻蚀技术

纳米掩膜刻蚀技术的基本原理：将具有纳米结构的材料有序排布成所需的阵列，通过转移技术转移到基片表面；利用有序排布的纳米结构做掩膜，结合反应离子刻蚀（RIE）等工艺

所需的纳米图形。形成纳米结构图形的关键在于构建稳定的纳米阵列掩膜，并将其规则有序地转移到基底表面。通常在各种材料的基底上，这种纳米结构加工方法操作简单，成本低，所得到的纳米结构在高密度信息存储、纳米电子、纳米光子、纳米生物器件中具有广泛的应用前景。

磁性材料铁、镍、钴等在工艺下形成非挥发性的产物，不易于刻蚀形成图形，为了把模板图案转移到磁性薄膜层上，可采用多层结构。利用有机聚合物形成纳米图形，并结合反应离子刻蚀和离子束刻蚀。如图 6 – 15 所示，在钴层

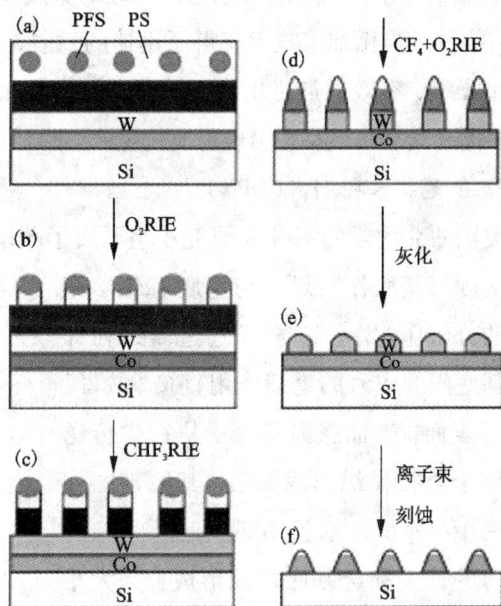

图 6 – 15　纳米掩膜刻蚀技术示意图

上沉积一层钨,然后再沉积二氧化硅和聚苯乙烯－b－聚茂铁二甲基硅烷[poly(styrene－b－ferrocenyldimethylsilane),PS－PFS]。利用添加氧气的反应离子刻蚀对 PS 和 PFS 不同的刻蚀速率,得到纳米量级的掩膜,由含氟化物反应刻蚀二氧化硅、钨,清洗掉二氧化硅和掩膜层,紧接着利用钨膜做掩膜用离子束刻蚀钴,从而得到磁性纳米结构。

纳米掩膜刻蚀技术工艺简单,成本低,适合大规模生产,颇有发展前景。但该技术还不够完善,其发展方向为:精确控制结构纳米尺寸,规则操控排布纳米掩膜,把微阵列转移排布到特定的区域构建纳米结构器件原型,在大的面积范围内规则定义图形。

2. 基于扫描探针显微镜(SPM)的纳米刻蚀技术

基于 SPM 的纳米刻蚀技术,其原理是通过显微镜的探针与样品表面原子相互作用来操纵试件表面的单个原子,实现单个原子和分子的搬迁、去除、增添和原子排列重组,即原子级的精加工。目前,用于纳米加工的 SPM 主要是指 AFM 和 STM 两种显微镜,AFM 主要利用探针与样品间的机械力进行纳米图形加工,STM 主要是利用探针与导电样品间施加电场力、磁场力等产生量子隧道效应,进行纳米图形加工。与 STM 的加工对象相比,AFM 应用的对象范围要更为广泛,但是其分辨率较低,一般为几十个纳米至亚微米。STM 分辨率高,但STM 的加工对象仅仅局限于导电性良好的金属和半导体表面,对于绝缘体则无能为力。近年来,扫描探针显微加工技术获得了迅速的发展,并取得了多项重要成果。虽然 SPM 能够实现单原子操纵,有效地加工出纳米图形,但速度太慢,不适合批量生产,仅限于一些专门的器件,在提高其加工效率,实现规模化生产,降低成本等方面还要继续深入研究。

3. 蘸笔纳米印刷术(DPN)

美国西北大学的 Mirkin 研究小组开发了蘸笔纳米印刷术(DPN),他们用 AFM 的针尖作“笔”,固态基底作“纸”,与基底有化学作用力的分子作“墨水”,分子通过凝结在针尖与基底间的水滴的毛细作用直接“书写”到基底表面,表面张力将分子从针尖传送到基体上直接操纵形成图案,其原理图如图 6－16 所示。水滴在覆有十八硫醇(ODT)的针尖和金基底之间形成,其大小由相对湿度控制,凝结水滴存在于针尖和样品之间是形成纳米级甚至皮米级图像分

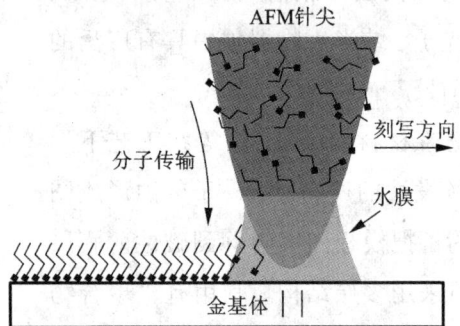

图 6－16　蘸笔纳米印刷术示意图

辨率的主要原因。DPN 是一种简单方便的从 AFM 针尖到基底传输分子的方法，其分辨率可与电子束刻蚀等方法相媲美，对纳米器件的功能化更为有用。

　　到目前为止，研究人员已经用 DPN 方法给出了几纳米宽的线条。虽然 DPN 的速度比较慢，但能够用多种不同的分子作为"墨水"，使纳米尺度上的印刷具有很大的化学灵活性。Mirkin 设想利用此法来精确地修改电路设计，且于不久前用此法直接在硅和砷化镓两种半导体材料上构筑了有机分子图案。Amro[12] 等人结合 DPN 技术开发了一种新型读写器(nanopen reader and writer—NPRW)制造纳米结构。NPRW 能构造出多种成分的图形，具有较高的空间分辨率，且不依赖于基底的材料和环境湿度，能有效防止图形的扩散和磨损。

　　DPN 有许多变种技术，其中杜克大学的 Maynor 等人在 Mirkin 的 DPN 基础上开发了电化学 AFM 的 DPN 技术，将针尖与基底间的水滴用作纳米尺度的电解池，在其中针尖上的金属盐溶解，通过电化学反应还原成金属，沉积到基底表面。DPN 技术已用于许多材料的大面积图形化，包括在许多基底上定义溶胶粒子、有机金属盐、聚合物、蛋白质、DNA 等生物分子。

6.2　自组装技术

　　自组装是自然界普遍存在的现象。生物的细胞、动物的骨骼、贝壳、珍珠、天然矿物沸石等，皆是大自然自组装的具有纳米结构的材料。还有很多浮游生物体也具有自组装形成的有序结构(图 6 - 17)，这些结构决定了它们具有复杂的功能。比如动物的骨骼，是由羟基磷灰石构成的，但是其机械性能远远超过一般的羟基磷灰石矿物，同时它们的多孔结构还有复杂的功能，比如输运营养物质、调解体内的离子强度等。

　　生物体内的这些结构是经过上亿年的自然选择的产物，它们的合成条件非常的温和，同时对结构的控制非常的精确。比如同为羟基磷灰石，同在一个生物体内的骨骼和牙齿的结构并不尽相同。这些特点都使得这个体系对于研究者们而言非常具有诱惑力。了解生命体是如何合成这些复杂的结构的，对于指导以经济合理、环境友好的路径来合成具有广泛用途的材料具有非常大的意义。目前，仿生合成无机晶体的研究已经取得了很大的进展。

　　然而，人为地利用自组装技术合成材料至今仅有 20 余年的历史。由于涉及物理、化学、生物和材料等多学科的交叉领域，自组装很难有一个人们普遍认同的定义。较普遍地认为纳米材料的自组装是在合适的物理、化学条件下，原子、分子、粒子和其他结构单元，通过氢键、范德瓦尔斯键、静电力等非共价键的相互作用、亲水－疏水相互作用，在系统能量最低

图 6-17   浮游生物体内有序的石灰质结构

性原理的驱动下，自发地形成具有纳米结构材料的过程；自组装也指如果体系拆分成相应的结构单元，在适当的条件下，这些结构单元会混合重新形成完整结构。自组装过程并不是大量结构单元之间作用力的简单叠加，而是若干个体之间同时自发的发生关联并集合在一起形成一个紧密而又有序的整体，是一种整体的复杂的协同作用。自组装过程中分子在界面的识别至关重要，自组装能否实现取决于基本结构单元的特性，如表面形貌、形状、表面功能团和表面电势等，组装完成后其最终的结构具有最低的自由能。目前，自组装已经成为合成一系列新型纳米材料的一种有效且有发展前景的方法。对自组装过程，最重要的驱动力是各结构单元之间的相互作用能，无论这些亚单元是原子、分子或粒子。

6.2.1   微观粒子间的相互作用能

在固体中粒子之间的距离只有几个埃的数量级，在这么小的距离内，带正电的原子核以及带负电的核外电子必然要和它周围粒子的原子核及核外电子产生库仑相互作用，其中起主要作用的是各原子的最外层电子。而不同原子束缚电子的能力，或者说得失电子的难易程度有很大差异，通常用原子的负电性来描述。负电性低的原子对电子束缚较弱，容易失去电子变成阳离子，例如元素周期表的第Ⅰ主族元素；而负电性强的原子对电子的束缚比较牢固，容易得到电子，例如第Ⅶ主族元素；电子壳层为满壳层的原子和分子，虽然它们既不容易失去电子也不容易得到电子，但是在温度很低时，它们之间也会结合形成晶体，这表明中性原子和分子之间也存在静电相互作用。

　　从粒子的负电性考虑，一般将固体的结合分为五种基本类型，即离子结合、共价结合、金属结合、分子结合(van der walls 结合)和氢键结合。离子晶体一般由负电性相差较大的两种元素结合而成，它们之间的作用力是正负离子的静电库仑作用，具有可加性，因而结合能(把晶体拆成单个原子、离子或分子所需要的能量，或者说分散的原子、离子或分子结合形成晶体后释放的能量)很大，大约 150 kcal/mol；共价结合是靠两个原子各贡献相同的电子，形成共用电子对，由于电荷量加倍，因此自旋相反配对的两个电子对两个原子核的吸引力加强，这种结合所释放的结合能也很高(大约 150 kcal/mol)，共价结合具有方向性和饱和性，因而不具有可加性。金属结合是靠共有化电子与离子实之间的库仑相互作用结合起来的，它们的结合能大约 50 kcal/mol；分子结合是指稳定结构的原子或分子间靠瞬时电偶极矩和感应电偶极矩之间的静电吸引结合，因为这些感应电荷的电量很小，因此结合能很低，大约 1 kcal/mol；氢键晶体是由氢原子和负电性非常强的原子之间形成的，例如 H_2O、HF 的晶体，这类分子具有固有的电偶极矩，在极端的离子性条件下，氢原子失去电子变成赤裸的质子，由于质子的体积比氢原子小一千多倍，因此离子之间的静电作用大大加强。

　　水分子是极性分子，可以看作四面体结构，两个 O—H 键之间的夹角大约为107°，而且这个夹角会随周围条件变化，两个氢原子带两个正电荷，指向同一个方向，而氧中的两个负电荷指向相反的方向，氢键就是由正向极化的氢原子和反向极化的氧原子强相互作用形成的静电键。当水分子接近非极性的惰性表面时，由于不能把惰性表面极化从而产生氢键，因此水分子需要重新取向，结果使得水分子的四个电荷远离表面取向，从而减小了和惰性表面的接触，接近表面的水分子变得比自由水分子更加有序，形成疏水性水合作用层。而一些亲水性分子和基团(带电离子或分子、极性分子和基团等)是水溶性的，并且在水中相互排斥，与疏水性分子相反，它们容易与水分子接触并结合在一起。

　　大多数晶体往往是几种结合的混合。如石墨晶体是层状结构，层内每个原子有三个共价键和一个共有化电子；层间的结合是靠 van der walls 力。所以石墨层间易滑动，而且其层内导电性是层间导电性的一千倍。

　　我们可以用 Born – Mayer 提出的双粒子模型来计算它们的结合能，这种模型在处理离子结合和分子结合问题上与实验符合的相当好。他们假设整个晶体的能量是由一对对粒子的相互作用能叠加而得，即先考虑一对粒子的情况，然后再推广到整个晶体。一对粒子之间的相互作用能可以用 Born 势表示为：

$$u(r) = -\frac{a}{r^m} + \frac{b}{r^n}$$

其中 a、b、m、n 是待定系数，r 是这两个粒子之间的距离，第一项为吸引能，而第二项为排斥能，由于排斥能比吸引能变化更快，因此 $n > m$。平衡时粒子间的距离将会保持在平衡距离 r_0 附近，此时晶体的总的相互作用能最小，如图 6 – 18 所示。

对宏观晶体来说，假设有 N 个粒子，那么忽略晶体的边界后进行叠加得

$$U(r) = \frac{1}{2} \sum_{i \neq j}^{N} u_{ij} = \frac{N}{2} \sum_{j=1}^{N-1} u_j$$

$$= \frac{N}{2} \sum_{j=1}^{N-1} \left(-\frac{a}{r_j^m} + \frac{b}{r_j^n} \right)$$

$$= \frac{N}{2} \sum_{j=1}^{N-1} \left(-\frac{1}{l_j^m r^m} + \frac{b}{r_j^n r^n} \right)$$

$$= -\frac{A}{r^m} + \frac{B}{r^n}$$

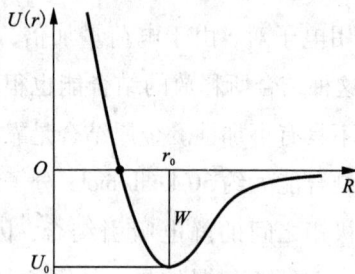

图 6 – 18　晶体的相互作用能

式中，r_j 是第 j 个原子到原点的距离，r 是最近邻两粒子之间的距离，A、B、m、n 是待定系数。再利用平衡条件 $\left. \dfrac{dU}{dr} \right|_{r_0} = 0$ 就可以得到平衡时的平衡距离 r_0 和相互作用能 U_0（结合能 $W = -U_0$）。

对离子晶体来说

$$U = -\frac{N\alpha q^2}{4\pi\varepsilon_0 r} + \frac{B}{r^n}$$

其中 $\alpha = \sum_{j=1}^{N-1} \dfrac{\delta_j}{l_j}$ 是 Madelung 常数，只与晶体结构有关。对宏观晶体来说，NaCl 结构的 $\alpha = 1.748$，CsCl 结构的 $\alpha = 1.763$，闪锌矿结构的 $\alpha = 1.638$。而对纳米结构单元来说，由于表面原子所占比重很大，因此不能忽略边界效应，求和也是有限项相加，因此 Madelung 常数需要示具体情况而定。

对分子晶体来说

$$U = -\frac{a}{r^6} + \frac{b}{r^{12}} = 4\varepsilon \left[\left(\frac{\sigma}{r} \right)^{12} - \left(\frac{\sigma}{r} \right)^{6} \right]$$

其中 $\varepsilon = \dfrac{a^2}{4b}$，$\sigma = \left(\dfrac{b}{a} \right)^{\frac{1}{6}}$。

$r = \alpha$ 时，$U(\alpha) = 0$，吸引能和排斥能相等；由平衡条件可得：$\varepsilon = -U(r_0)$ 即为两原子或分子的结合能。

如果晶体中含有 N 个饱和原子或分子，叠加后即得总的相互作用能

$$U = 2N\varepsilon \left[A_{12} \left(\frac{\sigma}{r} \right)^{12} - A_6 \left(\frac{\sigma}{r} \right)^6 \right],$$

其中 $A_{12} = \sum\limits_{j=1}^{N-1} l_j^{-12}$，$A_6 = \sum\limits_{j=1}^{N-1} l_j^{-6}$ 只与结构有关。

例如，对面心立方结构，$A_{12} = 12.13$，$A_6 = 14.45$；对体心立方结构，$A_{12} = 9.11$，$A_6 = 12.25$。对纳米结构单元来说，计算 A_{12} 和 A_6 时同样是有限项求和，需要视具体情况而定。

以上分析不仅可以用来处理单个纳米结构单元内部的相互作用能，也可以用来处理纳米粒子之间的相互作用能，只不过纳米粒子之间的作用能更为复杂，需要同时考虑静电能和范德瓦尔斯力的作用，而且通常对纳米粒子之间起主要作用的仅仅是表面的晶面，这样叠加后得到的就是纳米粒子的表面能，表面能越高，粒子之间的排斥力越大，总的相互作用能是正的，由于粒子彼此接近需要克服势垒障碍，使得纳米粒子保持分开的状态；对于低表面能的情况，总的相互作用能表现为吸引，此时纳米粒子就会聚集在一起形成团簇。

6.2.2　表面活性剂分子的自组装

表面活性剂也称作表面活性试剂，是头部至少有一个亲水性基团，尾部有一个疏水性基团的分子。在低浓度下，这些分子能吸附在表面或界面上来大大降低表面能。一般来说，表面活性剂分为阳离子表面活性剂、阴离子表面活性剂、两性离子表面活性剂和非离子表面活性剂。阳离子表面活性剂是头部带正电的分子，通常由长链的氨基或氨基盐组成；阴离子表面活性剂是头部带负电荷的分子，例如一些羧酸盐和硫酸盐；两性表面活性剂是头部基团既有正电基团又有负电基团的分子；非离子表面活性剂也叫中性表面活性剂，它们的头部为中性基团，如聚环氧乙烷。表面活性剂常见分类：

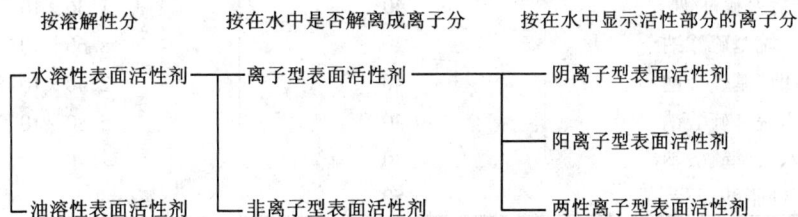

按溶解性分	按在水中是否解离成离子分	按在水中显示活性部分的离子分
水溶性表面活性剂	离子型表面活性剂	阴离子型表面活性剂
		阳离子型表面活性剂
		两性离子型表面活性剂
油溶性表面活性剂	非离子型表面活性剂	

表面活性剂最重要的特点是头部基团的电性、链长和头部基团的尺寸。当 pH <7 时，长链氨基带正电；而当 pH >7 时，长链氨基不带电，因此失去活性。但是四价氨盐在所有的 pH 范围均带电，并且一直保持自身的活性。对阴离子表面活性剂恰恰相反，当 pH >7 时带负电；而 pH <7 时由于不带电失去活性。除了 pH 值之外，离子表面活性剂的活性也受溶液离子浓度和相反离子的影响，其相反离子的存在能迅速中和头部基团的电荷，甚至导致表面活性剂沉淀。相比之下，非离子表面活性剂具有一定的优越性，因为电荷或溶剂不能影响其活性。

一般来说，材料以两种状态存在：分散状态和凝聚状态。从分散状态到凝聚状态的过渡是一种普遍的现象，是分子、聚合物、粒子这样的微观物体自组装的开始。在这个过程中，我们不需要知道形成相的微结构信息。在凝聚态中，表面活性剂分子在很大范围内是以有序结构存在的。当溶液条件、pH 值、温度或电解质浓度发生改变时，这些结构也从一种形式转换成另一种形式，其平衡结构取决于自组装过程的动力学和分子内、分子间的凝聚力。表面活性剂分子形成聚集体的主要驱动力是疏水性基团间的吸引力和亲水性基团间的排斥力，描述这种作用力的简单方法是堆积几何参数（性质因素）：$R = V/(a_0 l_c)$，V 是分子的体积，a_0 是理想化的头部面积，l_c 是临界链长。小的临界堆积参数（$R < 0.5$）有利于曲线界面结构（球形胶束和接枝胶束）的形成；大一点的临界堆积参数（$R > 0.5$）有利于平面界面结构（柔性双层和平面双层）的形成；临界堆积参数大于 1 将会产生反向胶束。此外，表面活性剂的几何性质还与实验条件有关。表 6-1 列出了一些常见表面活性剂及其临界胶束浓度。

表 6-1 一些常用表面活性剂及其临界胶束浓度

名　称	测定温度/℃	CMC/(mol/L)
氯化十六烷基三甲基铵	25	1.60×10^{-2}
溴化十六烷基三甲基铵		9.12×10^{-5}
溴化十二烷基三甲基铵		1.60×10^{-2}
溴化十二烷基代吡啶		1.23×10^{-2}
辛烷基磺酸钠	25	1.50×10^{-1}
辛烷基硫酸钠	40	1.36×10^{-1}
十二烷基硫酸钠	40	8.60×10^{-3}
十四烷基硫酸钠	40	2.40×10^{-3}
十六烷基硫酸钠	40	5.80×10^{-4}
十八烷基硫酸钠	40	1.70×10^{-4}
硬脂酸钾	50	4.5×10^{-4}

名　　称	测定温度/℃	CMC/(mol/L)
油酸钾	50	1.2×10^{-3}
月桂酸钾	25	1.25×10^{-2}
十二烷基磺酸钠	25	9.0×10^{-3}
月桂醇聚氧乙烯(6)醚	25	8.7×10^{-5}
月桂醇聚氧乙烯(9)醚	25	1.0×10^{-4}
月桂醇聚氧乙烯(12)醚	25	1.4×10^{-4}
十四醇聚氧乙烯(6)醚	25	1.0×10^{-5}
丁二酸二辛基磺酸钠	25	1.24×10^{-2}
氯化十二烷基胺	25	1.6×10^{-2}
对十二烷基苯磺酸钠	25	1.4×10^{-2}
月桂酸蔗糖酯		2.38×10^{-6}
棕榈酸蔗糖酯		9.5×10^{-5}
硬脂酸蔗糖酯		6.6×10^{-5}
吐温 20	25	6×10^{-2}(以下数据单位是 g/l)
吐温 40	25	3.1×10^{-2}
吐温 60	25	2.8×10^{-2}
吐温 65	25	5.0×10^{-2}
吐温 80	25	1.4×10^{-2}
吐温 85	25	2.3×10^{-2}

　　以临界堆积参数和表面活性剂的浓度为基础,可以解释形成的结构。溶液成分不同,可能形成球形胶束、类棒状胶束、有序六角胶束、立方胶束、片状胶束、反向胶束、反向胶束液态晶体等。显然,许多实验参数都会影响胶束的结构,但是从一种结构向另一种结构的转变不是随机的,而是遵循一定的模式。例如,随着表面活性剂浓度的增加,结构依次为球形、类棒状、六角、立方和片状。当实验条件变化时,这些结构的变化和堆积几何引起的变化是一致的。这些含有有序胶束结构的溶液脱水后变为凝胶,再经过干燥、焙烧,如果骨架不塌陷,就成为有序的介孔材料。

6.2.3　微乳液法自组装

　　微乳液法也叫表面活性剂模板法,这是纳米材料合成中应用非常广泛的一种方法。表面活性剂分子在溶液中可以聚集形成胶团(反胶团)、微乳液(反相微乳液)、液晶及囊泡等多种有序微结构,这些有序的微结构大都在纳米尺度范围内,可以为化学反应提供特殊的微环境,既可以作为微反应器,也可以起模板作用。利用这些微反应器进行化学反应,用于纳米材料的制备,使成核生长过程局限在一个微小的范围内,粒子的大小、形态、结构等都受到微反应器的组成与结构的影响,为实现纳米粒子的人为调控提供了有利的手段。近年来,人们把表面活性剂的有序体系发展成为一类新颖的纳米材料制备方法,已广泛地用于纳米材料的制备。

具备乳化作用的表面活性剂,在化学结构上一般都由极性基和非极性基构成(如图 6 - 19 所示),极性基易溶于水具有亲水性质,故叫做亲水基,非极性基易溶于油,故叫做亲油基,在油 - 水体系中加入乳化剂后,亲水基溶于水中,亲油基溶于油中,这样就在油 - 水两相之间形成一层致密的界面膜,降低了界面张力,同时对液滴起保护作用。另一方面,由于吸附和摩擦等作用使得液滴带电,带电液滴在界面的两侧形成双电层结构,由于双电层的排斥作用使得液滴难以聚集,从而提高了乳化液的稳定性。最常用的表面活性

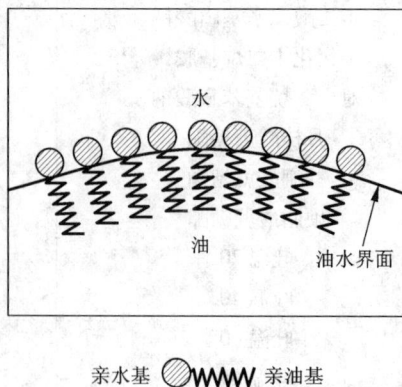

图 6 - 19　表面活性剂的化学结构示意图

剂是二(2 - 乙基己基)琥珀酸酯磺酸钠(AOT),它不需要助表面活性剂存在就可以形成微乳液。阴离子表面活性剂如十二烷基硫酸钠(SDS)、十二烷基苯磺酸钠(DBS),阳离子表面活性剂如十六烷基三甲基溴化铵(CTAB),以及非离子表面活性剂如 Triton X 系列(聚氧乙烯醚类)等也可以用来形成微乳液。有机溶剂通常采用非极性溶剂,如烷烃或环烷烃,加入一种辅助表面活性剂可以进一步稳定、修饰和控制胶束的结构。利用表面活性剂模板法已经制备了氧化物、卤化物、硫属化合物、金属、聚合物、配合物以及无机盐等多种纳米结构材料。

利用这种方法还可以得到有序磁性纳米晶体的自组装。选取阳离子表面活性剂十二碳基溴化氨(didodecnyl ammonium bromide—DDAB)和甲苯的二元体系,DDAB 做还原剂,在包覆材料 PR_3($R = n - C_4H_9$, $n - C_8H_{17}$)的辅助作用下,可以将 $CoCl_2$ 中的 Co^{2+} 还原成 Co 纳米晶体,这些磁性纳米晶体之间由表面活性剂和包覆剂隔开,因此不会发生团聚形成一整块单晶,它们之间是靠静磁吸引力结合成有序图案的。基于这一思路,我们也可以首先制备分散

均匀的纳米粒子，然后采用单分子层包覆进行自组装二维纳米粒子有序图案。事实上，这种方法研究得也非常多，很多实例已经发展到了应用阶段。这些单分子层或表面活性剂分子提供的短程内的排斥力可以用来有效的防止纳米颗粒间的团聚，并且仍不影响其粒子间通过该分子的相互作用而形成稳定的聚集体。图 6 – 20 是 Co 和 FePt 纳米晶体的一种自组装结构。这些粒子具有磁特性，可以用作磁致电阻数据存储。IBM 认为这种自组装法是获得超高密度数据存储的一种极有潜力的方法，这一方法也是了解粒子间磁相互作用的模型体系。

图 6 – 20　微乳液法自组装 Co 和 FePt 的有序纳米结构

北京大学齐利民等利用阳离子或阴、阳离子混合表面活性剂形成的反向胶束制备了一系列无机盐类(如 $BaWO_4$、$BaCrO_4$、$BaSO_4$、$BaMoO_4$ 等)的纳米线，如图 6 – 21，是利用十一酸、癸胺、癸烷、PEG – b – PMAA、PMAA 等在反胶束条件下制备的非常柔软均匀的超结构的 $BaMoO_4$ 纳米带。

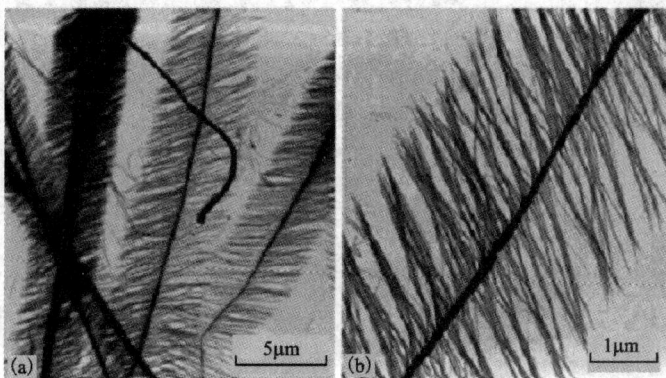

图 6 – 21　微乳液法自组装 $BaMoO_4$ 纳米带的透射电镜照片

6.2.4　利用范德瓦尔斯力自组装

二元体系的纳米粒子的自组装研究近几年来异军突起，将两种不同材料的纳米粒子靠微弱的范德瓦尔斯力结合形成有序的二元超晶格结构（BNSL），为同时将各种纳米粒子自组装为化学组成和粒子间的相关位置可控的聚集体提供了可能，将各种不同的半导体、磁性和金属的纳米粒子（比如金、银、钯、Fe_2O_3、PbSe、PbS、LaF 等）自组装可以得到多种不同的BNSL 结构（利用双十二烷基二甲基溴化铵 DDAB、三辛基铵等分别做稳定剂），例如用 Fe_2O_3 和 Au 的纳米粒子自组装为 NaCl 型的超晶格结构[图 6 – 22（a）]，用 PbSe 和 Au 纳米粒子自组装为 CuAu 型超晶格结构[图 6 – 22（b）]，等等。一些科学家认为这种自组装过程的驱动力是纳米粒子堆积密度的最大化，这跟范德瓦尔斯结合（例如，形成堆积密度最大的面心立方和密排六方结构）的本质是一致的。其中纳米粒子所带的电荷决定了 BNSL 的化学计量式，而一些其他因素则会影响二元超晶格结构的稳定性，比如熵、范德瓦尔斯力、空间因素以及偶极力等。这种自组装的方法对于设计具有新性质的纳米尺度的材料有着重要的意义。

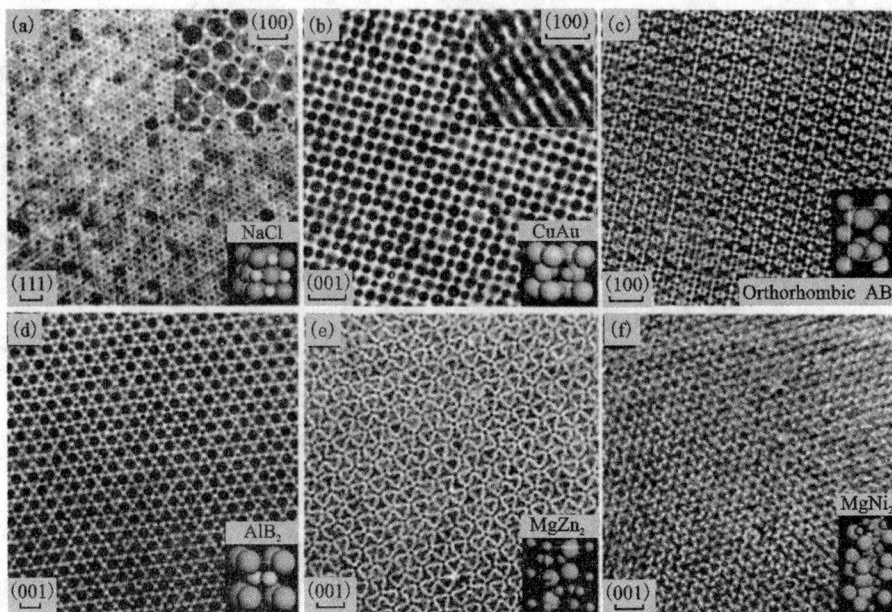

图 6 – 22　二元纳米粒子自组装为超晶格结构的透射电镜照片

（其组装单元见右下角的插图）

6.2.5　利用静电力自组装

王中林教授在静电力诱导一维纳米材料自组装的领域做出了创新性的工作。以无机半导体材料为代表，他们发现，沿着[0001]方向生长的 ZnO 纳米带的两侧具有不同的电性，锌原子富集的一侧表现出正电性，而氧原子富集的另外一侧表现出负电性。于是，在静电力的诱导下，这种一维的纳米带结构会自组装成三维右手螺旋状结构。研究结果表明，制备得到的螺旋状氧化锌纳米环的内部富集了正电荷，而外表面富集了负电荷。由于这一结构具有最小的整体能量，因此可以稳定存在(图 6 – 23)。

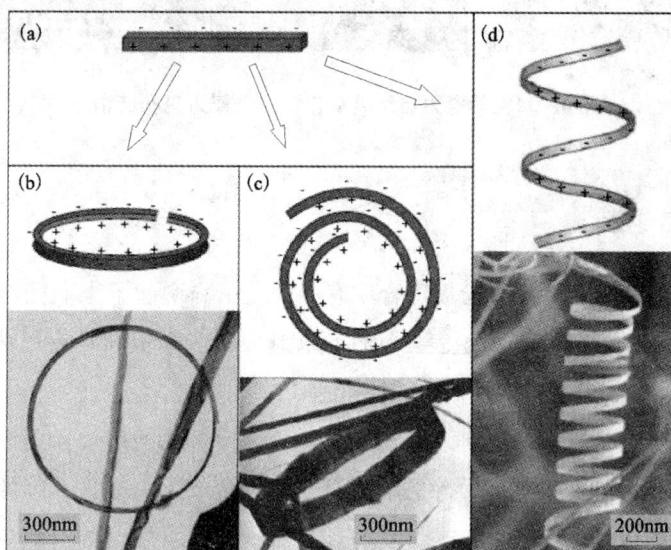

图 6 – 23　ZnO 纳米带的静电力自组装

在此基础上，中科院化学所江雷研究小组也报道了一个非常有趣的现象。在温和的溶液中，反应生成的氧化锌纳米棒会自组装成为如图所示的花状聚集体(图 6 – 24)。由于制备得到的氧化锌纳米棒是沿着[0001]方向生长，其晶格排列会导致纳米棒的两端分别带有相反的电荷，在锌原子富集的[0001]面表现出正电性，而在氧原子富集的[000$\bar{1}$]面表现出负电性。为了降低整个体系的能量，在静电力的诱导下，最终会自组装为有中心的花状聚集体。

图6-24 静电力自组装氧化锌纳米棒为花状结构

6.2.6 模板法自组装

近年来，采用自组装的单分散模板球合成有序大孔材料引起了人们极大的兴趣。常用的模板球为 SiO_2 和聚苯乙烯球。与离子表面活性剂相比，这些模板球具有很多的优点，如成本低、无毒、分解温度低、表面稳定性高、球径可达 30 nm 以上。

图6-25(a)和图6-25(b)分别为聚苯乙烯和 SiO_2 模板球的照片。用液态的前驱物将模板球之间的空隙填满，引发反应后再除去模板球，即可合成出具有大孔径的有序结构。填充间隙的液态前驱体可以是由紫外光、热引发的预聚物，加了引发剂的有机单体，也可以是无

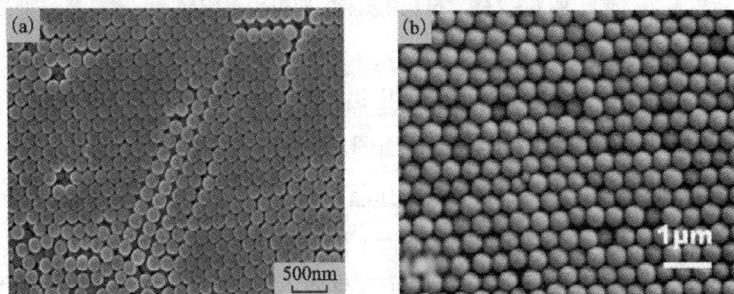

图6-25 聚苯乙烯和 SiO_2 模板球的扫描电镜照片

机陶瓷材料的 Sol-gel 前驱体、无机盐溶液，还可以是胶态的金属微粒。采用这种模板球已经大量合成了大孔聚氨基甲酸乙酯等高分子材料、多孔的 SiO_2、$(La, Sr)MnO_3$、Nb_2O_5 无机材料，以及介孔 Au 等金属材料。如用 15~25 nm 的胶状 Au 粒子注入模板球的间隙，固化后焙烧或用三氯甲烷去除孔球，可合成出长程有序的多孔 Au。图 6-26 为合成的多孔高分子材料的 SEM 照片，图 6-26(a) 为材料的表面形貌，图 6-26(b) 为撕开的横截面形貌，显示了有序的大孔洞。如果在填充模板球空隙的液态前驱体中加入合适的模板剂，则填充液体能在一定的条件下自组装成有序的介孔结构，形成大孔和介孔复合的有序结构。图 6-26(c) 为具有两种不同孔径复合的多孔 SiO_2，显示两个长度范围内的有序排列，闭合的中空堆积（约 120 nm）和自组装纳米孔洞（4~5 nm）。

图 6-26 利用聚苯乙烯和 SiO_2 模板球自组装形成的多孔结构

另外，我们在第 4 章介绍的氧化铝模板也是一个很好的合成有序纳米线或纳米管阵列的工具。其实氧化铝模板本身的制作过程也是一种典型的自组装过程，在外部电场力的驱动下，在以铝氧化为氧化铝的过程中，由于体积膨胀内部产生的巨大的内应力使得纳米孔洞之间彼此调节位置和大小，最终形成能量最稳定的六角孔洞排列。

6.2.7 气相催化自组装

这种方法可以将同质一维纳米材料或晶格匹配度高的异质一维纳米材料组装在一起，形成三维复杂有序纳米等级结构。这种方法可以分为一步法和多步法，前者是指将前驱反应物（包括催化剂）引入生长腔中，通过一次生长制备出有序复杂纳米结构；后者是指在预先制备的纳米材料（例如纳米线、纳米带等）表面上喷上一层催化剂，再以此为基底气相外延二次生长出同质或异质纳米结构，从而形成三维复杂有序纳米等级结构。目前，人们已经利用气相外延法成功制备出 ZnO、ZnS、SnO_2 等同质有序纳米等级结构，以及 In_2O_3/ZnO、SnO_2/ZnO、GaP/ZnO、SiC/ZnO、GaN/ZnO、W/WO_3、Ga_2O_3/In_2O_3、CdS/ZnS 等异质有序纳米等级结构。

例如王中林教授研究组直接高温蒸发 ZnO 和 SnO_2 粉末（重量比为 $1:1$）制备出三维复杂有序 ZnO 纳米结构。图 6-27 是这种 ZnO 纳米结构的扫描电镜照片，显示了这种纳米结构是由一个纳米线主干以及在主干上二次生长的蝌蚪状分支组成的。这些分支具有带状结构，在

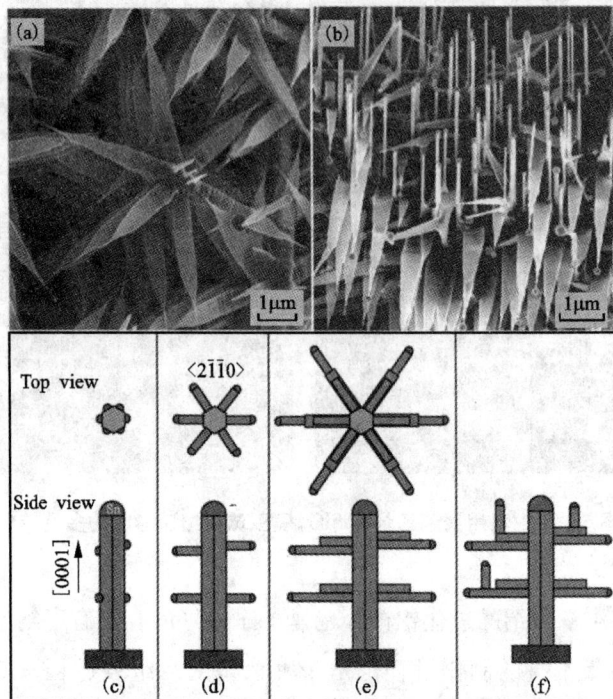

图 6-27 ZnO 有序纳米结构的气相催化自组装

其表面又生长出了排列整齐的 ZnO 纳米线阵列, 蝌蚪状分支以及在其表面生长的纳米线的端部都有球形颗粒[图 6 - 27(b)]。人们知道 SnO_2 在高温下分解成金属 Sn 和 O_2, 而 Sn 颗粒可以作为 ZnO 纳米线 VLS 生长的催化剂。这种三维复杂有序纳米结构的生长过程可以分为两个步骤: 首先是作为主干的 ZnO 纳米线沿着[0001]方向生长[图 6 - 27(c)]。ZnO 主干纳米线生长的速度非常快, 以至于 Sn 液滴尺寸的缓慢增加对纳米线线径的影响非常小, 因而纳米线沿生长方向具有均一的线径。第二阶段是沉积在 ZnO 纳米线表面上细小的 Sn 液滴催化二次外延生长 ZnO 纳米带, 这个生长过程要比第一阶段缓慢得多。在生长过程中, Sn 液滴不断吸收 Sn 蒸气而长大, 因而其催化生长的纳米带也越来越宽, 因而在 ZnO 主干纳米线上外延生长出的 ZnO 纳米带呈现蝌蚪状[图 6 - 27(d)]。沉积在 ZnO 纳米线上的 Sn 液滴导致了 ZnO 纳米带沿六个等效方向同时生长, 其生长方向是[0001][图 6 - 27(e)]。在纳米带表面, Sn 液滴再次催化有序 ZnO 纳米线 [0001]方向外延生长[图 6 - 27(f)], 最终形成三维复杂有序 ZnO 纳米结构。

6.2.8 利用表面张力和毛细管力自组装

在液体的表面或者体相中, 通过表面张力或者毛细管力的作用, 可以将一维纳米材料自发地组装为微米尺度的有序结构, 科学家利用这一简单的技术, 将杂乱分散在液体表面的一维纳米材料, 比如 $BaCrO_4$ 纳米棒、Ag 纳米线组装为具有规则取向的纳米线阵列(图 6 - 28)。

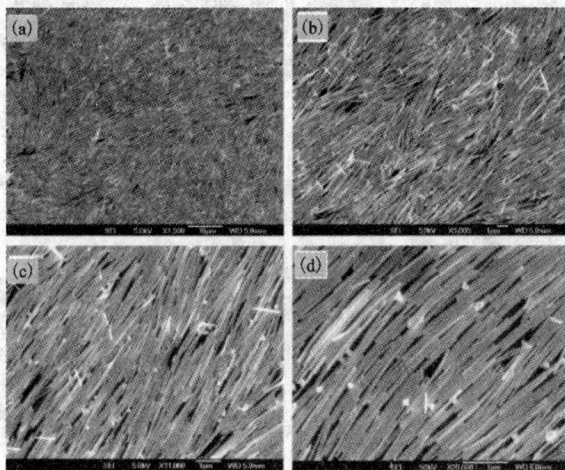

图 6 - 28 在液体表面自组装 $BaCrO_4$ 纳米棒

这一技术模仿了自然界运送伐木时的情形,杨培东教授2003年曾报道了这一现象,即在河流上运送伐木时,由于上下游之间大坝对水的拦截作用,可以使漂流在水面上的木头发生取向性的排列。

在这一技术的基础上,C. M. Lieber将纳米线成功地进行了限域多层排列,实现了在限定区域内对不同取向的一维纳米材料进行可控自组装,从而提供了一种很有效地自下而上制备纳米器件的方法。此外,科学家还结合化学自组装的方法成功将单壁碳纳米管组装为十字交叉网格结构。

在液体的表面,纳米材料可以有效地自组装为大面积,具有规则取向的阵列结构。在此,表面张力以及材料之间的疏水力发挥了主要作用。在一维纳米材料阵列体系中,液体对于自组装的作用主要是通过毛细管力来实现。

中国科学院化学研究所江雷教授研究组对于水滴在阵列碳纳米管膜上的行为进行了详细的研究,提出了一种简单、有效的将一维阵列碳纳米管膜自组装为三维微米尺度的图案化表面的方法,即水滴铺展法。水滴在阵列的碳纳米管膜上自然铺展,缓慢浸入整个膜内,直到最后完全蒸发,阵列的碳纳米管会被组装为蜂房状的三维图案化表面。这一自组装过程的驱动力是毛细管力。

图6-29是组装得到的图案化碳纳米管膜的表面形貌图,从组装形成的单个蜂房的放大

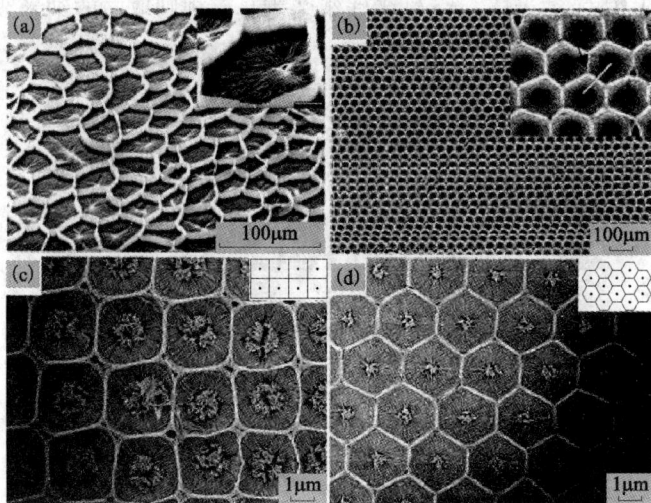

图6-29 水滴铺展法自组装碳纳米观阵列为三维有序图案

图[图6-29(a)的插图]可以看出从中心开始(如图中箭头所示)碳纳米管向四周呈辐射状倒伏,直至遇到从另一个中心倒伏过来的碳纳米管,彼此互相作用,形成垂直于基底的碳"墙",经过观察,他们发现阵列碳纳米管膜上的低密度区域可能成为组装的中心。于是人为地通过脉冲激光在阵列碳纳米管膜表面制造低密度空穴区域。结果表明,通过恰当地排列空穴可以得到大面积规则的图案化表面[图6-29(b)],他们还发现碳"墙"总是形成在相邻空穴,即组装中连线的中垂线的位置。于是根据这一原则,他们设计了一些规则的图案。[图6-29(c)(d)中的插图]正如期望的那样得到了大面积的规则图案化的碳纳米管膜表面,如规则的正四边形、正六边形,从而将无序的自组装变为可控的自组装,可以按照需求在阵列碳纳米管膜上组装任何规则的图案。这种方法简单,重复性很好,适合大面积制备,这对于碳纳米管膜在微电子器件方面的应用具有重要的意义。

Chakrapani研究小组通过实时观察这种自组装行为,发现碳纳米管的倒伏和集束现象是在水分蒸发的过程中发生的,而完全浸润在水中的碳纳米管膜是稳定的,不会发生形貌的改变。Giersig等人在此基础上,进一步拓展了这种图案化的碳纳米管膜的应用,鉴于碳纳米管良好的生物兼容性,他们用该方法自组装形成具有不同尺度的碳纳米管微腔来培养细胞。实验结果表明,一种动物的纤维原细胞可以在此微室中进行有效培养,依然保持生物活性。

这种基于毛细管力的一维纳米材料的自组装还可以推广到其他的有机/无机阵列一维纳米材料体系。Fan等人在阵列的硅纳米线表面也观察到类似的现象。硅纳米线在毛细管力的驱动下自组装为图6-30中的微米尺度图案。不同的是,硅纳米线阵列的表面是亲水的,这

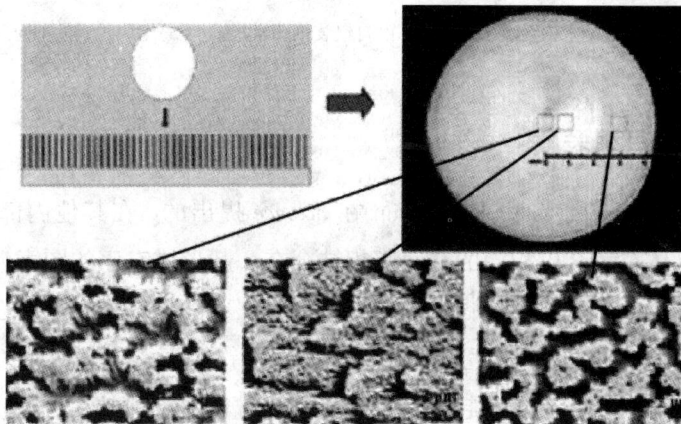

图6-30 水滴铺展法自组装硅纳米线阵列的示意图

样在被水浸润后，自组装得到的图案化表面和该位置距离水滴中心的远近有关。

此外，材料本身的疏水性同样可以用来诱导自组装，将有机或无机的一维纳米材料自组装为稳定的具有规则几何外形的聚集体。Mirkin 的研究小组利用金和聚吡咯不同的疏水性，将金－聚吡咯的两段式纳米棒状物体自组装为各种形态的微米尺度的空心管状、球状的聚集体。由于聚吡咯的疏水性强，在水溶液中更容易聚集在一起。如图6－31所示，通过调节金－聚吡咯的纳米棒中金－聚吡咯的比例，可以组装出不同形态的聚集体。

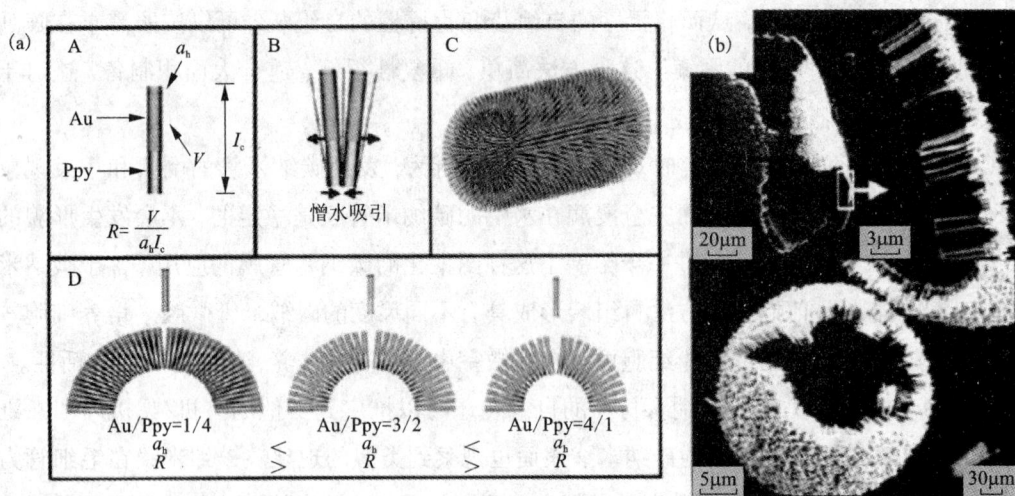

图6－31　利用纳米棒两端不同的疏水性诱导自组装

(a)金－聚吡咯的嵌段纳米棒在疏水作用力下的自组装机理示意图；(b)组装得到的不同形貌的聚集体

6.2.9　取向搭接自组装

取向搭接的概念是1998年由 R. L. Penn 在 *Science* 提出的，在其他内部驱动力比较微弱的情况下，纳米晶体粒子会以相同的晶面互相结合在一起形成有序的图案。大家知道，纳米粒子在自组装过程中总是在不停地做无规的布朗运动，当相同晶面彼此靠近时，由于晶面上的原子排列和晶格间距相同，因此可以形成更多的化学键(配位数)，从而大大降低体系的自由能。自从取向搭接被提出后，引起了众多化学家和材料学家的关注，大量新颖的纳米结构被合成出来，很多生长机理得到了合理解释。

例如中国科技大学的俞书宏课题组在低温水热条件和回流条件下合成了众多钨酸盐和钼酸盐的纳米分级结构，通过其生长过程中的透射电镜照片，观察到了纳米晶粒间详细的取向搭接过程。中科院物质结构研究所王元生课题组利用 $K_3[Fe(CN)_6]$ 的水解过程，通过控制 pH 值控制不同的生长速度，获得了不同尺寸的单分散的 Fe_2O_3 晶粒，这些颗粒之间可以通过取向搭接的形式自组装成多种层叠状和花状分级纳米结构。电子衍射图谱证明这些 Fe_2O_3 纳米晶粒之间具有相同的取向，它们的生长示意图如图 6-32 所示。

图 6-32 Fe_2O_3 枝晶的取向搭接自组装及其生长示意图

需要指出的是，几乎在所有的自组装过程中，都伴随有 Ostwald Rippening(奥斯特瓦尔德熟化)过程，例如小晶粒表面由于原子配位数不足，因此具有更高的表面能，它们会逐渐溶解并重新在大晶粒的稳定位置结晶；规则纳米晶体的边角上的原子也会逐渐被溶解"磨平"，使得纳米粒子的表面更加圆滑平整；在壳－核纳米粒子中，由于内部核的外表面的表面能高于外部壳的内表面，因此核也会逐渐溶解并在壳层的内表面重新结晶，等等。

以上列举的仅仅是自组装零维和一维有序纳米结构体系的几种典型实例，而由于自组装过程内部驱动力多种多样，再加上它们之间的组合，因此种类更是多不胜举，关键是需要我们根据纳米结构单元之间的作用力如何去设计自组装体系。

因为纳米材料本身具有的优异物理化学性质，使其自发现以来一直就是科学家追逐的研究热点。科学家们一直致力于通过自组装的途径获得各种尺度且具有规则几何外观的纳米材料聚集体，并期望能实现不同于单体的优异物理、化学性质。对于零维的纳米粒子，通过有效的在粒子外修饰单分子或者大分子来进行相互识别和相互作用，自组装具有新的形貌的聚集体是目前的主要研究方向。对不进行任何化学修饰的纳米粒子进行的直接自组装仍是当前的挑战。而对于一维的纳米线/管，通过将其分散在溶液中，利用表面张力或相关的毛细管力使其自组装为阵列图案仍是最有效的手段。

自然界给了我们很多灵感，生物体总是从分子/生物大分子自组装形成细胞器/细胞、细胞间相互识别聚集形成组织、从组织再到器官、最后是单个的生物体。甚至生物个体的生存也依赖于群体中的个体通过一定的识别/自组织/协同等作用。自然界告诉我们，复杂功能的实现大多必然经过从小到大的多尺度分级有序的自组织/协同过程。纳米材料的直接自组装必定会给这一领域带来崭新的篇章。

6.3　自下而上和自上而下相结合制备有序纳米结构

有序纳米结构由于纳米结构单元之间的耦合效应和协同效应，使得它们的性能不同于单个的纳米结构单元，也不同于常规块材；更为重要的是，大面积的有序排列结构为纳米材料的宏观应用提供了很好的保障，因此有序纳米结构的研究成为当前纳米材料学家追逐的前沿和热点，如前面两节所述，各种各样的自下而上和自上而下的方法都被开发出来，在近十年中已趋于成熟，目前很多有远见的科学家已经将目光放到了这两种方法的组合上，这样就可以克服彼此的缺点，而更好地将两种方法的优点结合起来，实现真正成熟的21世纪的纳米科技。本节内容主要是对自上而下和自下而上相结合的方法中的几种做一个简单的介绍，更多的结合方法仍然需要我们去挖掘。

6.3.1 模板诱导自组装

模板诱导自组装是得到理想结构的一种十分有效的方法。利用模板的限制作用，将纳米结构的自组装限制在模板中。

例如华盛顿大学的夏幼南课题组，首先利用纳米掩模刻蚀技术在衬底上刻蚀出各种形貌的有序孔洞图案（例如球形、三角形、矩形等），然后用含有单分散纳米粒子的溶液缓缓流过衬底，如图 6－33(a)所示，纳米粒子将受到静电力、范德瓦尔斯力和重力的作用，其中由于胶体纳米粒子所带电性与模板孔洞相反，因此重力和静电力都利于胶体纳米粒子在模板孔洞中沉积，胶体纳米粒子之间的范德瓦尔斯力使得纳米粒子在模板孔洞中做最密堆积，从而形成有序排列的图案。

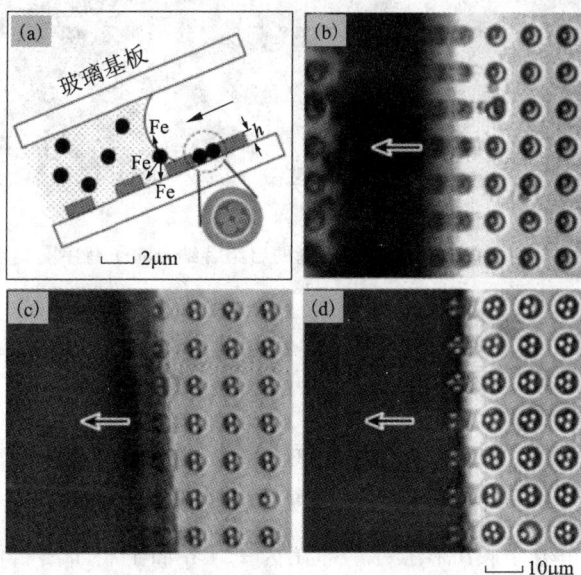

图 6－33　球形孔径的模板辅助自组装纳米粒子有序图案

图 6－34(a)和图 6－34(b)是采用孔径不同的球形模板进行组装后的图案，由此可以说明孔径与纳米粒子大小的不同，每个模板孔洞中自组装的纳米粒子数目与排布会不同。当然模板也可以是其他形状的，如图 6－34(c)和图 6－34(d)为三角形和矩形的模板，组装后得

到相应形状的纳米粒子图案。另外，所用模板孔洞的图案不同，组装出的有序纳米图案也将不同，如图 6 – 34(e)和图 6 – 34(f)。

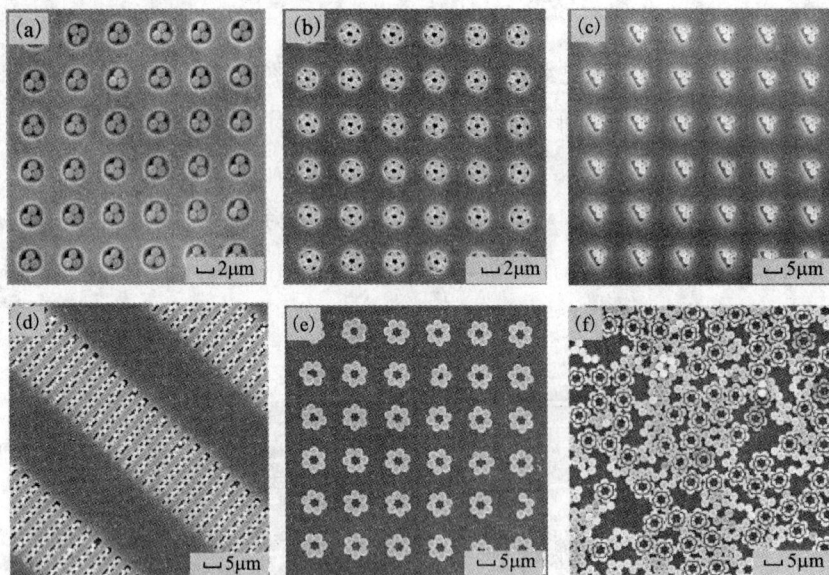

图 6 – 34　各种性质的模板辅助自组装纳米粒子有序图案

6.3.2　刻蚀辅助的 LB 膜自组装

LB 膜(langmuir blodgett film)是一种超薄有机薄膜。LB 膜技术是一种精确控制薄膜厚度和分子结构的制膜技术。这种技术是 20 世纪 20 ~30 年代由美国科学家 I. Langmuir 及其学生 K. Blodgett 建立的一种单分子膜沉积技术，即在水 – 气界面上将不溶解的分子加以紧密有序排列，形成单分子膜，然后再转移到固体上的制膜技术。随着微电子学、仿生电子学及分子电子学的迅速发展，需要在分子水平上进行功能薄膜的构筑，展开一场分子工程的探索，而 LB 膜是目前进行有序分子构筑最方便、最有效的方法和手段，这使 LB 膜的研究进入了一个前所未有的活跃阶段。

刻蚀辅助的 LB 膜自组装就是在制作 LB 膜的同时，在液体表面的单分子膜上方撒上纳米线材料，在将液面向内压缩的过程中，单分子膜形成紧密而规则排列的 LB 膜，同时由于表面张力和毛细管力的作用,以及有序单分子膜的模板指引作用,使得这些纳米线彼此紧密平行排列,以最大程度的降低表面能,如图 6-35(a)(b)所示;然后用拉膜机将这层单分子膜和规则排列的纳米线转移到衬底上[图 6-35(c)];整个液面压缩过程中的压力与液体表面积的关系如图 6-35(d)所示。

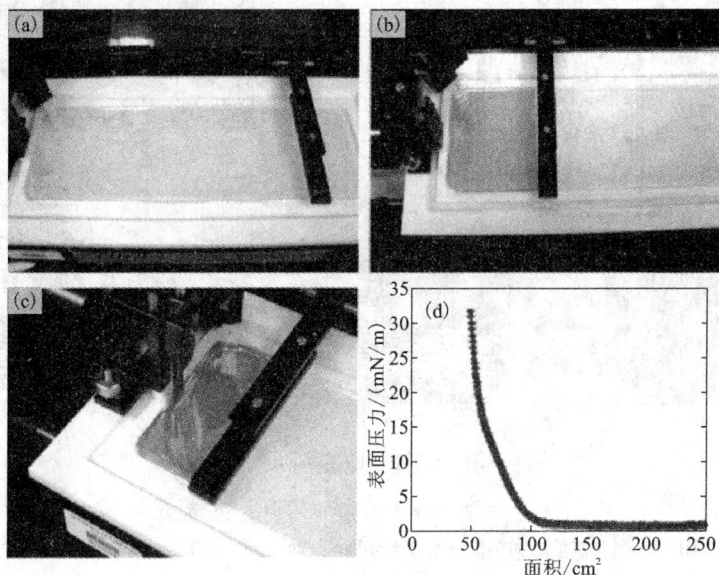

图 6-35　利用 LB 膜制作纳米线有序图案

上述过程用示意图表示为图 6-36 *A* ~ *B*,将衬底旋转一定角度(如转 90°)后,再次提拉一次的话,将会在衬底表面形成交错的多层纳米线有序结构,示意图见图 6-36*C* 过程。

这些在衬底上规则排列的单层或多层纳米线薄膜,接下来需要进行刻蚀过程,以得到想要的尺寸单元,如图 6-36(a)(b)所示,相邻的两个单元之间有时也会有残留的未被刻蚀掉的纳米线,在这两个单元上接上电极的话,就可以测量单根纳米线的伏安特性[图 6-36(c)]。

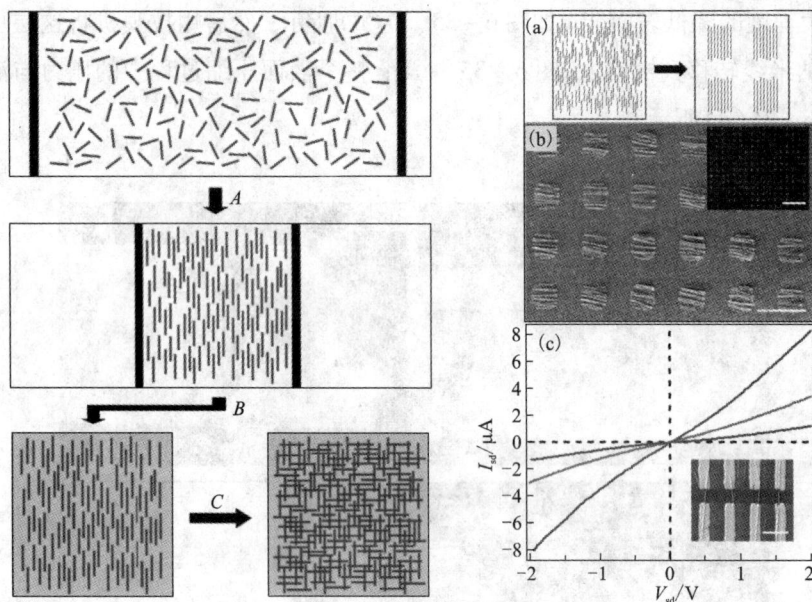

图 6 – 36　刻蚀辅助的 LB 膜自组装

$A - C$：利用 LB 膜制作单层和多层纳米线有序图案的示意过程；

（a）利用 LB 膜制作单层和多层纳米线有序图案的示意图；（b）刻蚀后的单层膜图像；

（c）相邻纳米线簇单元间的单根纳米线的伏安特性

6.3.3　刻蚀催化图形自组装

　　刻蚀技术生长纳米结构材料的特点在于由刻蚀技术表面设计的轨道图形来定位催化生长纳米材料。最近，由于电子束、离子束和纳米刻蚀技术的改进，打破了波长的限制阻碍，利用这些比较完善的技术可以很容易地制作出微型图案。刻蚀催化图形就是通过刻蚀技术在100 nm 范围内形成可用于催化生长的周期性排布的纳米图案。由此，在这些纳米图案上生长有序纳米阵列图形，也就在某种程度上达到了可控。虽然基于刻蚀催化生长目前大多还处在实验室阶段，但它可控的思想和应用前景刺激人们不断投身其中。用刻蚀出的规则排布金属纳米粒子作为催化剂生长半导体纳米线是新近研究的方法。在这种方法中，规则排布金属纳米粒子作为催化剂可以用作 VLS 模式在衬底上生长纳米线的模板。由此，生长出的纳米线就具备了与金属纳米粒子一样的图形排布，并且纳米线的直径与金属粒子的尺寸相关。因此，催化生长纳米图案的关键是用作催化剂的纳米粒子形成图案排布。目前，已有大量的刻蚀或模板方法被用来制备规则排布的这些金属粒子，从而在衬底表面上定域生长有序纳米阵列图案。近年来，人们已经发展了诸如光刻、电子束刻蚀、利用悬浊液排布 Au 粒子催化剂法，纳米印刷术、纳米掩模刻蚀术以及利用多孔氧化铝模板制备催化剂纳米图案。这些方法往往各有利弊，在此我们重点以光刻蚀、电子束刻蚀和纳米掩模刻蚀为例介绍刻蚀催化在形成一维纳米线方面的应用。

　　光刻蚀是利用光刻胶、掩膜和紫外线等光源来进行微结构的制备。Greyson 等人利用周期光刻蚀技术制备出了 ZnO 纳米线（如图 6 – 37 所示）。他们使用两次包含可变间距线的掩膜，通过旋转方位来实现对光刻胶的刻蚀。首先，他们在衬底上镀上一成金属薄膜。其次，在金属薄膜上涂敷光刻胶并使之形成一定的图形结构。然后，利用光刻技术刻蚀金属薄膜。最后除去光刻胶掩膜，剩下的就是按照预期图案排布的金属纳米块（点）。这样就可利用这些金属纳米块（点）作催化剂生长纳米材料。显然，这一技术的优点在于金属衬层（点）可在很大范围内被均匀地排布为多种形貌（如正方形、六边形和矩形等），并且这些金粒子之间的距离也能得到很好的控制。美中不足的是，在他们所做的工作中，生长出的纳米线并不是很垂直或具有一致的取向。

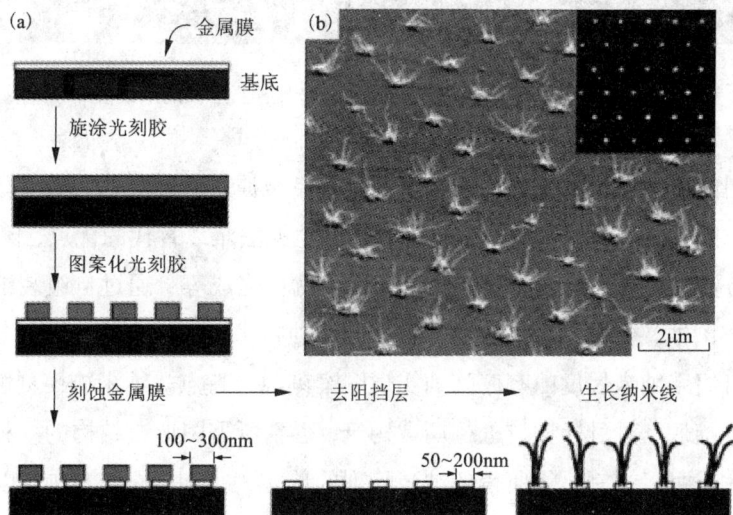

图 6 – 37　刻蚀催化自组装示意图及合成的 ZnO 有序阵列结构

作为常用的在 100 nm 范围内构筑规则排列的工具，电子束激光刻蚀技术由于其波长更短，会聚的电子束能量更高，因此在刻蚀催化生长纳米图案更受人们青睐。例如，Ng 等人利用常规的电子束刻蚀（EBL）Au 纳米点在 6H - SiC 衬底上催化生长出了 ZnO 纳米线的阵列［图 6 - 38(a)］。Martensson 等人则把电子束刻蚀催化纳米图形与化学激光外延方法（CBE）相结合，成功地在 InP(100)B 面上合成出了 InP 纳米线的阵列［图 6 - 38(b)］。利用同样的方法，Jensen 等人在 InAs (111)B 面上合成了有序性很好的 InAs 纳米线［图 6 - 38(c)］。这些方法与光刻蚀催化生长类似，只是作为刻蚀用的电子束具有更短的波长和更高的能量，因而电子束刻蚀能很好地控制纳米线的形成分布，这些规则分布为进一步形成复杂图案打下了良好的基础。

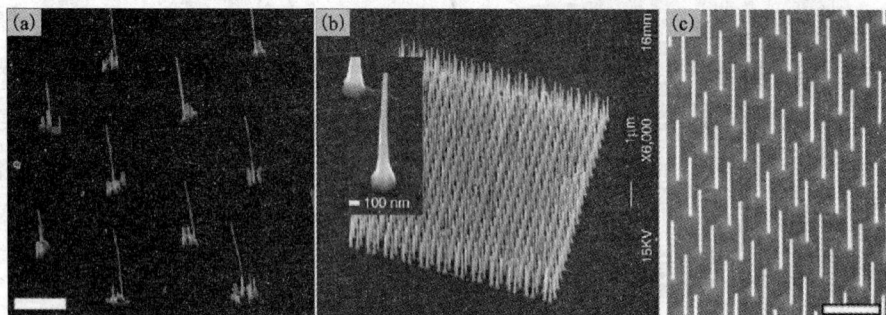

图 6 - 38 在不同光刻技术获得的催化剂上生长纳米线阵列

尽管高清晰的 X 射线，电子束刻蚀技术等是制备金属颗粒图案的有效手段，也是工业生产上不可或缺的技术，但纳米掩模刻蚀技术有着其他方法难以替代的优点，比如，方法简单，制备方便，不需要昂贵的仪器设备，在一般实验室就可完成等。通过自组装纳米尺度的有序阵列来实现图案刻蚀，被认为是一种很有潜力的刻蚀技术。以纳米掩模刻蚀技术为例，我们着重介绍通过自组装纳米尺度的有序阵列实现图案刻蚀的特点。纳米掩模刻蚀技术是以纳米球为材料沉积的掩膜，对目标材料进行局域构筑，得到所需图形或结构的一种方法。通过改变构筑粒子的大小可以控制最终所得的纳米阵列的单元大小和间距。目前，以 SiO_2 和聚合物微球为掩膜的研究最为普遍。

如图 6 - 39 所示，Wang 等人采用纳米掩模刻蚀技术，在规则排列的胶体球空隙蒸镀或溅射金，胶体球除去后就在衬底上形成了规则排列的 Au 催化剂图案，然后在这些催化剂上面继续催化生长 ZnO 纳米线阵列。从图中我们能够可以看出初始的由金聚集的蜂窝状结构依然存在，这一特点说明其纳米线阵列图案很好地继承了衬底图形。自组装纳米尺度的有序阵列实现图案刻蚀技术关键是纳米球粒子在单位体积叠加并发生作用，在整个组装过程中保证纳米球粒子处于单分散的状态。

图 6 - 39　在纳米掩模刻蚀技术获得的催化剂上生长 ZnO 纳米线阵列

　　总之，刻蚀催化图形生长作为一种生长有序纳米图案的技术方法，已引起人们的高度重视。无论是人为控制光刻，电子刻蚀还是采用自组装的方式实现催化剂图案刻蚀都已取得令人鼓舞的成绩。随着技术水平的提高和研究的深入，刻蚀催化图形生长一维纳米线阵列将越来越显示出重要的意义。

6.4　有序纳米结构的应用

　　有序纳米结构材料的特殊性质决定了其在电子、光学、磁学、环境检测、高效能量转化、催化以及医学等研究领域中的重要作用。

6.4.1　电子器件研究领域的应用

　　(1)高密度的纳米电路

　　随着集成电路逐渐微型化，需要在同样大小的电路板上，组装更多的电子元件，如晶体管、二极管、电容器和电阻等，而且这些越做越小的电子元件也需要同样量级尺度的导线与其相连。半导体工业中一直采用光刻技术来构筑器件中的电路，但由于光的波长所限，很难加工 100 nm 以下的线路。根据半导体制造技术的发展趋势，预计到 2010 年，导线的尺度将减少到 45 nm，这对半导体制造工艺是一个挑战。为了满足实际发展需要，一些相应的技术：软刻印技术、DPN 技术、电子束刻蚀技术、纳米掩膜刻印技术等应运而生，这在本章前面几节中已经做了详细的介绍。这些先进技术的产生，为构筑更微型的线路提供了契机。在氧化铝模板中合成的金属纳米线阵列是一种高密度的接线头，可以把纳米结构元件连接起来，也可以作电荷收集器，在纳米集成电路上有潜在的应用前景。

2002 年，惠普公司（HP）量子科学研究室（Quantum Science Research Lab）在分子电子学（molecular electronic）领域取得了三项重要突破。①使用分子开关（molecular switch）制作实际设备的 64 位元记忆体，该电路可轻松地置入 1 μm^2 大小的电路板上，使用的是 40 nm 宽的金属 Pt 线。该设备的位元密度比现行的硅记忆晶片的密度要高出十几倍。②利用分子开关把储存与逻辑结合在一起。③采用纳米压印技术进行批量生产。该分子电子记忆体晶片上，每个独立位元并不是单一分子，而是包含约 1000 个 rotaxane 分子，上面布满由白金和钛组合而成的线路，研究人员制出一块具有 8 条平行线路的主模，每条线路只有 40 nm 宽。利用改变分子结构的方式，将记忆位元压印到每个分子群上，接着，分三个步骤制成一块由可开关分子材料隔离的交叉矩阵电路。并将通过金属线路的电流导入分子群中。改变分子结构，会将分子的电阻系数变成一万。因此，利用分子开关改变电子结构后，测量分子状态，可形成电脑所用的 0 和 1 的变化。图 6-40 是惠普公司发表的技术图示，从中可以清楚地看出分子电子晶片的结构。

（2）单电子晶体管

当前的微电子技术——互补金属氧化物半导体（CMOS）技术主要依赖硅和硅氧化物来设计和制备场效应晶体管。如图 6-41 所示，这种晶体管具有离子嵌入型（n-型重掺杂）的"源极（source）"和"漏极（drain）"。在源极和漏极之间通过的电流，由输入到"控制闸（gate）"（覆盖 n 型多晶硅的 SiO_2 电介质）的电压信号控制。为了防止产生短路，在控制闸和电路之间插入了绝缘膜（称为控制闸绝缘膜）。为了得到存储装置的大容量化、逻辑集成电路的高速化，硅半导体场效应晶体管一直在不断地微型化。到目前为止，电极尺度已经小于 100 nm，控制闸绝缘膜的厚度也减到 2 nm。但是，由于 Si 相对较大的平均质量，造成器件的载流子迁移率较低，使器件的速度受到一定限制。要想提高和改良器件的性能，最有效的方法是对低载流子迁移率的 Si 进行处理。由于金属和半导体小颗粒的库仑

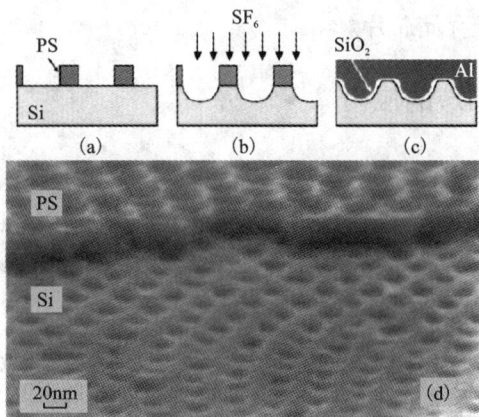

图 6 – 46　金属氧化物半导体(MOS)电容器的制备流程图

(a)在 Si 基底上形成聚合物 PS 模板；(b)RIE 处理转移模板阵列到 Si 基底上；

(c)SiO_2 成长，随后 Al 漏极在顶部沉积；(d)RIE 处理后的 SEM 照片

(4)单电子存储器

在信息社会的今天，信息的保存是极其重要的，它渗透到人们生活和工作的每一个角落。存储器作为高度集成电路中的存储元件，其发展规模也是惊人的。世界上，半导体存储器的份额有 300 多亿美元。利用库仑阻塞效应，可以设计具有高存储性能的单电子存储器。图 6 – 47 为"T"形存储元件的结构示意图。"T"形存储器是由两块有序纳米结构薄膜和其他

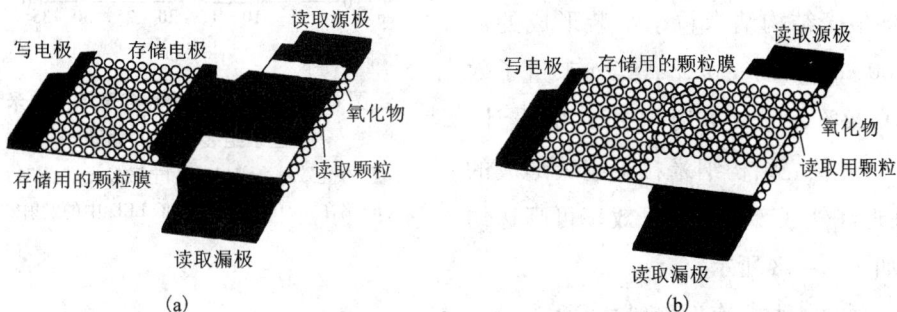

图 6 – 47　"T"形存储元件结构示意图

(a)电极分离式；(b)相互交叠式

元件构成的。两块纳米颗粒薄膜分别用来存储电荷和读取所存储的信息。将几个这样的元件连结在一起,构成了可寻址存储芯片。

6.4.2 光学器件研究领域的应用

(1)量子点光发射装置

近年来,用导电聚合物为材料制备光发射装置一直是科学研究的热点。主要是因为这种光发射装置在很多领域中都有应用前景,如平板显示器、大面积的图案等。

发光的半导体纳米粒子与聚合物薄膜相结合,组装形成新型光发射材料。聚合物–半导体纳米粒子复合薄膜的优点在于:组装聚合物和纳米粒子的过程都是在溶液中进行的;并且半导体纳米粒子的复合使该类装置具有更优越的光发射能力;此外,通过调整纳米粒子的尺寸可以大大调节发射光的颜色。像共轭聚合物——聚亚苯基乙烯(PPV)是空穴导电材料,特别易于将空穴注入到纳米粒子中。对 ITO/PPV/纳米粒子/Al 多层膜施加 4 ~ 10 V 偏压,和单纯纳米粒子发射谱相比,可以得到很窄的电致发光谱。用CdSe/CdS 核壳结构纳米粒子组装形成的薄膜,在 600 cd/m^2 的亮度下,其外来量子效率达到 0.22%,可直接用于 LED 的设计。由 InAs/ZnSe 核壳结构纳米粒子组装形成的薄膜,在近红外区产生的发射效率可高达约0.5%,如图 6 – 48 所示。

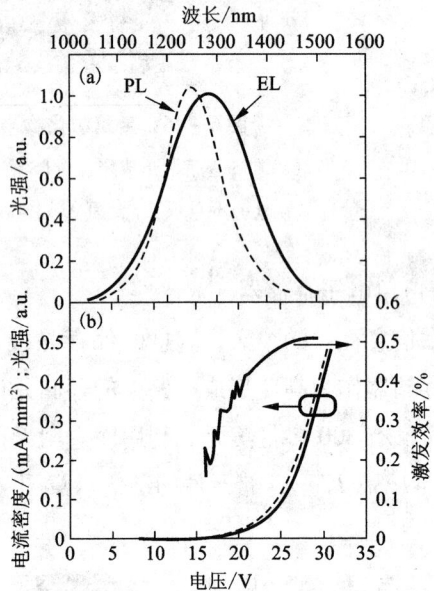

图 6 – 48　InAs/ZnSe 核壳结构纳米粒子组装形成的薄膜

(a)光致发光谱(PL)和电致发光谱(EL);
(b)用在 MEH – PPV – DNC LED 中的发射效率

(2)一维纳米材料有序阵列光发射装置

由于量子线比量子阱有更大的量子限域效应,因此采用量子线可提高激光器的性能。初始是以钼等金属中的微小圆锥状突起作为超微发射极,由于在操作过程中它特别易于受残留气体的影响,通常是在超真空的环境中制备。制造这种发射极的费用昂贵,因此,十几年来这种方法一直处于实验室研究阶段。

直到1991年碳纳米管CNT的发现才打破了这种局面。1998年首次将CNT用于发光显示元件并试制成功。1999年彩色射电型平面显示器的研制获得成功。近来,对碳纳米管场发射特性的研究表明:由于其独特的电性质、化学性质、力学性能、高的长径比和小曲率的尖端,使得碳纳米管可以作为场发射阴极材料。排列整齐的高密度碳纳米管发射端,能够增加发射电流的强度和改善发射电流的均匀性。CNT作为阴极材料在FED显示装置中具有广阔的应用前景。最早使用CNT显示设备的是日本公司。他们以CNT为冷阴极来代替高压型荧光显示管中的长丝状热阴极。这种三极真空管通过变换荧光体,可以发出红、蓝、绿、橙和白等不同的光。现在,这种CNT显示电极板已经开始在市场上销售了。在2004年5月26日举行的"SID 2004"专题研讨会"field – emission displays(场发光显示器)"上,法国CEA Grenoble – LETI与摩托罗拉公司联合发表了FED面板的最新技术。他们采用CVD法,在基底表面上选择性地垂直生长碳纳米管,形成碳纳米管有序阵列;然后使用此阵列制造了QVGA格式的6in FED面板,开关电压可控制在+50V以下。日本则武(Noritake)和三重大学及日本产业技术综合研究所采用CVD法制备碳纳米管技术,开发了分辨率为48×480像素,像素间隔为3 nm的FED面板。

目前,以CNT作为电子源的射电型平面显示器依然还在开发和研究当中,其主要趋势为显示屏向大型化和高精度发展。

迄今为止,除了CNT阵列外,很多纳米材料阵列都可用于光发射装置。半导体纳米棒和纳米线能够产生极化光发射,图6 – 49为不同尺寸的CdSe量子棒阵列会在不同波段产生极化光发射图,从结构决定性能的原理出发,可以实现极化光的调制。研究证实,对于在刚玉上生长的ZnO纳米线,能够观察到线宽小于0.3 nm的超紫外激光发射行为,可以用作激光谐振器。硅纳米线有发射稳定的、高亮度蓝光的特性,而蓝光发射材料是制备彩色显示器的良好材料。但是要达到更高的清晰度,就需要精确控制硅纳米线的直径和纳米线间距。除了显示材料外,包覆纳米线还能够用来设计具有更高清晰度和晚间分辨能力的辐射检测器和矿物探测器。

Cho等人采用多孔氧化铝模板制备了聚3,4 – 乙烯基二硫酚(PEDOT)纳米管有序阵列(图6 – 50),设计了电致发光显示装置(图6 – 51)。他们发现,这种显示装置能耗较低,尤为重要的是,超薄的PEDOT纳米管壁(10 ~ 20 nm)使得此装置具有快速的图像转化能力(小于10 ms),能够与活动图像显示技术相匹配,长长的纳米管为显示器提供了饱和的色彩。

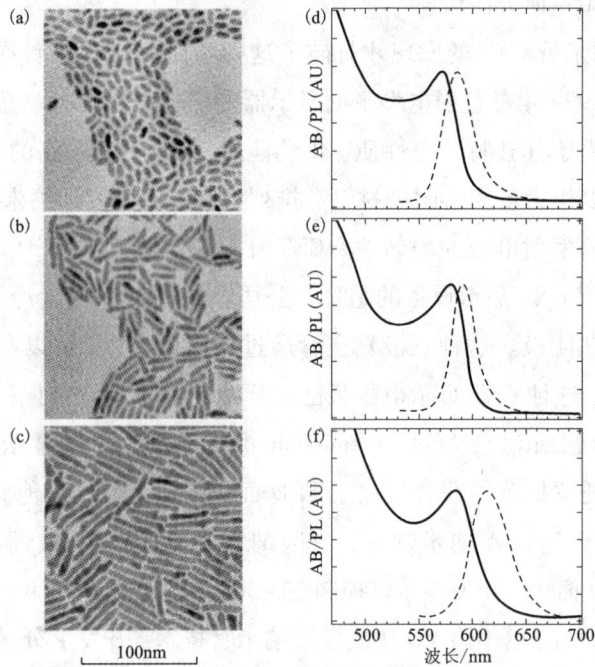

图 6 – 49   三种尺寸 CdSe 量子棒阵列的极化光发射

（a）～（c）TEM 照片；（d）～（f）紫外 – 可见吸收光谱（实线）和光致发光谱（虚线）

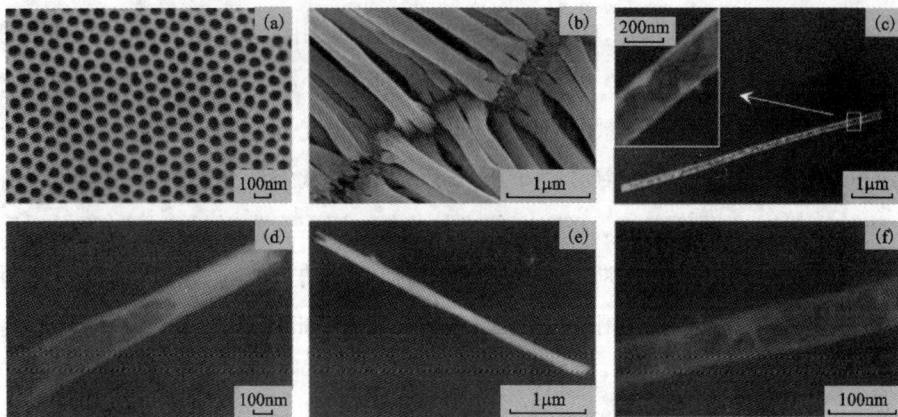

图 6 – 50   氧化铝模板及合成的 PEDOT 纳米管阵列

（a）～（b）氧化铝模板及合成的 PEDOT 纳米管阵列的 SEM 图像；

（c）～（f）不同条件下合成的 PEDOT 纳米管的 TEM 图像

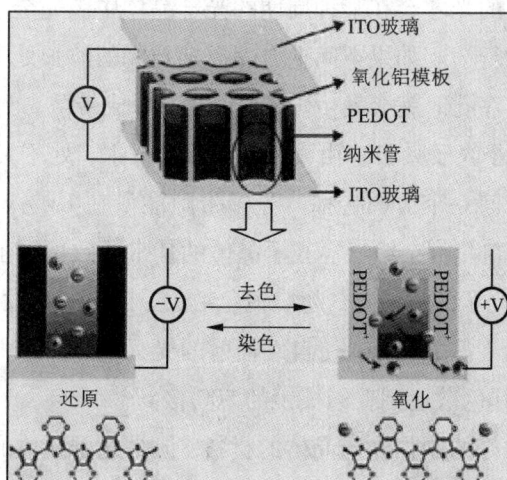

图 6 - 51　PEDOT 纳米管阵列用作快速图像转换的装置示意图

当由还原态变到氧化态时，PEDOT 纳米管阵列的颜色迅速由深蓝变为透明的淡蓝色

（3）光过滤器

光过滤是指控制光在一定波长范围之内通过的现象，光过滤现象在光通信等方面有广泛的应用前景，目前，光过滤用的产品有窄带过滤器和截止过滤器。纳米材料的诞生为设计高效光过滤器提供了新的机遇，除了纳米材料尺寸小，可以把光过滤器尺寸缩小以外，更重要的是可以利用纳米材料的尺寸效应，在同一类材料上实现波段可调的光过滤器。例如，在氧化铝模板中改变所沉积的 Au 纳米微粒的尺寸，可以使 Au/Al$_2$O$_3$复合材料的颜色呈红色、紫色、深蓝色。由于氧化铝膜在可见光区是透明的，因而复合材料的颜色变化完全取决于膜中沉积的不同尺寸的金对光的吸收性能，这就为设计纳米光过滤器提供了依据。高度有序的纳米阵列体系在光学中的另外一个应用是利用氧化铝模板中这些材料对光的偏光特性所产生的不同影响，开发出的各种用途的偏光子、光位相板以及光通讯的光学元件。

（4）光子晶体

光子晶体是由具有不同介电常数的材料构成的周期性排列的晶格点阵。自 1987 年 Yablonovitch 和 John 的先驱性工作之后，光子晶体越来越引起人们的注意，随后在很多应用中被证实。所谓光子晶体就是在微米、纳米等光波长的量级上，折射率呈现周期性变化的一种介质材料。按照其折射率变化的周期性，可分为一维、二维和三维光子晶体。

在光子晶体中，折射率的周期性变化导致光子态(photonic states)密度重新分布，出现了光子带隙。只有某种频率的光才会在某种周期的光子晶体中被完全禁止传播，因此可以预见人们将能够自由控制光的行为。如果空间上有序周期与光的波长处于同一个数量级，则光在一定的频率范围内通过有序孔时就会发生 Bragg 衍射，形成带隙。当沿着所有的方向带隙叠加在一起时，就会产生一个光子禁带。由于多重 Bragg 反射，处于带隙能量范围的电磁辐射就不能在光子晶体中的任何一个方向传播。光子带隙能量在 Uv - vis 和近 IR 的光波范围内时，需要有序阵列的周期在几百个纳米。光子晶体的禁带导致出现了许多普通光学中没有的新性质，诸如光子能隙、光子的局域态、超棱镜色散、受抑制的自发辐射等。光在该晶体中，像水一样流过一个拐角而不反射回来；使自发辐射的光只能以单波长输出；也可以使波长相差很小的光分开 60°，使其色散达到普通棱镜的 500 倍。

有序纳米结构是非常好的制作光子晶体的材料，但是光子晶体的严格周期性要求比有序纳米阵列更高，因此，当将人工有序纳米结构用作光子晶体时，必须符合几个条件：①有序阵列材料和填充材料的反射率差应足够高(最好要大于 3)；②有序阵列材料和填充材料要结合紧密、相互连结；③填充材料要有合适的填充比例；④有序阵列的排布方式要能够得到很好的控制。

到目前为止，已经获得了全带隙在 1.55 μm 范围的光子晶体，这是在光纤维通讯中使用的波长。尽管已经取得很多进展，但采用传统的刻印技术来制备周期性的 3D 点阵，使带隙在近红外或可见光波长范围内，是比较困难的。用自组装方法，由胶体粒子可以方便地制备各类大小点阵点的周期性阵列，是一种潜在的合成方法。目前，服务于光子晶体应用的工作主要集中在以下几个方面：规模化生产、大面积地制备有序微区、控制和操纵缺陷的形成等。一旦上述设计问题被成功地解决，光子晶体的应用将会是多方面的，也是激动人心的，可用于波导、拒波滤波器、微腔激光器及其它量子光学器件和光通讯装置等。

6.4.3 磁学器件研究领域的应用

为了提高磁盘的存储密度，减小磁盘尺寸，对纳米磁性材料的研究已成为当今的一大热点。层次几何学表明：在外加磁场与一个铁磁性薄膜平面平行或垂直时，其消磁因子分别是 0 和 4π。但是，形状各向异性迫使薄膜磁化后的磁场强度的方向分布在整个平面上，因此，需要至少 $4\pi M$ 的外加磁场以使磁场强度垂直于平面。尽管在磁场强度垂直于薄膜时，能够得到好的磁记录效果，但是要克服形状各向异性是很困难的。对于线状磁性实体，在平行和垂直于铁磁线的方向上,场去磁化因子分别是 0 和 2π。在没有外加磁场的情况下,磁性线的形状各向异性将迫使磁场强度 M 与线的生长方向一致,这样就可使 M 垂直于薄膜基底,从而得到较高的矫顽磁力和饱和度场。

　　采用模板电沉积法可以得到不同直径的铁磁性纳米线阵列。对铁磁性纳米线阵列的研究表明:像 Fe、Co、Ni 纳米线阵列的磁化矢量都垂直于薄膜平面,且平行排列,具有垂直磁各向异性。这样就可以突破传统的平行磁记录方式,而采用垂直磁记录方式,使得每个磁化区域的磁化矢量间的相互作用减小,有利于大幅度地提高存储密度。图 6 - 52 是直径为 70 nm 镍纳米线阵列的磁滞回线,可以看出,纳米线阵列的易磁化轴垂直于模板的表面,即与纳米线平行,外加磁场平行于样品表面与垂直于纳米线的矫顽力分别为 330 Oe 和 1040 Oe(块体镍的矫顽力为 0.7 ~ 1 Oe)。由于形状各向异性及单畴的共同作用,使得镍磁性纳米线阵列矫顽力相对于块材大大增强。

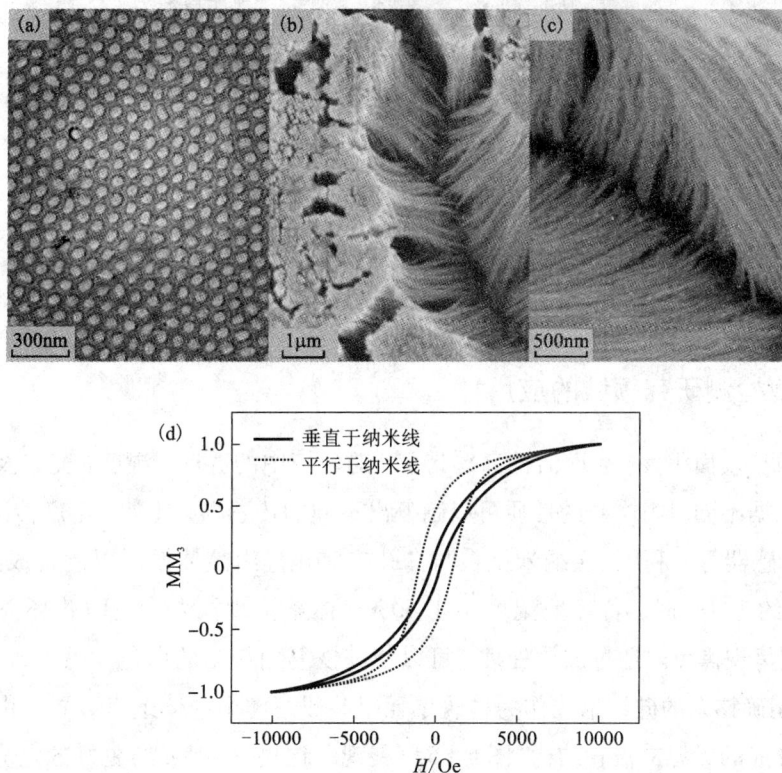

图 6 - 52　镍纳米线阵列的 SEM 照片(a) ~ (c)和常温下的磁滞回线(d)

1997 年，纳米结构磁盘已经研制成功，它是由直径为 10 nm，长度为 40 nm 的 Co 的纳米棒周期排列而成纳米结构阵列，存储密度高达 4×10^{11} bit/in^2（1 in = 25.4 mm），大小为 100 nm × 100 nm，这种磁盘的磁存储密度比传统磁盘提高了 10^4 倍。Thurn – Albrecht 等已经用共聚物为模板，制备了 $1.9 \times 10^{11}/cm^2$ 的高密度铁磁性钴纳米线，并观察到矫顽力增强现象。这为设计超高密度存储媒介提供了另一种途径。

近来，Toshiba 公司的 Naito 等将刻印技术和共聚物自组装技术相结合，成功地制备了由直径为 40 nm 的 $Co_{74}Cr_6Pt_{20}$ 粒子构成的 2.5 in 单磁畴磁盘，如图 6 – 53 所示。可以将其用在电脑的硬盘中，这是商用共聚物纳米技术之一。

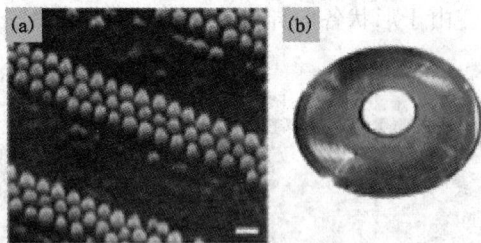

图 6 – 53 直径 40 nm 的 $Co_{74}Cr_6Pt_{20}$ 粒子有序排列的磁存储盘

(a)SEM 照片。标尺为 100 nm；

(b)$Co_{74}Cr_6Pt_{20}$ 粒子构筑形成的 2.5 in HDD 磁存储的有序排列盘

6.4.4 环境检测研究领域的应用

由于超微粒表面积大、表面活性高等特点，对环境中的温度、湿度、光以及气氛的变化十分敏感。根据不同材料本身的性质可以制备出不同的传感器，比如，温度传感器、热传感器、紫外线传感器等。利用 Ag 纳米微粒与介孔二氧化硅组装体系可以制备成湿敏传感器。当 Ag 的含量约为 1% 时，若环境湿度小于 60%，体系呈现淡黄色；而若环境的湿度达到 80%，体系则呈现黑色。通过加热处理，可以使其恢复到最初的白色。另外，Lieber 等人还利用 B 和 P 精确掺杂的硅纳米线作为构筑单元组装成三类半导体纳米装置。由 p 型和 n 型纳米线交叉形成的无源二极管结构(图 6 – 54)展现了比块体 p – n 结更好的电流整流传输行为，利用这种大的栅压效应，可以制造超精度的化学和生物传感器。

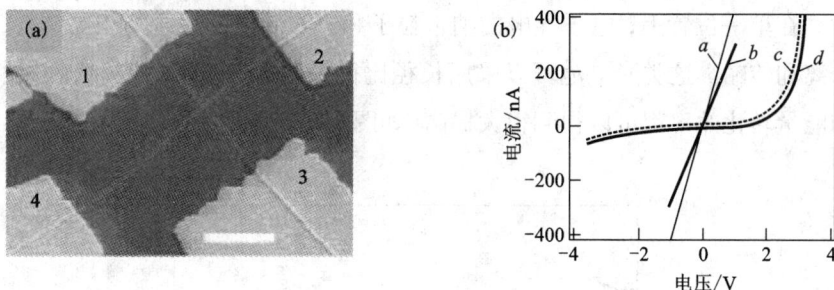

图 6 - 54　交叉的硅纳米线接界

(a) 与 Al/Au 电极接触，且两条相交的硅纳米线接界的 FESEM 照片，标尺为 2 μm，研究用的 Si 纳米线直径为 20 ~ 50 nm；(b) p - n, p - p 和 n - n 接界的 I - V 行为。其中，a 和 b 线为单条 n 型和 p 型纳米线接界的 I - V 曲线；c 和 d 线为 p - n 结接界的 I - V 曲线，虚线 c 为电极 2、3 的行为，实线 d 为电极 3、4 的行为，图中的电流值都被放大 10 倍

当有机蒸气存在时，配体保护的单分散纳米粒子能够快速地、可逆地改变薄膜的电导率。这是由于薄膜吸附气体所产生的溶胀导致金属核之间的距离增加，而在薄膜中电子跃迁传导与间距的大小密切相关，因此有机蒸气的吸附会极大地减小电导。利用这种特性可以设计气相传感器。因此，对于这种类型的材料，可以通过改变其粒子间距来设计新的压力传感器和变形测量器。

6.4.5　高效能量转化研究领域的应用

用低成本的多晶或纳米晶为材料的光伏电池，在科学和生产中均有极大的意义。就目前来看，光伏电池的发展主要方向是用吸收可见光的有机染料敏化宽带隙半导体材料（如多孔 TiO_2 纳米粒子薄膜），将电子注入到 TiO_2 导带中，形成所谓的 Gratzel 电池。染料敏化方法的缺点在于，有机染料分子的光稳定性不是很强，消光系数相对较低。在 Gratzel 电池中，用半导体纳米粒子取代染料来修饰半导体的优点很多：半导体纳米粒子的光热稳定性与本体材料相近，远比有机染料分子高；不仅如此，纳米粒子的光吸收能力以及带边缘位置均可以通过改变纳米粒子的元素成分比例以及粒子的尺寸得到调整。从修饰用纳米粒子到半导体的有效电荷转移以及其在可见光范围内较高的消光系数使得纳米粒子在 Gratzel 类型光电池的研究中得以广泛应用。

另外，由半导体纳米粒子和导电聚合物混合形成的纳米结构薄膜，同样是研究光伏电池的优良材料。在单一位置上，电子导电的纳米粒子和空穴导电的聚合物相互结合，可以达到有效电荷分离和传输。这类光电池可以采用长径比很大的 CdSe 纳米棒为修饰材料，其电荷转移特性和能量转化效率都可以得到很大提高（如图 6-55 所示）。

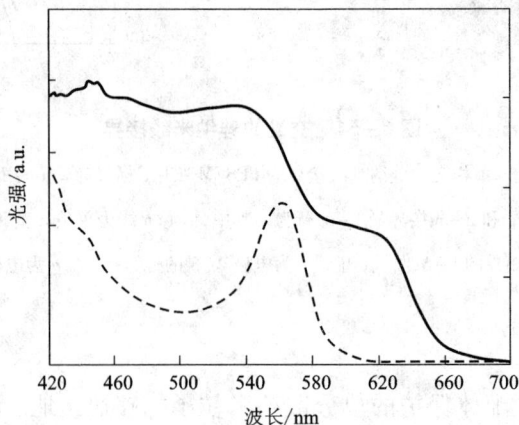

图 6-55　样品的光电响应曲线

实线为导电聚合物 MEH-PPV 中掺有 90 wt% 粒径为 5 nm
的 CdSe 纳米粒子样品；虚线为纯的 MEH-PPV 样品

王中林等发明了具有表面极性的 ZnO 纳米带，其尺寸为 5~30 nm 厚，宽 100~300 nm，几十微米长。这种纳米带上下一对宽的表面具有正负相反的极性，并沿厚度方向能产生自发极化，这是一种具有压电效应的纳米带，是一种非常理想的机电耦合材料，在微/纳米机电系统中有重要的应用价值。利用纳米带的这种压电效应，可以设计研制各种纳米传感器（如图 6-56 所示）、执行器以及共振耦合器，甚至纳米压电马达（图 0-4）。

具有高效再生功能的锂电池广泛用于手机、小型家用电器和微型仪器仪表上。锂电池的电极材料和电解质材料，特别是工作电极的材料，一直是提高锂电池效率、改善锂电池性能的关键因素。一般来说，工作电极的功能是充电时，有更多的锂离子被储存到工作电极中，放电时，锂离子由工作电极经电解液迁移到另一电极锂丝上。20 世纪 90 年代，锂电池的工作电极一般采用高比表面的多孔氧化钴材料，1998 年，美国的 Hulteen 等人在氧化铝模板的孔洞中采用无电镀法和化学气相沉积方法合成了 Au 纳米管包覆的 TiS_2 复合纳米结构，这种

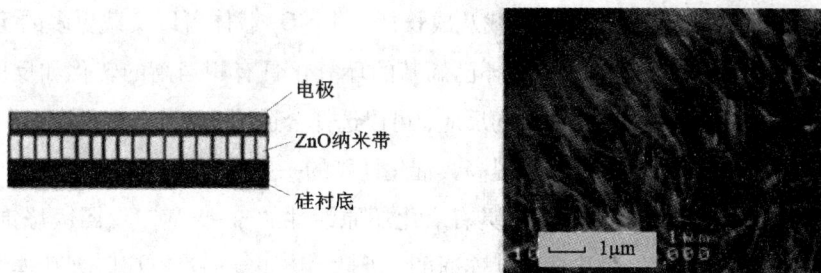

图 6 – 56　ZnO 纳米带传感器的外形结构示意图

有序结构用作锂电池的工作电极时，储存和释放锂离子的效率非常高，而且导电好。

热电转化材料是能源产业重要的材料，在热电厂和仪器仪表中有着重要的应用，长期以来，人们一直致力于寻找热电转换效率高的材料。1998 年，美国的 Venkatasubramanian 等人合成了 Ge/Si 超点阵纳米结构薄膜，其热电功率系数比常规的 Ge/Si 薄膜和块材高很多。

6.4.6　催化研究领域的应用

有序纳米阵列在催化领域中的应用主要有两个方面：直接用作催化剂和用在催化剂的载体。不论是有序纳米微粒阵列，还是有序微孔薄膜材料，由于都有较大的表面积，都有很好的催化活性。另外，很多研究也发现，有序微孔材料的孔壁一般由纳米微粒构成，其本身可以用作高性能的催化剂。

块体金基本没有催化活性，然而研究表面，在氧化物基底表面以及由有机分子包覆的金纳米粒子有序阵列均表现出较高的催化性能。Zhong 等人发现，由硫醇保护的 Au 纳米粒子（2 nm 和 5 nm）有序阵列，在电位的活化下，能够对 CO 进行催化氧化。氧化能力与粒子的大小及所包覆的有机分子层的参数有关。

有序大孔或微孔材料是催化剂载体的重要材料。对于纳米催化剂而言，其催化性能与粒子的尺度有很大的关系。将催化剂固定在有序孔中，可以防止催化剂在多次催化过程中凝结成块，使其能够在较长的时间内发挥材料的催化性能，防止催化剂失效。Johnson 等人用过渡金属取代的多氧金氧化物（TMSP）修饰 SiO_2 有序微孔，研究了催化剂活性与孔结构的关系。通过催化剂作用将 $[Co^{II}(H_2O)PW_{11}O_{39}]^{5-}$ 和 $[SiW_9O_{37}\{Co^{II}(H_2O)\}^3]^{10-}$ 修饰到氨基功能化的微孔（350

~450 nm)、纳孔(3~6 nm)以及无孔的 SiO_2 表面。虽然纳孔 SiO_2 载体具有最高的表面积,但由于孔隧道的作用限制了负载粒子的装载及成长;大孔 SiO_2 载体可以负载更多的 TMSP 团簇,因此,在三个样品中,大孔 SiO_2 载体对环己烯基的环氧化具有相当高的转化和反应速率。因此,根据催化剂颗粒的大小以及所催化的反应,可以选择合适的孔大小,使反应达到最佳效果。另外,控制孔壁结构和表面功能化也是提高其催化性能的一条重要途径。

还有一种方法是通过直接合成,将具有氧化还原活性的 $\gamma - SiW_{10}O_{36}$ 团簇修饰到 SiO_2 有序微孔的壁上。由于 SiO_2 的微孔是相互连通的,因此,该团簇通过有序阵列孔连结的相互作用可以得到有序的 $\gamma - SiW_{10}O_{36}$ 材料。在 SiO_2 模板被去除后,该材料对环辛烯的环氧化具有很高的催化活性。

研究表明:用 $\alpha - Al_2O_3$ 有序微孔结构薄膜为银催化剂载体,乙二醇转化为乙烯的转化率和选择性均比商用的负载 Ag 的 $\alpha - Al_2O_3$ 催化剂高得多。有序微孔结构薄膜能够有效地传输反应物和产物,并可以对反应进行选择性地催化。

由于有序微孔薄膜材料有较大的比表面,因此除了用于催化研究以外,还可以用于分离研究领域。当用作分离的薄膜时,过滤和固化利用了薄膜的孔径的大小。当用 PS 为模板,由于孔的尺度足够大,可以将一些尺寸的物种(如生物客体)俘获到孔洞中进行一定的操纵。CaO/SiO_2 3D 有序纳米结构材料是相当好的生物活性材料(人造骨头)。

6.4.7 医学研究领域的应用

有序纳米结构薄膜在生物检测和诊断方面起着十分重要的作用。以无机纳米粒子有序阵列和有机单分子膜为基底,用于识别、固定、配对生物活性物种,可以达到检测和操纵生物活性分子的目的。利用金纳米颗粒的颜色和独特的生物活性,研究人员在 DNA 的识别和检测技术方面取得了很大的进展。Riboh 等人设计了三角形 Ag 纳米粒子有序阵列局域表面等离子响应(localized surface plasmon resonance—LSPR)生物传感器,如图 6-57 所示。首先用 1 和 2 两种物种对有序阵列中的银纳米粒子进行表面修饰,然后使生物素 3(biotin)通过化学键与 1 的羧基发生作用,即—CO—NH—,如图所示,这样就可以用来检测抗生物素(anti - biotin—AB)。研究结果表明,该生物传感器可以精确检测浓度范围在 $7 \times 10^{-6} \sim 7 \times 10^{-10}$ mol/L 之间的样品。

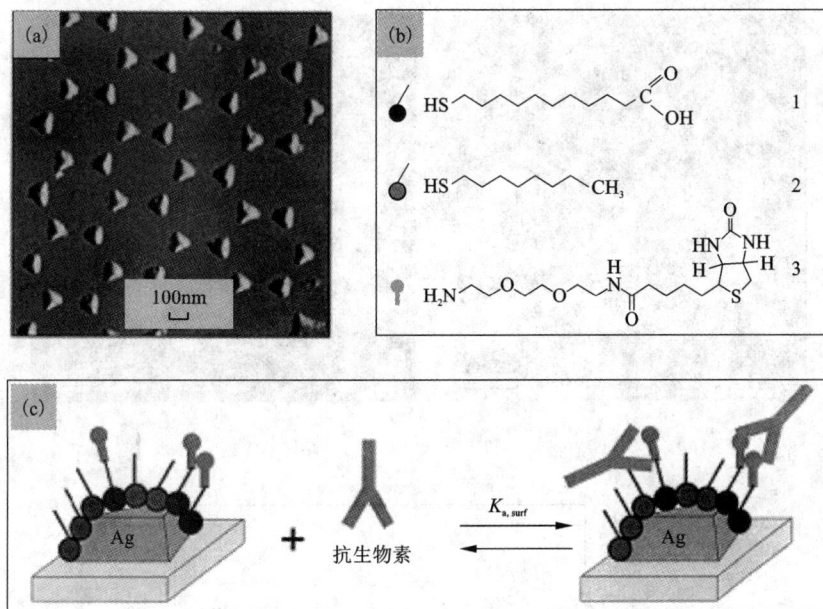

图 6 - 57　LSPR 生物传感器

(a)所得到的 Ag 纳米粒子有序阵列的 AFM 照片；(b)设计传感器需要对 Ag 纳米粒子进行
表面修饰和嫁接的物种；(c)传感器的工作过程

Zhang 等发现(图 6 - 58)，在 10 V/cm 的电场作用下，λ - DNA 在 SiO$_2$ 微球(直径为 300 nm)阵列上的电迁移速率高达 1.8 cm^2/(V·s)；在 200 V/cm 的电场下，λ - DNA 的迁移率达到最大，约 2.0 cm^2/(V·s)。在电场的作用下，不同链长的 DNA 分子在 SiO$_2$ 微球表面的迁移速率也不同。利用 SiO$_2$ 有序阵列可以设计不同链长 DNA 的分离设备，这在生命科学的研究领域中具有十分重要的意义。

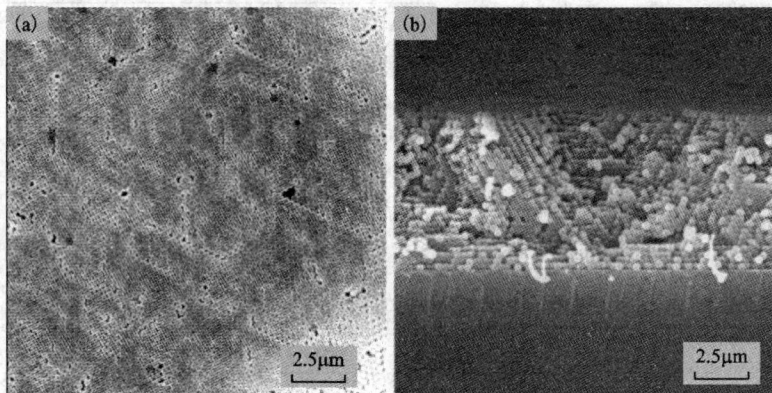

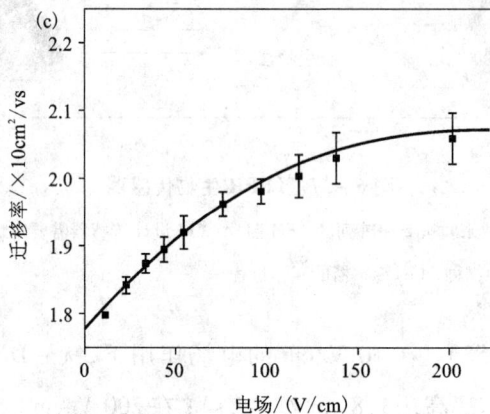

图6-58　一种纳米生物传感器及其特性

（a）~（b）SiO₂ 微球阵列的表面和截面 SEM 照片；（c）λ–DNA 在 SiO₂ 微球阵列上的电迁移速率

思考题

1. 解释纳米加工技术的"自上而下"和"自下而上"两种方式。

2. 传统半导体加工中的光刻工艺包括哪几步？试结合工艺流程图进行详细说明。

3. 如何提高传统光刻技术中曝光系统的分辨率？

4. 试比较极紫外光刻技术和 X 射线光刻技术的异同。

5. 试比较电子束刻蚀和离子束刻蚀技术的异同点和优缺点。

6. 纳米压印技术大致分为哪几种？它们之间有什么区别？

7. 纳米掩模刻蚀技术有哪些优点？

8. 何谓纳米材料的自组装？

9. 何谓表面活性剂？可以分为几种？用于制备纳米结构的微乳液体系一般有几个组成部分？

10. 何谓"取向搭接"和"奥斯特瓦尔德熟化"？

11. 查阅一篇关于"刻蚀催化图形自组装有序纳米结构"的文献，并说明"自上而下"和"自下而上"两种方式在文献中是如何实现的？

第7章　纳米固体及其制备

纳米固体是指以纳米微粒(尺寸在 1～100 nm)为主体形成的体相材料,包括块体(bulk)和薄膜(film)。

纳米固体的种类繁多,可按多种标准进行分类划分:① 按纳米微粒的结构形式可分为纳米晶体(微晶)材料、纳米非晶材料和纳米准晶材料;② 按纳米微粒中化学键的形式可分为纳米金属材料、纳米离子晶体材料、纳米半导体材料和纳米陶瓷材料等;③ 按纳米微粒的相组成可分为纳米(单)相材料和纳米复相材料;④ 按空间维数划分,以纳米微粒为单元在空间的有序排列可分为一维方向的纳米丝、二维平面的纳米薄膜和三维空间的纳米块体。另外,还有以纳米微粒为主要功能体或增强体的纳米复合材料,其分类标准可为:0－0 复合(微粒–微粒复合)、0－3 复合(纳米微粒分散到三维块体中)、0－2 复合(纳米微粒分散到二维薄膜中),0－1 复合较为罕见,但也有将零维的 C_{60} 团簇掺入一维碳纳米管管道中的报道。

纳米固体具有较为特殊的结构,其基本构成包括纳米微粒和界面两部分。其中纳米微粒部分须小于临界尺寸、并且要求其性能发生突变,依材料的不同,临界尺寸的限定范围也不同,大致在 1～100 nm 的范围内。由于纳米颗粒很小,颗粒之间的界面体积在颗粒的总体积中所占的比例很大,如粒径为 5 nm 时,该比例可达到 50%,所以在纳米固体中界面部分不再被视为是一种缺陷,而是纳米固体中的特有组成单元。

由于纳米相固体材料具有独特的纳米微粒和高浓度晶界特征,由此而产生的小尺寸量子效应和晶界效应,使其表现出一系列与普通固体材料有本质差别的力、热、光、电、磁、声等性能,使得对纳米相固体材料的制备、结构、性能及其应用研究成为材料科学研究的热点。由于纳米固体材料的种类繁多、结构特殊,为使这种新型材料既有利于促进理论研究,又能在实际应用中不断开拓新领域,探索、开发通用的高质量三维大尺寸纳米固体材料的合成制备方法已成为纳米材料研究的关键之一、也是当前纳米科技领域的研究热点和难点之一。当前已有的有关纳米固体的制备方法也有待改进,如制备金属、合金、陶瓷材料如何获得高密度,而制备催化剂及载体、过滤器如何降低密度、提高强度等等。

7.1 纳米金属与合金材料的制备

对于金属和合金材料，其结构的纳米化可通过多种制备途径来实现，这些方法可大致归类为两种，即"两步过程"和"一步过程"。

"两步过程"是先制备孤立的纳米颗粒，然后将其固结成块体材料。制备纳米颗粒的方法包括物理气相沉积（PVD）、化学气相沉积（CVD）、电化学沉积、溶胶 – 凝胶（Sol – Gel）过程、溶液的热分解和沉淀等，其中，PVD 法以"惰性气体冷凝法"最具代表性。

图 7 – 1 是惰性气体蒸发（凝聚）、原位加压成形法制备纳米金属与合金材料的装置示意图，主要由蒸发源、液氮冷却的纳米微粉收集系统、刮落输运系统及原位加压成形（烧结）系统组成。其基本制备过程涉及到：在高真空反应室中、在惰性气体保护和冷却下，使金属受热升华、凝聚并在液氮冷阱壁上聚集为纳米尺寸的超微颗粒；用聚四氟乙烯刮刀将冷阱收集器上的纳米微粒刮落进入漏斗并导入模具，进行低压压实；在 10^{-6} Pa 的高真空下，由机械手将轻度压实后的粉体送至高压原位加压装置，在 1 ~ 5 GPa 的压力、300 ~ 800 K 的温度下将纳米粉原位加压（烧结）成块。显然，最终得到的产品是经过二次凝聚过程的晶体或非晶体。

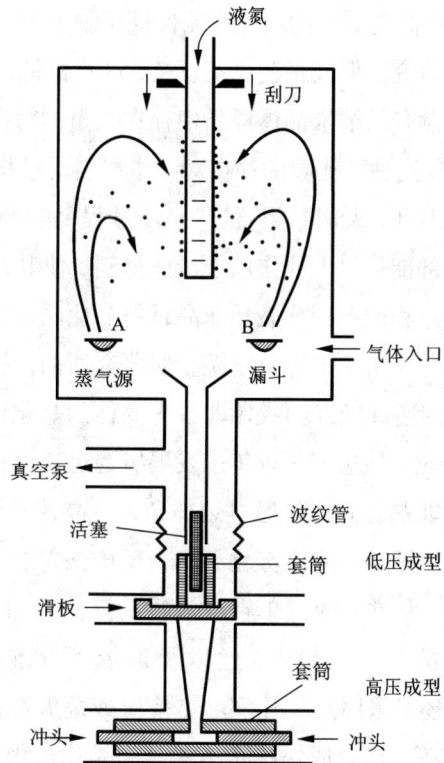

图 7 – 1 惰性气体蒸发（凝聚）、原位加压成形法制备纳米金属（合金）材料的装置示意图

1984 年，德国萨尔布吕肯的格莱特（Herbert Gleiter）教授首先用此方法，把气相凝聚成的粒径为6nm 的金属铁粉原位加压，制成世界上第一块纳米材料，开创了纳米材料学的先河。稍后，用此方法又成功制备出了 Cu、Au、Ag、Mg、Sb、Pd 等金属和 Ni_3Al、NiAl、TiAl、

Fe_5Si_{95}、$Si_{25}Pd_{75}$、$Pd_{70}Fe_5Si_{25}$等合金的块状纳米材料。

近年来，在该装置基础之上，通过改进使金属升华的热源及方式（如采用感应加热、等离子体加热、电子束加热、激光热解、磁控溅射等）以及改良其他装备，可以获得克级到几十克级的纳米晶体样品。纳米超饱和合金、纳米复合材料等也正在利用此法研究之中。目前该法正向多组分、计量控制、多副模具、超高压力方向发展。

惰性气体蒸发（凝聚）、原位加压成形法制备纳米金属与合金材料的主要特点是适用范围广，在高真空下的原位压制保证了纳米颗粒的表面清洁、新鲜（无氧化），有利于纳米材料的理论研究。但其工艺设备复杂，产量极低，很难满足性能研究及应用的要求，特别是用这种方法制备的纳米晶体样品中存在大量的微孔隙，致密样品的密度仅能达金属体密度的75% ~ 90%，这种微孔隙的存在对纳米材料的结构性能研究及某些性能的提高十分不利。

鉴此，人们希望通过"一步过程"实现金属和合金材料结构的纳米化。"一步过程"是指将外部能量引入或作用于母体材料，使其产生相或结构的转变，直接制备出块体纳米材料，此类过程的典型代表是非晶材料晶化法。

1990 年，中国科学院金属研究所的卢柯研究员提出制备纳米晶体的新方法——非晶晶化法，即通过（温度）控制非晶态固体的晶化动力学过程，使产物中的晶化区域局限为纳米尺寸的晶粒。该法工艺近年来发展极为迅速，通常由非晶态固体的获得和晶化两个过程组成。

非晶态固体可通过熔体急冷、高速直流溅射、等离子体流雾化、固态反应法等技术制备，最常用的是单辊或双辊旋淬法。如果获得的是非晶粉末、丝以及条带等低维材料，还需采用热模压实、热挤压或高温高压烧结等方法合成块状非晶样品。晶化过程主要通过热退火实现，通常采用等温退火方法，近年来还发展了分级退火、脉冲退火、激波诱导等方法。

卢柯研究小组采用非晶晶化法，制备出大量高密度、高纯度的纳米铜，纳米铜中的晶粒尺寸只有 30 nm，是常规铜的几十万分

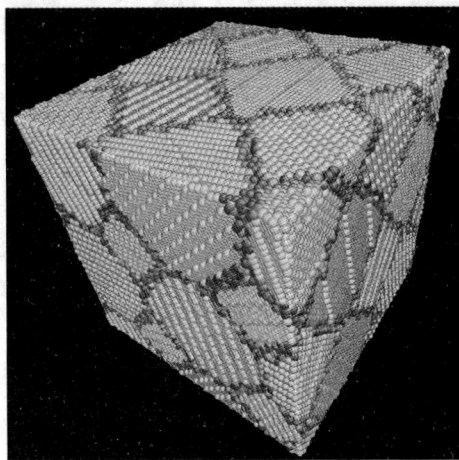

图 7 – 2　纳米铜中的原子排列示意图

之一，图 7 – 2 示出其原子排列示意图。在进一步的冷轧实验中，发现纳米铜在室温下可连续

轧制,不经中间退火、变形量达 5100% 还没有出现裂纹,展示了无空隙的纳米材料是如何变形的(见图 7-3)。这是世界上首次直接发现纳米金属的"奇异"延展性能——室温下的超塑延展性(可承受很大的塑性形变而不断裂),该延展性对晶粒的粒径很敏感,只有粒径小,纳米晶合金的塑性才好,否则就很脆。此前,由于孔隙大、密度小、被污染等因素,绝大多数纳米金属在冷轧实验中易出现裂纹,塑性很差。

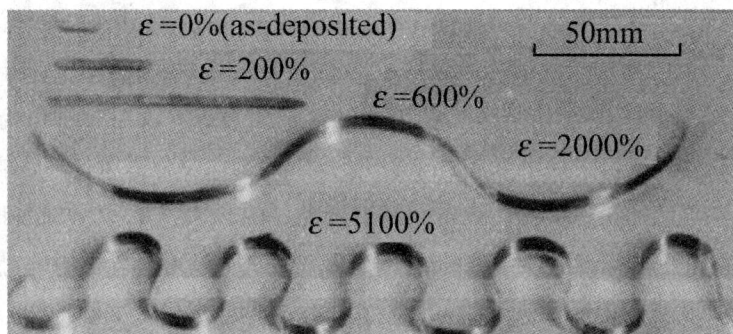

图 7-3 纳米铜的室温超塑延展性

目前,利用该法已制备出 Ni、Fe、Co、Pd 基等多种合金系列的纳米晶体,也可制备出金属间化合物和单质半导体纳米晶体,并已发展到实用阶段。此法在纳米软磁材料的制备方面应用最为广泛。

非晶晶化法具有工艺简单、成本低、产量大、晶粒度变化容易控制、界面清洁致密、样品中不含微孔隙等优点,有助于研究纳米晶的形成机理及用来检验经典的形核长大理论在快速凝固条件下应用的可能性。但其局限性在于依赖于非晶态固体的获得,只适用于非晶形成能力较强的合金体系(主要是 Ni、Fe、Co、Pd 基合金的纳米晶体)。

与非晶晶化法相关的制备纳米晶体的新方法还在不断开拓中。如高压、高温固相淬火法:将真空电弧炉熔炼的样品置入高压腔体内,加压至数 GPa 后升温,通过高压抑制原子的长程扩散及晶体的生长速率,从而实现晶粒的纳米化,然后再从高温下固相淬火以保留高温、高压组织;大塑性变形方法:采用纯剪切大变形方法,可获得亚微米级晶粒尺寸的纯 Cu、纯 Fe 和 Al-Cu-Zr、Al-Mg-Li-Zr、Mg-Mn-Ce、Ni_3Al 金属间化合物及 Ti-Al-Mo-Si 等合金的块体纳米材料;塑性变形加循环相变方法:熔炼 $Zn_{78}Al_{22}$ 超塑性合金,经固溶处理后

▶ **239**

通过小塑性变形和循环相变(共析转变),可获得晶粒度在 $100\sim300$ nm 的块状纳米晶体。

此外,还开发出了几种可用于块状纳米晶直接制备的潜在技术,如脉冲电流直接晶化法和深过冷直接晶化法。

脉冲电流直接晶化法:近年来,关于脉冲电流对金属凝固组织的影响已屡见报道,如在 $Pb_{68}Sb_{15}Sn_7$ 共晶及 $Pb_{87}Sb_{10}Sn_3$ 亚共晶合金中通以 40 mA/cm^2 的直流电,发现凝固后组织明显细化;在 $Sn_{85}Pb_{15}$ 合金凝固过程中通脉冲电流后,也发现凝固组织细化且发生枝晶向球状晶转变。实验结果证实,脉冲电流可增加过冷度,并可使共晶的晶粒度降低一个数量级,且晶粒度随脉冲电流密度的增加而降低。通过在理论上用经典热力学和连续介质电动力学对脉冲电流作用熔体的结晶成核理论和结晶晶粒尺寸的计算研究,发现当脉冲电流密度达到 0.1 GA/m^2 时,在理论上可获得大块纳米晶,按该理论对 $Sn_{60}Pb_{40}$ 合金进行计算,结果与实验值基本一致,加之脉冲电流的快速弛豫特点可限制纳米晶粒的长大,有理由相信随着脉冲电流对金属凝固影响机制的进一步明晰及实验装置的进一步完善,超短时脉冲电流处理在某些合金体系中有可能使熔体直接冷凝成大块纳米晶材料,并成为直接晶化法制备纳米晶材料的潜在技术之一。

深过冷直接晶化法:快速凝固对晶粒细化有显著效果的事实已为人所知,急冷和深过冷是实现熔体快速凝固的两条行之有效的途径。急冷快速凝固技术由于受传热过程限制只能生产出诸如薄带、细丝或粉体等低维材料而在应用上受到较大的限制。深过冷快速凝固技术,通过避免或清除异质晶核而实现大的热力学过冷度下的快速凝固,其熔体生长不受外界散热条件控制,其晶粒细化由熔体本身特殊的物理机制所支配,已成为实现三维大体积液态金属快速凝固制备微晶、非晶和准晶材料的一条有效途径。由于深过冷熔体的凝固组织与急冷快速凝固组织具有很好的相似性,通过进一步研究深过冷晶粒细化的物理机制,进而为深过冷晶粒的纳米化设想提供理论基础,同时研究出各种实用合金的熔体净化技术以及深过冷与其他晶粒细化技术相结合的复合制备技术,深过冷方法可望成为块体金属纳米材料制备的又一实用化技术。

总之,通过采用多种方式将外部能量引入和作用于母体材料,"一步过程"实现母体材料的结构转变,制备界面清洁的纳米材料,是今后制备块状金属和合金纳米材料的一种很有潜力的方法。

除惰性气体蒸发后原位加压法和非晶完全晶化法以外,当前制备纳米金属与合金块体材料的第三种方法是机械合金研磨结合加压成块法。

机械合金研磨（mechanical alloying—MA）法是美国 INCO 公司于 20 世纪 60 年代末发展起来的技术，它是一种用来制备具有可控微结构的金属基或陶瓷基复合粉末的高能球磨技术：在干燥的球型装料机内，在高真空氩气保护下，通过机械研磨过程中高速运行的硬质钢球与研磨体之间相互碰撞，对金属或合金粉末颗粒反复进行熔结、断裂、再熔结的过程使晶粒不断细化，达到纳米尺寸。然后再采用热挤压、热等静压等冷压或热压技术，将纳米粉加压制成块状试样，再经适当的热处理可得到具有所需性能的纳米块体材料。研究表明，非晶、准晶、超导材料、稀土永磁合金、超塑性合金、金属间化合物、轻金属高比强合金等纳米材料均可通过这一方法合成。

由于机械球磨的工艺特点，高能球磨法制备纳米金属与合金块体材料存在晶粒尺寸不均匀、易产生杂质、污染、氧化及应力，很难得到洁净的纳米晶体界面等缺点，对一些基础性的研究工作不利。但该方法成本低、产量高、工艺简单，特别是合金基体成分不受限制，在高熔点金属的合金化、非平衡相的生成及开发特殊用途合金等方面显示出较强的活力。

利用机械合金研磨结合加压成块法，可制备纳米晶纯金属材料（主要是具有体心立方和六方密堆结构的金属）、互不相溶体系的固溶体（如通过机械合金化过程，可得到具有体心立方结构的 Ag – Cu 固溶体）、纳米金属间化合物（作为球磨的中间相，在自由能较低时可形成；若非晶的自由能更低，则会再形成非晶相）、纳米陶瓷粉 – 金属复合材料（将纳米陶瓷颗粒均匀分散在金属材料基体中，如将纳米 Y_2O_3 掺入 Co – Ni – Zr 合金，可提高材料的矫顽力；将纳米 CaO、MgO 掺入 Cu 基体可提高其强度），等等，可用来加工薄板、厚板、棒材、管材及其他型材，在世界范围内已获得了广泛的重视。

综观纳米材料的研究发展历史，不难看出纳米材料的推广应用，关键在于块体纳米材料的制备，而块体金属和合金纳米材料制备技术的主要发展目标是发展工艺简单、产量大、适用范围广、能获得界面清洁、无微孔隙的大尺寸纳米材料制备技术，其发展趋势则是发展"一步过程"、直接晶化法制备纳米晶技术。

从实用化角度来看，在今后一段时间内，绝大多数纳米晶材料的制备仍将以非晶晶化法和机械合金化法为主，它们发展的关键是压制过程的突破。此外在机械合金化技术中，尚需进一步克服机械合金化过程中所带来的杂质和应力的影响。对于能采用塑性变形等技术直接获得亚微米级晶粒的合金系，拓宽其研究系列，研究出与各种合金成分所对应的实用稳定的塑性变形及热处理工艺，并全面进行此类纳米晶材料的性能研究工作，是此类技术走向实用的当务之急。

从长远角度来看,高压高温固相淬火、脉冲电流和深过冷直接晶化法以及与之相关的复合块状纳米材料制备技术及其基础研究工作,是今后纳米金属和合金材料制备技术的研究重点。

7.2 纳米相陶瓷的制备

高致密度的纳米相陶瓷具备许多优点,突出表现为:①具有超塑性、高韧性;②保持断裂韧性的同时强度提高很多;③烧结温度可降低几百度,烧结速度也大大提高。

纳米陶瓷的优异性能主要得益于其具有纳米级尺度的微观结构单元。如纳米陶瓷的低温烧结,该过程主要受晶界扩散控制。由于晶界处的原子偏离平衡位置,具有较高的动能,并且晶界处存在较多的缺陷,如空位、杂质原子和位错等,故晶界处原子的扩散速度比在晶粒内快得多,导致其烧结速度主要由晶粒尺寸决定、正比于 $1/d^4$(d 为纳米陶瓷颗粒的粒径)。所以,为了维持和提高纳米陶瓷的性能,必须在纳米陶瓷的制备过程中保证颗粒不长大。

纳米陶瓷的制备过程可分为三个主要部分,即纳米陶瓷粉体的合成、纳米陶瓷素坯的成形和纳米陶瓷的烧结。

1. 纳米陶瓷粉体的合成

纳米粉体的合成是纳米陶瓷制备的第一步,这是因为粉体的性能,如化学成分配比、粉体纯度、成分分布、粉体颗粒大小、颗粒尺度分布、团聚状态等对下一步成形、烧结及最后纳米陶瓷的性能都有极大的影响。

纳米陶瓷粉体的合成要求是:粒径小、呈球形、粒度尺寸分布窄、无硬团聚、高纯度。

当前较为理想的高技术陶瓷是 Si 基陶瓷,将其纳米化后可获得理想的高性能。但传统的固相反应法、碳热法、Si 粉氮化法等方法,只能获得 μm、亚 μm 级的 SiC、Si_3N_4 陶瓷粉,不能满足纳米 Si 基高技术陶瓷粉的合成要求,需要有改进创新。

气相反应法是目前制备纳米 Si 基陶瓷粉的主要方法,可获得粒度更小的纳米 Si、SiC、Si_3N_4 陶瓷粉。其主要过程是:含 Si 的气体分子(如 SiH_4)或液相有机 Si 气化后,与 NH_3 气等在高温下发生反应,快速形核、长大,生成 SiC、Si_3N_4、或 Si－C－N 复合粉等。

根据高温加热方式的不同,气相反应法可分类为:①热管炉法(反应混合气体直接通入高温反应管),该法设备简单、产量大、成本低,但反应管壁处的非均匀成核(异质成核)使颗粒的粒度分布宽、呈链状团聚,同时粒径偏大。②等离子法(利用等离子高效加热),但加热过程中电极材料的污染和温度梯度会造成颗粒粒度的不均匀。③激光气相合成法,该法是比较理想的高性能纳米陶瓷粉的制备方法,由于形成的反应火焰不与器壁接触(无壁反应),避免了由于反应器壁造成的污染;反应火焰稳定、温度场分布较均匀,反应在瞬间(10^6 K/s)完成,粒径小(8～20 nm)、粒度分布窄,形状规则。通过调节工艺参数(如激光功率密度、反应箱压、反应气体配比、流速等),可精确控制生成颗粒的粒度、化学组成和结晶状态,从而一步法合成满足理想纳米粉条件的(Si 基)纳米陶瓷粉。

除化学气相合成法、等离子气相合成法、激光诱导气相沉积法外,气相法还包括惰性气体冷凝法、溅射法等方法,它们的共同特点是所得粉体纯度较高、团聚较少,烧结性能也往往较好。但缺点是设备昂贵、产量较低、不易普及。为此,人们又通过技术改进来挖掘传统方法的潜力。在固相法中,包括高能机械球磨法、深度塑性变形法等,其优点是所用设备简单、操作方便;缺点在于所得粉体往往不够纯,粒度分布也较大,所得产品只适用于对性能要求比较低的场合。

液相法包括沉淀法、溶胶 – 凝胶法、水热法、喷雾热解法、微乳液法等。液相法的特点是介于气相法与固相法之间:与气相法相比,液相法具有设备简单、无须高真空等苛刻物理条件、易放大等优点,同时又比固相法制得的粉体纯净、团聚少,很容易实现工业化生产。因此,在纳米陶瓷粉的大规模合成领域,液相法最有发展前途。

2. 纳米陶瓷素坯的成形

成形工艺是将粉体转变成具有一定形状、体积和强度的坯体的过程。陶瓷素坯的密度和显微组织的均匀性,对陶瓷在烧结过程中的致密化有极大影响。要压制出理想的陶瓷素坯,也还有许多的技术和科学问题。

当前提高陶瓷素坯密度和均匀性的主要问题有:①纳米颗粒之间很容易因 London – Van der Waals 吸引力而形成团聚,使素坯中的颗粒堆积不均匀性增加,降低坯体的密度。②由于纳米颗粒小,单位体积中颗粒间的接触点大大多于普通粉体,因此在成形时每个接触点都会因摩擦力的作用而阻碍颗粒间的滑动,影响均匀化,同时还容易在素坯中留下残余应力,使坯体在烧结时破碎。③纳米颗粒表面吸附的杂质也会对成形造成影响。

为适应纳米陶瓷制备的发展要求,素坯成形技术也有一些新进展:①传统的干压成形得到进一步发展,如利用包膜技术减小颗粒间的摩擦,以利于提高素坯的密度;采用连续加压的工艺,使粉体团聚破碎、晶粒重排在不同的加压过程中完成,使素坯的密度更高。②提高成形压力是最主要的发展趋势。如利用电磁脉冲等特殊手段,将成形压力提高到 2～10 GPa,使素坯的密度提高到 60%～80%,比普通的等静压成形高出 20%～40%。③湿法成形成为研究的热点。如利用离心注浆成形方法，可获得相对密度高达74%、颗粒分布极均匀的纳米Y－TZP坯体。还有如渗透固化、直接凝固注模成形、凝胶注模成形、挤压成形、注射成形等也得到广泛研究。下面简要介绍三种用于压制纳米陶瓷素坯的成形技术。

冷等静压成形是当前很常用的一种成形方法。冷等静压成形的原理是：将在较低压力下干压成形的坯体置于一橡皮模内密封，在高压容器中以液体为压力传递介质，使坯体均匀受压，得到密度高、均匀性好的素坯。纳米陶瓷素坯采用冷等静压成形，既可获得较高的素坯密度，又可以压碎粉体中的团聚体，这对于纳米陶瓷的烧制是十分重要的。由于纳米粉体颗粒细、比表面积大，很容易相互粘连形成软团聚体；这些软团聚体如果不在成形阶段压碎，将在烧结时导致差分烧结，使团聚体内部首先致密化、并与基体间形成裂纹，其结果将使烧结温度提高和晶粒长大，这对于制备纳米陶瓷是极其不利的。应用冷等静压成形制备纳米陶瓷时，可以得到透明或半透明的素坯。这是因为气孔是坯体中主要的光散射中心，纳米粉体经冷等静压成功压制成形后，密度大且显微结构均匀，素坯中的气孔比较小、比可见光波长短得多(小于光波长的1/10)，因而对光的散射作用比较弱。

原位成形是最早被用于纳米陶瓷素坯成形的方法之一。一般干压、冷等静压及超高压成形都是在空气中进行的，由于纳米粉体颗粒小、比表面积大，很容易吸附空气中的杂质，因此粉体不可避免地会受到一些污染，在某些情况下可能会对陶瓷的烧结和性能产生不利影响。原位成形的特点是在真空中完成素坯的压制，可确保纳米颗粒表面及烧结后陶瓷晶界的清洁。由于只有气相法才能保证粉体制备是在真空条件下进行的，所以该方法一般用于气相法制备的纳米陶瓷粉体的成形。

渗透固化是一种新的纳米陶瓷素坯成形方法，属于湿法成形技术。在湿法成形技术中，将可流动的悬浮液固化成比较致密的陶瓷素坯是最关键的一步。现在所用的湿法成形，无论是压滤还是离心固化，都可能导致坯体密度的梯度分布和坯体开裂。渗透固化的基本过程则是将纳米粉体的悬浮液放在一可使液体通过、但陶瓷颗粒不能通过的半透膜袋中。将半透膜袋置于采用相同溶剂的高浓度的高分子溶液中，同时保证高分子不能透过半透膜。由于半透膜内液体的化学势比半透膜外要高得多，在化学势的作用下，半透膜中的溶剂向外渗透，在理想条件下，这种渗透要达到半透膜内外的势能相同为止，即：$\mu_0 = \mu_{poly} + \Pi_{poly} V_m$，式中$\mu_0$是纯溶剂的化学势能(近似等于陶瓷颗粒悬浮液中溶剂的化学势能)；μ_{poly}是高分子溶液中溶剂的化学势能；Π_{poly}是高分子溶液的渗透势能；V_m是高分子溶液中溶剂的摩尔体积。化学势能可看作是对半透膜内的颗粒进行"压滤"的压力，这种压力非常大，可高达12 MPa，接近于一般机械压滤的压力极限，可使半透膜中的陶瓷颗粒固化成形。

3. 纳米陶瓷的烧结

烧结是素坯在高温下的致密化过程，是陶瓷材料结构致密化、晶粒长大、晶界形成的过程。随着温度的上升和时间的延长，陶瓷固体颗粒相互键联、晶粒长大，孔隙和晶界渐趋减少，通过物质的传递，总体积收缩、密度增加，最后成为坚硬的具有某种显微结构的多晶烧结体。

烧结是陶瓷制备过程中最关键的一步，在此过程中，必须解决晶粒的长大问题：由于纳米颗粒表面能大，晶粒生长迅速，即使在快速烧结的条件下或相对较低的温度下（如 1200 ℃），颗粒的粒径也很容易长大、达到 100 nm 以上，使纳米陶瓷失去其基于纳米尺度结构单元的优异性能。

在纳米陶瓷的烧结过程中，已开发出一些控制晶粒长大的方法，如选择适当的添加剂可有效地降低陶瓷的烧结温度、抑制晶粒的长大，但也可能引入不希望出现的杂相；使用性能良好的颗粒粉体、采用超高压等新型成形方法、研究新型的烧结方法和烧结工艺等是研究重点。具体分述如下：

(1) 添加剂的作用

大量实践证明，少量添加剂会明显改变烧结制度。因此使用适当的添加剂来促进坯体的致密化和控制晶粒的生长，是一种简便有效的手段。

添加剂在烧结中所起的作用仍不明确，可能的作用机制有：① 添加剂在晶界附近富集、杂质偏聚到晶界上，在晶界处形成连续的第二相，并在晶界建立起空间电荷，从而对晶界起钉扎作用，使晶界的迁移速率大大降低，阻止晶粒的长大；② 杂质未在晶界偏析，但改变了点缺陷的浓度、组成和性质，从而改变某种离子的扩散系数、阻止晶粒的生长；③ 添加剂提高了表面(界面)能的比值，从而直接提高了致密化驱动力；等等。

事实上，由于陶瓷材料烧结过程的复杂性，添加剂在其中所起的作用至今还没有完全弄清。而对于添加剂在烧结机理尚不很清楚的纳米陶瓷的烧结中所起的作用，观点更不统一。虽然如此，在实际操作中，通过选择适当的添加剂并控制其含量，在适当的工艺条件下，可有效降低陶瓷的烧结温度，是一种实现纳米陶瓷烧结达到晶粒无明显长大而致密度很高的目的的简便有效的方法。

(2) 烧结方法和烧结工艺

传统的烧结方式，如无压烧结、热压烧结等，依然得到广泛使用，并开发出许多新的烧结工艺。无压烧结方法中有多阶段烧结、微波烧结(microwave sintering)、等离子体烧结(plasma sintering)、等离子活化烧结(plasma activated sintering)、放电等离子烧结(spark plasma sintering)等;在加压方式上的发展主要有超高压烧结(ultra high pressure sintering)、冲击成形(shock compaction)、爆炸烧结(explosive sintering)等。

1)无压力烧结(静态烧结)

将无团聚的纳米粉体在室温下经等静压(水压)、单向压力(机械压)等方式模压制成块状试样,然后在一定温度下焙烧使其致密化(烧结)。其过程特点是先加压、后加热。

该方法工艺简单,但烧结时容易出现晶粒的快速长大及大孔洞的形成,使试样不能致密化。为防止在该过程中的晶粒长大,在主体陶瓷粉中可掺入一种或多种稳定化粉体(稳定剂),使烧结后的试样中晶粒无明显长大、并获得高致密度。但杂质引入的杂相可能会在高温下首先软化、从而破坏陶瓷的高温力学等性能。

2)热压烧结(烧结-锻压法)

在加热粉体的同时施加一定的压力,使无团聚的粉体在一定的压力下进行烧结。对于许多未掺杂的纳米陶瓷粉,用此方法可制得有较高致密度的纳米陶瓷,且晶粒无明显长大。

其过程特点是加热、加压同时进行,样品的致密化主要是依靠外加压力作用下的物质迁移而完成。显然其工艺设备和操作都要比无压烧结的复杂些,现在已开发出真空热压烧结、气氛热压烧结、连续热压烧结等方法。

热压烧结的作用机制在于加压提高了对于陶瓷粉体的烧结力。在热压烧结的过程中,总烧结力(致密化驱动力)$\sigma_s = 2\gamma/r + \sigma_a$,式中 γ 为表面张力,r 为颗粒半径(故 $2\gamma/r$ 为内应力),σ_a 为附加应力。σ_s 的增加,提高了烧结的致密化速率,使烧结体的最终密度可接近理论密度(如单晶的密度)。

热压烧结广泛地用于在普通无压条件下难以致密化的材料的制备,近年来已在纳米陶瓷的制备中得到应用。根据透射电子显微镜的观测,发现在压制过程中,纳米颗粒发生了类似挤压的形变,挤压可能来源于形变和扩散过程的共同作用,从而至少部分地填充了晶粒间的气孔、提高了材料的密度。对很多微米、亚微米材料的研究表明,热压烧结与常压烧结相比,烧结温度要低很多,而且烧结体中的气孔率也低。由于是在较低的温度下烧结,晶粒的生长就受到了抑制,所得的烧结体晶粒较细、且有较高的强度,保证了烧结体的高性能。

(3)粉料的处理和配制

除添加剂掺杂、加压力可提高纳米陶瓷的致密度以外,粉料的处理在制备纳米陶瓷的过程中对陶瓷密度也有较重要的影响。

1）制粒工艺

将分散好的粉料制成潮湿或塑性的粉体，经一定尺寸孔板的筛分，形成坚硬、密实、形状不规则的团粒，有利于提高最终块体的密度。

2）添加剂工序

通过加入添加剂，如提高生坯强度的黏结剂、抗团聚的反絮凝剂、减少摩擦阻力的润滑、润湿剂等，有利于形成质量好的致密的纳米陶瓷材料。

7.3　纳米固体材料的性能

7.3.1　力学性能

纳米固体材料中以超细颗粒和高比例界面为代表的独特微观结构，使其可能表现出反常的力学特性。

（1）Hall – Petch 关系

Hall – Petch 关系是表征多晶材料的硬度（或屈服应力）与晶粒尺寸之间关联的关系式，即材料的硬度 $H_V = H_{V0} + kd^{-1/2}$，式中 d 为晶粒的平均粒径，k 为比例系数。该关系式的理论基础是位错塞积理论，是已经过大量实验验证的普适经验规律，对各种粗晶材料都是适用的。比例系数 k 是正值，所以随着晶粒尺寸 d 的减小，材料的硬度都是增加的，与 $d^{-1/2}$ 成线性关系。

在纳米固体材料中，由于特殊微观结构所带来的反常力学特性主要也是体现在 Hall – Petch 关系式上。在纳米晶体材料中，Hall – Petch 关系有时是正常的，即正的、比例系数 $k > 0$，随着晶粒平均粒径 d 的减小，材料的显微硬度 H_V 是增加的。如在用机械合金化方法制备的纳米 Fe、Co、Ni、TiNiSi 合金以及在 Fe – Si – B、Fe – Cu – Si – B 等纳米晶体系中，均发现了同常规材料相一致的正常的 Hall – Petch 关系。但同时也发现在纳米固体材料中，比例系数 k 值一般要比常规材料中的数值小得多。因此，即使纳米固体材料的硬度随晶粒的平均尺寸减小而增加，但其硬度加强的效果却比从常规材料出发所作出的预期要小得多，即出现软化现象。值得指出的是，即便如此，由于纳米固体材料中的颗粒粒径很小，纳米材料的硬度还是要比常规材料高几倍甚至几十倍。

由于结构特殊，在某些纳米固体材料中还存在负的（反常）Hall－Petch关系，即比例系数 $k < 0$，材料的显微硬度 H_v 随着颗粒尺寸 d 的减小呈下降趋势。这种关系在常规多晶材料中从未出现过，但在许多纳米固体材料中，如利用惰性气体蒸发后原位加压法制备的纳米 NiP 合金和非晶晶化法获得的无孔隙纳米晶体单质、合金、金属间化合物中，均发现 Hall－Petch 关系是负的，即随着晶粒尺寸的减小，其硬度（强度）也降低。

另外还有一些纳米晶体材料表现出正－负 Hall－Petch 关系，如在纳米晶 Fe－Mo－Si－B 和 NiZr 样品中，既存在正常 Hall－Petch 关系（$k > 0$），也存在反常 Hall－Petch 关系（$k < 0$）。现有对纳米材料的显微硬度测试及拉伸实验表明，纳米固体材料的显微硬度和屈服应力随颗粒直径平方根的变化关系较为复杂，并不只是呈线性单调上升或单调下降，而是存在一个拐点（临界晶粒直径 d_c）。当平均晶粒直径 $d > d_c$ 时，呈正 Hall－Petch 关系，即比例系数 $k > 0$；当平均晶粒直径 $d < d_c$ 时，则呈负 Hall－Petch 关系，即 $k < 0$。而且在同一类正的（或负的）Hall－Petch 关系中，比例系数 k 也可能不再是一个常数，如在单质纳米晶 Se 样品中，粒径在 9 ~15 nm 和 15 ~25 nm 范围内，有两段斜率（比例系数 k）明显不同的 Hall－Petch 关系曲线。

由上述情况可知，当组成固体的微粒尺寸进入纳米量级时，其力学性质将发生明显变化，在纳米晶材料中出现了在常规材料中从未出现的负 Hall－Petch 关系及正－负 Hall－Petch 关系等反常现象，对传统的材料强化理论提出了挑战。受样品制备及性能测试技术的限制，有关结果和认识都还有待深入，一般认为纳米尺度颗粒中的晶格畸变可能会对纳米固体材料力学性能的改变有明显贡献。

（2）模量

晶界对于材料的力学性质有重大的影响，因此可以预期纳米微晶材料的力学性质较之常规大块晶体会出现许多新特点。如果纳米微晶材料中的晶粒尺寸极小且均匀，晶粒的表面清洁，将有利于材料力学性能的提高。如纳米微晶 CaF_2 的杨氏模量和切变模量都比大块试样的相应值要小得多，大大改善了 CaF_2 陶瓷的脆性。

（3）超塑性

所谓超塑性是指材料在一定的应变速率下产生较大的拉伸形变。尽管已发现 Y－TZP、Al_2O_3、Si_3N_4 等陶瓷材料在高温下（1100 ℃ ~1600 ℃）具有超塑性，但在室温下普通陶瓷还未出现过超塑性。陶瓷材料具有超塑性必须具备两个条件：①较小的粒径；②快速的扩散途径（增强的晶格、晶界扩散能力）。这两个条件在纳米陶瓷中都可得到满足，因此陶瓷材料的室温超塑性可望在纳米陶瓷中得到实现。1987年德国萨尔兰大学的格莱特和美国阿贡国家实验室的席格先后研制成功 CaF_2 和 TiO_2 纳米陶瓷，CaF_2 在室温下显示出了良好的韧性(图 7 - 4)；平均粒径为 8 nm 的 TiO_2 纳米陶瓷在室温下就可发生塑性形变，在 180° 塑性形变可达 100%，在弯曲 180° 的情况下不发生裂纹扩展。这些突破性的进展，使那些为陶瓷增韧奋斗了将近一个世纪的材料科学家们看到了希望，利用纳米陶瓷的超塑性潜力，可望解决陶瓷材料在低温度、高应变速率下的塑性成形加工、韧性有待增强等难题。

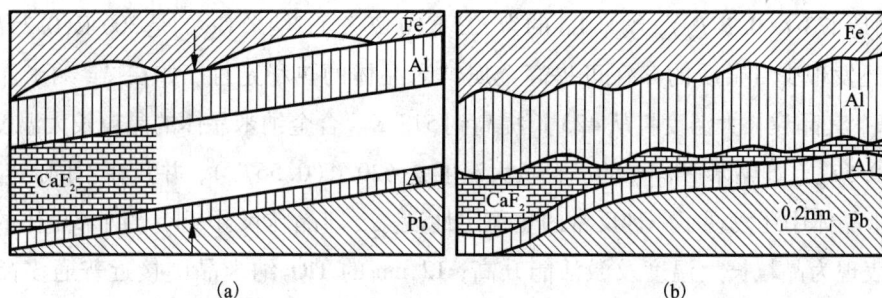

图 7 - 4　纳米 CaF_2 由于塑性形变导致样品的形状发生正弦弯曲

(a) 塑性形变前；(b) 塑性形变后

7.3.2　热学性能

（1）比热

根据热力学理论，物质体系的比热主要来自熵的贡献，在温度不太低的情况下，电子熵可忽略，体系熵主要由振动熵和组态熵贡献。纳米结构材料的界面处原子分布比较混乱，与常规材料相比，由于界面所占的体积百分比很大，纳米材料熵对比热的贡献要比常规粗晶材料大得多，因此可以推测纳米结构材料的比热要比常规材料高很多。通过对晶粒尺寸分别为 8 nm 和 6 nm、相对密度分别为 90% 和 80% 的纳米 Cu 晶体的定压比热测量，实验证实了以上推断。通过实验，发现纳米材料较常规晶态，比热可增加 17% ~ 55%。

（2）热稳定性

纳米材料的结构稳定性(热稳定性)问题是一个十分重要的问题，它关系到纳米材料的优越性能究竟能在什么样的温度范围内得到充分发挥。

在纳米晶体材料中，有大量的晶界处于热力学亚稳态，它们将在适当的外界条件下向较稳定的亚稳态或稳态转化，一般表现为晶粒长大、固溶脱溶和相转变三种形式。

关于晶粒长大,根据传统多晶体晶粒的长大理论,晶粒长大的驱动力反比于其晶粒尺寸,随着晶粒尺寸的减小,晶粒长大的驱动力将显著增大。据此理论,纳米级晶粒即使是在常温下也难以保持稳定。但是,实验表明纳米晶体具有很好的热稳定性。绝大多数纳米晶体在室温下形态稳定、不长大,有些纳米晶粒的长大温度在 1000 K 以上。

对于单质纳米晶体,熔点越高的物质晶粒长大温度也越高,在 $0.2 \sim 0.4 T_m$(体材料熔点)之间,比普通多晶体的再结晶温度($0.5 T_m$)略低。如纳米 Cu 晶粒的长大温度为 393 K($0.28 T_m$),纳米 Fe 的是 473 K($0.26 T_m$),纳米 Pd 的为 523 K($0.29 T_m$),纳米 Ge 的是 300 K($0.25 T_m$)。

实验还发现少量杂质的存在可提高金属纳米晶体的热稳定性,如在 Ag 纳米晶中加入 7.0% 的氧,其晶粒长大温度将从 423 K 提高到 513 K。合金纳米晶体的晶粒长大温度往往较高,大于 $0.5 T_m$。如纳米 $Ni_{80}P_{20}$ 的晶粒长大温度是 620 K($0.56 T_m$),并且在不同晶粒尺寸的 Ni – P 纳米晶体中还发现了一种反常的热稳定性现象,即晶粒尺寸越小,纳米晶体的热稳定性越好,表现为晶粒长大温度及激活能升高;12 nm 的 TiO_2 纳米晶则接近普通多晶的热稳定性。

同样是纳米晶体材料,合金及化合物纳米晶体的晶粒长大激活能往往较高,接近相应元素的体扩散激活能;而单质纳米晶体的长大激活能则较低,与界面扩散激活能相近。因此,在考虑纳米晶粒的长大问题时,不能沿用经典的晶粒长大理论,在此还存在一些未被完全认识的纳米晶体结构的本质影响因素,如在纳米结构材料中晶界通常为高能晶界,晶界的物理过程可能并不因为晶界能量高而引起晶界迁移,而是在升温过程中,首先在晶界内产生结构弛豫、引起原子重排,使结构趋于有序、以降低晶界自由能。这是因为晶界结构弛豫所需要的能量要小于晶界迁移能,升温过程中所提供的能量首先被消耗在晶界结构弛豫上,这就使纳米材料中的晶粒在较宽的温度范围内长大不明显。除界面能降低外,还有晶格畸变等本质结构特征可直接影响到纳米晶体材料的热稳定性。

纳米结构材料热稳定的核心问题是如何抑制晶粒长大,但晶粒长大只是纳米晶体结构失稳的表现形式之一,纳米晶体在外场(热、压力等)作用下也有可能发生如晶粒形态变化、溶质偏聚、第二相析出等微观结构变化过程,进而使其热学性能发生明显变化。

7.3.3 光学性能

光是一种电磁辐射,具有波、粒二象性,可见光的波长范围在 400 ~ 760 nm 之间。固体材料的光学性质与其内部的微结构,特别是电子态、缺陷态和能级结构有密切的关系。传统的光学理论大多是建立在具有平移周期性的晶态结构基础上的；20世纪70年代以来，通过对非晶态光学性质的研究又建立起描述无序系统光学现象的理论。但对于由纳米结构单元构成的、具有小尺度结构的纳米固体材料，由于其在结构上与常规的晶态和非晶态有很大的差别，使纳米材料的光学性质出现一些不同于常规晶态和非晶态的新现象。材料中的排列、图形等许多基本特征尺度都与光波波长接近，此类纳米结构使材料的一些光学性质，如光的透射、反射、散射、会聚、干涉等，都会发生变化和得到充分展现；材料中微粒的小尺寸效应、量子尺寸效应、表面效应以及大量缺陷的存在，又会导致一些新的光学响应，这将带来一场光学、光子和光色技术的革命，也使得在纳米尺度上操控材料的光学性能成为可能。

（1）对光的反射

一个物体对入射光的反射取决于受光表面的材料和结构。具有纳米结构的材料表面将具有特殊的光反射效果，如当入射光的波长与材料表面粗糙度结构的尺寸相当时，粗糙结构将形成一个图形，这种表面纳米结构图形对于反射光的控制有特别的影响。表面纳米粗糙结构和纳米孔洞等能表现出不同的光反射效果，自然界中一些生物的伪装便是其典型例子，如蝴蝶翅膀、鱼鳞及毛发等。蝴蝶的翅膀以令人惊奇的美丽方式对光进行反射，其原因就在于蝴蝶翅膀内有纳米尺度的完美结构。

科学家长期以来一直希望能找到一种可以吸收全部入射光、而不反射任何光的物质。借助于纳米材料，美国科学家于2008年1月宣布研制出世界上最黑的材料，已经无限接近了这一梦想。这种新材料是由极细的碳纳米管制成的，实验表明这种物质对光的吸收率高达99.9%，而折射率只有0.045%，比目前保持着世界最黑材料纪录的镍磷合金还黑3倍。

通常情况下，黑色材料的折射率一般为5%~10%。这种由碳纳米管制成的新材料比美国国家标准与技术研究院目前用做黑色基准的碳物质要黑近30倍。这种材料之所以如此之黑，主要有三方面的原因。第一，它由碳纳米管制成，这种由紧紧卷起的石墨碳片形成的细管的直径仅相当于人头发丝直径的四百分之一，而碳有助于光的吸收；第二，碳纳米管的排列像一堆草，管间的小间隙也能吸收一些光；第三，这种碳纳米管的表面是不规则的，降低了反射率。具有如此高效光吸收的材料可望用于对太阳能的吸收、转换中，具有相当广阔的商业开发前景。

（2）对光的透射

光在进入一定厚度的纳米结构材料（主要是纳米薄膜）后，往往会有一定大小的透射率。与一般的薄膜材料不同，纳米薄膜中如果其纳米结构不是连续的，存在许多朝向和角度不同的孔隙，则透光行为将表现出特殊性：好像是有一层纳米尺度的"百叶窗"，通过角度选择和波长选择，形成非常特殊而有趣的纳米光学现象。

（3）对光的折射

折射率是光波关于传播速度、方向以及在受光表面反射性质的量度，它可以决定物质是清澈透明的、还是浑浊模糊的，是无色的还是有色的。由于光子的动量在折射率变高或波长减小时变大，光子为了保持其和界面平行的动量分量而改变传播方向，因此纳米技术能够比以往任何技术都更有效地控制折射率，因为每个纳米颗粒都有一个不同的表面。利用纳米材料对光的散射，可制造出许多新的透明物质。

ZnO 是一种常用的白色遮光剂，且能强烈吸收紫外线，可用于人体肌肤的紫外防护。微米尺寸的 ZnO 能散射光波而呈现白色，如果将其粒度减小到 50 nm 甚至更小，则整个系统将变得透明，但仍然保留对紫外线的强烈吸收能力。因此纳米 ZnO 具有让所有的可见光通过、但在对紫外线的吸收方面甚至优于块体材料的奇异性质，可作为无色遮光剂应用于高档化妆品。

（4）对光的偏振

光波为横波，具有偏振特性。纳米材料能增强光的极化，在偏振光的应用中有特殊优势。现在已开发出纳米极化系统替代昂贵的石英晶体，其费用比石英晶体的五分之一还要低。

除以上在纳米材料中发生的基本光学现象外，纳米材料还在光子的辐射与捕获、光学成像与调制等诸多方面具有特殊性能和应用，并且随着以光子晶体、光波导为代表的光子技术的发展，纳米材料和纳米技术还将在光子存储和光电脑的研究发展中充分发挥作用。

7.3.4 电学性能

金属和合金材料的电导是人们长期关注的一个重要性质，高温超导的研究更是引起人们的研究热情，近年来纳米材料的出现又使人们对材料电导的研究进入了一个新的层次。由于纳米材料的颗粒尺寸小，偏离理想周期场的情况严重，电子的平均自由程短，体系中的电子输运行为出现一些新的特征，因此对纳米材料电学性能的研究产生了一些新的问题，如纳米金属、合金与常规金属、合金材料的电导行为是否相同，纳米材料电导与温度的关系如何，电子在纳米结构体系中的运动和散射有什么新特点，等等。

（1）电导（电阻）

对纳米 Ag - Cu 粉末导电性能的研究表明，随着退火温度的上升，纳米 Ag - Cu 粉末的电导率上升,在400 ℃时纳米 Ag – Cu 合金的电导率较之室温时的数值有了 3 ~4 倍的增长。这种变化主要与固溶体的分解和晶粒的长大有关,在400 ℃时晶粒的平均直径在 100 nm 左右,比室温时大了约 10 倍。对具有不同晶粒尺寸的纳米 Pd 块体的研究表明,纳米 Pd 块体的比电阻随粒径的减小而增大,并且所有粒径的纳米 Pd 晶试样的比电阻均比常规 Pd 块体的数值高。由上述结果,可以认为纳米金属和合金材料的电导特性强烈依赖于晶粒的尺寸,这就为控制材料的电学性能提供了一个自由度。

(2)电流 – 电压特性

纳米材料,尤其是纳米半导体材料中的电流 – 电压特性不一定是线性的,如对于利用高温、高压方法合成的 Mn – Ni 氧化物半导体纳米块体材料,在 4.5 GPa、450 ℃条件下形成的样品的电流 – 电压特性呈非线性特征,不满足欧姆定律;而在 4.5 GPa、600 ℃条件下形成的样品的电流 – 电压特性则是线性的。在纳米材料中出现的电流 – 电压特性非线性显然与样品的微观结构有关。在样品的制备过程中,纳米晶粒的表面和晶粒之间的界面存在无序结构,从而形成了大量无规则的缺陷,这些缺陷导致载流子的输运机制发生变化、带来电流 – 电压特性的非线性现象。随着热处理温度的提高,晶粒长大、晶形趋于完整,表面和界面的无序结构逐渐消失、缺陷减少,在材料中可实现良好的欧姆型电流 – 电压特性。

(3)介电特性

介电特性是材料的重要性能之一,当材料处于交变电场下,材料内部会发生极化,这种极化过程对交变电场有一个滞后响应时间,即弛豫时间。弛豫时间长,则会产生较大的介电损耗。纳米材料中的颗粒尺寸对介电常数和介电损耗有很大影响,其介电常数与交变电场的频率也有密切关系。例如纳米 TiO_2 在频率不太高的电场作用下,介电常数是随粒径的增大而增大的,但在达到某个最大值后开始下降,出现介电常数最大值时的粒径为 17.8 nm。一般来讲,纳米材料比块体材料的介电常数要大,介电常数大的材料可以应用于制造大容量的电容器,或者说在相同的电容量下可减小器件的体积,这对于电子设备的小型化而言无疑是很有用的。当前,纳米电子器件的研究已成为国际上纳米电子学的研究热点,基于纳米微粒量子隧道效应和库仑堵塞效应的单电子晶体管即是纳米材料诱人电学性能的集中体现。

7.3.5 磁学性能

物质的磁性与其组分、结构和状态有关。磁化强度、磁化率等磁性参数与材料中的晶粒大小、形状、第二相分布及缺陷密切相关;另一些参数,如饱和磁化强度、居里温度等则与物质中的相及其数量有关。在 3.2.3 中已经介绍过小尺寸的超微颗粒的磁学性质与大块材料的有显著不同，纳米颗粒的奇特磁性主要表现在超顺磁性、矫顽力、居里温度和磁化率等四个方面。由纳米颗粒构成的纳米固体材料与常规多晶和非晶材料在结构上，特别是磁结构上有很大的差别，相应地，其磁学性能也呈现出很多奇特之处。

1. 材料磁性与材料结构的关系

纳米固体材料，较之常规的多晶、非晶材料，有独特的结构，磁结构的特殊带来不同的磁化特点，进而使材料表现出独特的磁性。如纳米固体材料中的磁化率 $\chi(=\mu_r-1)$、磁化强度 $M(=\chi H)$ 等磁性参量与物质的晶粒大小、形状及缺陷等密切相关；居里温度 T_c 等与物质中的相分布（组成、数量）有关系，等等。

在纳米晶 Fe 中，每个纳米 Fe 颗粒均为一个单独的铁磁畴，相邻晶粒的磁化受晶粒的各向异性和磁交互作用的共同影响。由于晶粒的取向很混乱，使材料中的磁化交互作用仅限于几个晶粒的范围、没有长程的交互作用，而不像常规的 Fe 晶体中可通过磁畴壁的运动来实现材料的磁化。

纳米固体材料中的独特组成结构还会产生一些新的磁特性。对于颗粒组元，纳米级颗粒有高的矫顽力 H_c 和低的居里温度 T_c；颗粒粒径 d 小于某个临界值时将出现超顺磁性；磁化率 χ 与粒径 d 的关系取决于颗粒中电子数的奇偶性，等等。对于界面组元，由于其结构与粗晶粒差别很大，其本身的磁性即具有独特性，如磁各向异性能小于晶粒内部，居里温度 T_c 比大块多晶的低，等等。所以在纳米固体材料中，纳米微晶结合庞大比例的界面，使纳米材料具有独特的磁性。

2. 纳米材料的磁特性

(1) 饱和磁化强度 M_S

纳米晶 Fe 也有铁磁性，但其饱和磁化强度 M_S 比常规 Fe 材料的要低。铁的 M_S 取决于短程结构，纳米晶 Fe 中的界面短程序与常规 Fe 材料中的不一样，如原子间距较大等，使其 M_S 降低。故纳米材料中饱和磁化强度 M_S 的下降表明庞大比例的界面对材料的磁化是不利的，磁畴壁的运动将受到界面的阻碍。

(2) 磁性转变

在纳米固体材料中，随着颗粒粒径的下降，材料的磁化特性可能会发生改变。如对于具有抗磁性（$\chi<0$）的金属 Sb，将其结构纳米化后，纳米晶 Sb 将变为顺磁性（$\chi>0$）。

（3）超顺磁性

纳米结构材料中的界面体积分数很大，界面的磁各向异性常数小于晶粒内部，使得磁有序较易实现，超顺磁性容易出现。如 $\alpha - Fe_2O_3$ 纳米粉体在室温下具有明显的超顺磁性。

（4）居里温度 T_c

纳米晶材料具有较低的居里温度 T_c，这是由于材料中的磁畴小、静电交换作用弱造成的。如 85nm 的 Ni 的 T_c 比常规粗晶的低 8℃，70nm 的 Ni 更要低 40℃。T_c 的降低不单纯是由于大量界面引起时，晶粒组元也会有所贡献。

纳米晶材料的磁性与晶粒粒径、界面原子分数以及界面原子结构之间的关系仍需进一步的阐明。

（5）巨磁电阻效应

具有各向异性的磁性金属材料，在磁场作用下电阻下降的现象称为磁电阻效应。下式中施加磁场前、后材料电阻 $R(0)$、$R(H)$ 的相对变化率即为磁电阻效应的定义式。

$$\Delta R = \frac{R(H) - R(0)}{R(0)} < 0$$

ΔR 一般约为百分之几，如坡莫合金（$Ni_{81}Fe_{19}$）的磁电阻在 5 K 时为 -15%，在室温时仍有 -2.5%。磁电阻效应具有各向异性，表明其来自于各向异性的散射，如自旋－轨道耦合和低对称性的势散射中心。磁性金属和合金材料一般都有磁电阻效应，该效应现在主要应用于读出磁头、传感器和磁电阻型随机存取存储器（MRAM）。

巨磁电阻效应（giant magnetoresistance—GMR）是指在一定的磁场下材料的电阻急剧减小，一般减小的幅度比通常磁性金属与合金材料的磁电阻数值高约 10 余倍。

巨磁电阻效应是近 20 年来发现的一种新现象。1986 年，德国尤利西研究中心的 Peter Grünberg 教授首光在 Fe/Cr/Fe 多层膜中观察到反铁磁层间耦合；1988 年，法国巴黎大学的 Albert Fert 教授研究组首先在 Fe/Cr 多层膜中发现了巨磁电阻效应：$\Delta R = -50\%$，比一般磁电阻效应大一个数量级，且为负值、各向同性。

此类发现在国际上引起了很大的反响。20 世纪 90 年代，人们在 Fe/Cu、Fe/Al、Fe/Ag、Fe/Au、Co/Cu、Co/Ag 和 Co/Au 等纳米结构的多层膜中观察到了显著的巨磁电阻效应，由于巨磁电阻多层膜在高密度读出磁头、磁存储元件方面有广阔的应用前景，美国、日本和欧盟都对发展巨磁电阻材料及其在高技术上的应用投入了很大的力量。先后独立在纳米材料体系（人工纳米结构磁性金属膜）中发现巨磁电阻效应的 Albert Fert 和 Peter Grünberg 两位教授在一起荣获新材料国际奖、欧洲物理学大奖、日本奖和沃尔夫奖等多项国际科学大奖后，又于2007年共同获得了诺贝尔物理学奖。

依据材料体系的不同，巨磁电阻效应可划分为人工超晶格、金属多层膜的巨磁电阻效应（GMR）、颗粒膜的巨磁电阻效应（GMR）、氧化物的庞磁阻效应（CMR）和隧道磁电阻效应（TMR）等四类，下面分别加以简要介绍。

1）人工超晶格、金属多层膜的巨磁电阻效应

1988年，Fert教授研究组首先在Fe/Cr多层膜中发现了巨磁电阻效应，样品为具有纳米结构的金属多层膜体系（图7-5为其结构示意图），即在（100）GaAs基片上用分子束外延（MBE）生长单晶（100）Fe/Cr/Fe三层膜及（Fe/Cr）超晶格薄膜，发现当顺磁性的Cr层薄至9Å厚时，在4.2K低温下，当所加外磁场为20kOe（相邻Fe层磁矩平行排列）及不加外磁场（相邻Fe层磁矩反平行排列）时，前者的电阻只有后者的一半（$\Delta R = -50\%$）。

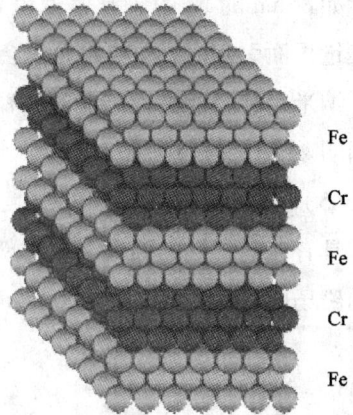

图7-5 发现巨磁电阻效应的纳米结构金属多层膜体系示意图

稍后研究表明（Fe/Cr）超晶格在1.5K时，ΔR达-220%。在铁磁层（Fe、Co、Ni及合金）和非磁层（3d、4d及5d非磁层金属）交叠的纳米多层膜中，有许多都具有GMR效应。

现在认为磁性金属多层膜中的巨磁电阻效应依赖于相邻铁磁层磁矩的相对取向，而外磁场的作用不过是改变相邻铁磁层中磁矩的相对取向，这说明电子的输运与电子的自旋散射相关。

在与自旋有关的s-d散射中，当传导电子的自旋与铁磁金属的自旋向上3d子带（多数电子自旋）平行时，其平均自由程长，相应的电阻率低；而当传导电子的自旋与自旋向下的3d子带平行（即与多数电子的自旋反平行）时，其平均自由程短，相应的电阻率就高。

因此，当相邻铁磁层的磁矩以反铁磁方式耦合、反方向平行排列时，在一个铁磁层受较弱散射的传导电子（即其自旋方向平行于多数子带电子的自旋方向）进入另一铁磁层后必受较强的散射（其自旋方向仅与少数子带电子的自旋方向平行），故对所有传导电子而言均受到较强的散射；而当相邻铁磁层的磁矩在磁场的作用下趋于平行排列时，自旋向上的电子在所有铁磁层中均受到较弱的散射，相当于处于短路状态，电导率较高。此即基于Mott模型对巨

磁电阻效应的简单解释,图7－6为该过程的简单示意图。

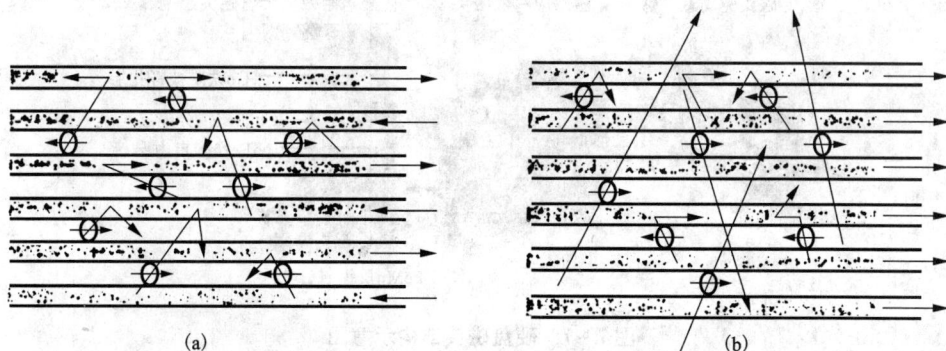

图7－6 金属纳米多层膜中传导电子所受散射情况的示意图

(a)未加磁场;(b)施加磁场

在通常的金属磁性多层膜中存在较强的层间反铁磁耦合作用,必须施加较强的外磁场才能使相邻铁磁层的磁矩转变为平行排列,即巨磁电阻效应必须在非常高的饱和外磁场(10到20 kOe)下才能达到,所以磁电阻的灵敏度很小。为解决此类难题,人们设法通过各种人为的方式,使不存在(或有很弱)交换耦合的相邻铁磁层的磁矩在一定的磁场下从平行排列变到反平行排列,或者发生相反的变化,此即自旋阀(spin valve)结构。

自旋阀通常分为两种基本方式:一种是被非磁层分开的两软磁层之一用反铁磁层(FeMn,NiO)通过交换作用钉扎;另一种是具有不同矫顽力 H_c 的两铁磁层(一软一硬)用非磁层分开。

在自旋阀中,未被钉扎的软磁层或低 H_c 的铁磁层在较弱的磁场的作用下,其磁矩能较自由地反转,因此在较小磁场下能使系统的电阻率发生很大变化,从而使其磁电阻的灵敏度很高。目前的应用开发大都采用自旋阀结构。图7－7为硬盘磁头结构示意图。

2)颗粒膜的巨磁电阻效应

在人工纳米结构磁性金属膜中,除超晶格和多层膜之外,还有一类重要的颗粒膜,即将纳米微粒镶嵌在互不固溶的薄膜中所形成的复合薄膜,它具有微粒和薄膜的双重特性及其交互作用。

受多层膜巨磁电阻效应研究的样品材料体系启发,颗粒膜中的巨磁电阻效应研究集中在以 Cu、Ag 为基体,与 Fe、Co、Ni 等金属和合金所构成的两大颗粒膜系列。

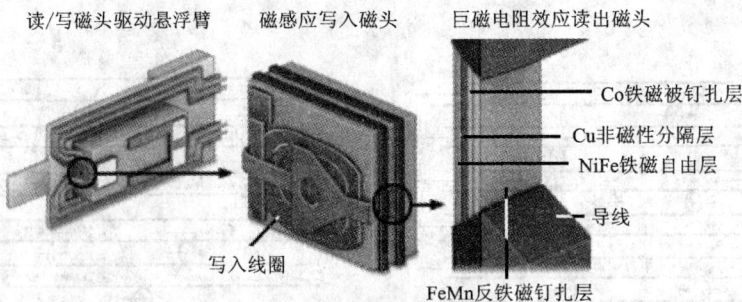

读/写磁头驱动悬浮臂　　磁感应写入磁头　　巨磁电阻效应读出磁头

Co铁磁被钉扎层

Cu非磁性分隔层

NiFe铁磁自由层

导线

写入线圈

FeMn反铁磁钉扎层

图 7 – 7　硬盘磁头结构示意图

在颗粒膜中, 铁族元素所占的体积百分比为 15% ~25%, 低于形成网络状结构的逾渗阀值, 即保持 Fe 等铁磁性成分以微粒的形式镶嵌于 Cu、Ag 薄膜之中。微粒的最佳尺寸为几纳米到几十个纳米, 如此尺寸的铁磁颗粒在室温下处于超顺磁状态, 在基体薄膜内一般呈无规分布的, 图 7 – 8 为其结构示意图。

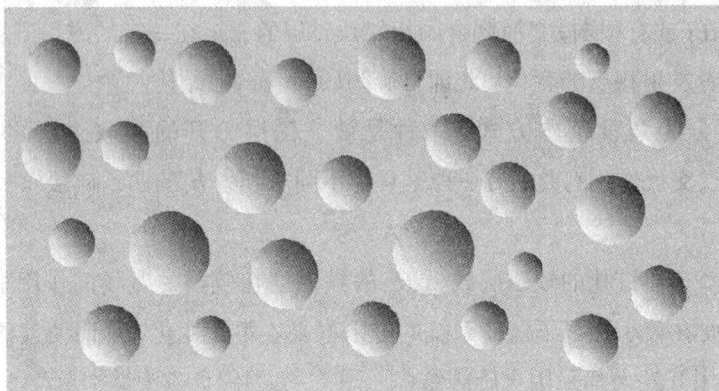

图 7 – 8　颗粒膜结构示意图

对颗粒膜的巨磁电阻效应也可以用与自旋相关的散射来解释, 并以界面散射为主。理论研究表明颗粒膜的巨磁电阻效应与磁性颗粒的粒径成反比, 即与颗粒的表面积成反比。

颗粒膜中的巨磁电阻效应目前以 Co – Ag 体系为最高, 在液氮温度下可达 55%, 在室温下也可达到 20%, 而目前实用的磁性合金仅为 2% ~3%。但在实际使用中, 由于铁磁颗粒在室温下处在超顺磁状态，颗粒膜要获得巨磁电阻效应需要非常高的饱和外磁场，如何降低颗粒膜巨磁电阻效应要求的饱和磁场是当前颗粒膜研究的主要目标。

颗粒膜中的铁磁性颗粒一般很小，处于顺磁状态，带来高饱和外磁场的问题；但如果颗粒较大、大于电子的平均自由程，则对传导电子的散射中心将减少，使巨磁电阻效应下降。因此需探索最佳的颗粒尺寸和体积百分数，实现尽量提高工作温度、降低外加磁场等应用目标。

颗粒膜制备工艺比较简单，成本比较低，一旦在降低饱和磁场等方面获得突破，则有很大的应用潜力。现在在 FeNi – Ag 颗粒膜中发现磁电阻饱和磁场的最小值约为 30 A/m，这个指标已和实用化的多层膜体系比较接近，从而为颗粒膜在低磁场中的应用展现了一线曙光。

3）氧化物的庞磁阻效应（colossal magnetoresistance—CMR）

过渡金属阳离子都有未被填满的 d 壳层，具有磁矩 m。在其氧化物中，阳离子因被氧离子隔离而无直接的交换作用，但可通过阳离子的激发电子态发生超交换作用，形成磁有序结构。由于电子局域，这类磁有序氧化物具有很高的电阻率。

1994 年，在钙钛矿结构 Mn 系氧化物中，如 $Nd_{0.7}Sr_{0.3}MnO_3$，在 60 K 低温下、外磁场为 80 kOe 时，$\Delta R/R_H$ 达 1.06×10^6%；$Nd_{0.65}Sr_{0.35}MnO_3$ 在低于 30 K、外磁场为 50 kOe 的条件下，其电阻率 ρ 可从 10^3 $\Omega \cdot m$ 下降到 10^{-4} $\Omega \cdot m$。

氧化物中之所以会产生这种具有庞大数值的磁阻效应，是由于在一定范围的磁场作用下，氧化物可从顺磁性或反铁磁性变为铁磁性，同时从半导体的导电特性转变为金属性，从而使其电阻率产生几个数量级的变化。

近年来在 La – Ca – Mn – O 系的材料中也发现了庞磁阻效应，加磁场后的电阻变化率 $\Delta R/R_H$ 可达到 $10^3 \sim 10^6$。这种材料的铁磁性的根源在于双交换相互作用，而且磁性转变与绝缘体 – 金属转变相邻近（属于 Mott 转变的一种特例，即氧化物材料除了由于温度或压力改变可引起从绝缘体到金属的相变外，磁场作用也可产生类似效果，此类转变主要由电子关联导致）。

4）隧道磁电阻效应（tunneling magnetoresistance—TMR）

在由磁性金属/非磁绝缘体/磁性金属构成的纳米多层膜体系中，隧道电导与铁磁金属电极的磁化方向有关，此现象被称为磁隧道阀效应，又称隧道磁电阻。

设两铁磁金属层的磁化方向平行（P）和反平行（A）时的电阻为 R_P、R_A，则隧道磁电阻为：$TMR = (R_P - R_A)/R_A$。

隧道磁电阻的作用机制为：在"磁性金属/非磁绝缘体/磁性金属"（FM/I/FM）隧道结结

构中，若两铁磁电极的磁化方向平行，一个电极中的多数自旋子带的电子将进入另一个电极中的多数自旋子带的空态，同时少数自旋子带的电子也将进入另一电极的少数自旋子带的空态；若两电极的磁化方向反平行，则一电极中的多数自旋子带的电子自旋与另一电极中少数自旋子带的电子的自旋平行，于是隧道电导过程中一个电极中的多数自旋子带的电子必须在另一个电极中寻找少数自旋子带的空态，因而其隧道电导必然与两电极在磁化方向平行时的电导有所差别。如在 $Fe/Al_2O_3/Fe$ 磁隧道结中，隧道磁电阻在室温及 4.2 K 低温下分别为15.6% 和 23%。

在隧道磁电阻效应中，在较小的外磁场下，矫顽力 H_c 较小的铁磁层中的磁化方向首先反转，实现隧道磁电阻的极大值。因此隧道磁电阻效应的磁场灵敏度很高，$Fe/Al_2O_3/Fe$ 的磁场灵敏度为 8% /Oe，$Co/Al_2O_3/Co$ 的磁场灵敏度为 5% /Oe，这是多层膜巨磁电阻效应及氧化物庞磁阻效应远难企及的。

值得指出的是，巨磁电阻效应现在已获得了广泛的应用，并且是"前途广阔的纳米技术领域的首批实际应用之一"（瑞典皇家科学院对 2007 年度诺贝尔物理学奖获奖成就的评价），因为该发现得益于 20 世纪 80 年代中期开始的纳米技术的进步——使他们可以在真空环境中制造只有几个原子层厚的金属薄膜，而这在以前是无法想象的。

在多层膜巨磁电阻效应被发现后仅六年的 1994 年，IBM 公司研究员 Stuart Parkin 研制出新型的利用巨磁电阻效应的读出磁头，利用巨磁电阻效应的读出磁头将磁盘记录密度一下子提高了 17 倍，达 5 Gbit/in^2，最近报道为 40 Gbit/in^2，从而使磁盘在与光盘的竞争中重新处于领先地位。利用磁电耦合效应，可以用最大的密度和最小的单位面积存储数据，且读、写的速度非常快，这对后来计算机（如硬盘）和移动电子设备（如 MP3）的发展起了非常大的作用，也给 IBM 带来了上百亿美元的收入。

由于巨磁电阻效应大，易使器件小型化、廉价化，除读出磁头外，同样可应用于测量位移、角度等方面的传感器中，也广泛地应用于数控机床、汽车测速、非接触开关、旋转编码器中，与光电等机理的传感器相比，它具有功耗小、可靠性高、体积小、能工作于恶劣工作条件等优点。

利用巨磁电阻效应在不同的磁化状态具有不同电阻值的特点，可以制成磁随机存储器（magnetic random access memory—MRAM），其优点是在无电源的情况下可继续保留信息，是一种非挥发性存储器（nonvolatile memories），即在电源断开之后，原来存储的信息不会被"挥发"掉。此外，其存、取时间可低于 3ns，优于静态存储器（SRAM），存储密度高于动态存储器（DRAM）。MRAM 还具有抗辐射、低成本、长寿命等优点，成为可与半导体随机存储器（DRAM、SRAM）和铁电存储器等相竞争的新型内存储器，其商业化生产的年产值可望超过千亿美元，这也是美国克林顿政府大幅度增加纳米科技经费的主要依据。

　　基于巨磁电阻效应的应用也极大地促进了自旋电子学的发展。自旋电子学是电子学的一个新兴领域，其英文名称为 Spintronics（利用 spin transport electronics 的前缀及字尾组合而成），是利用电子的自旋属性进行工作的电子学。当初系美国军方研究机构国防高等技术研究署（defense advanced research project agency—DARPA）于 1994 年开始支持发展的项目，其目的是创造新一代的电子器件。由于自旋有两个状态（自旋向上和自旋向下），因此利用到自旋的器件将比传统上只利用到电荷的器件有更强的功能。目前已发展出的主要器件是利用与自旋有关的隧穿效应以及巨磁电阻效应来制作的磁场侦测器，以及磁随机存取内存（MRAM）。

思 考 题

1. 纳米固体在结构上具有什么特点？
2. 当前制备纳米金属与合金材料的三种主要方法各是怎样的？
3. 纳米相陶瓷具有什么优点？其制备过程是由哪三个主要部分构成的？
4. 纳米固体材料的反常力学特性在 Hall－Petch 关系式上是如何反映的？
5. 纳米陶瓷材料为什么可能具有室温超塑性？
6. 纳米材料的热稳定性主要体现在哪些方面？
7. 纳米固体材料具有哪些奇特的光学性能？
8. 纳米材料中的颗粒大小对材料的电性有何影响？
9. 纳米固体材料的磁性有哪些特殊之处？
10. 巨磁电阻效应可划分为哪四类？目前该效应已有哪些重要应用？
11. 根据所学专业，查阅文献后举例说明纳米固体材料的应用领域和优势。

参 考 文 献

[1] R. Shankar, Plenum Press, Principles of Quantum Mechanics (2nd edition). New York and London, 1994

[2] 曾谨言. 量子力学卷 I（第五版）. 北京：科学出版社，2013

[3] G. Grosso, G. P. Parravicini. Solid State Physics (2nd edition). Academic Press, 2014

[4] 冯端，金国钧. 凝聚态物理学(上卷). 北京：高等教学出版社，2013

[5] W. A. de Heer. The physics of simple metal clusters：experimental aspects and simple models. Rev. Mod. Phys. , 1993, 65：611–676

[6] 张立德，牟季美. 纳米材料和纳米结构. 北京：科学出版社，2001

[7] 黄昆. 固体物理学(第二版). 北京：高等教育出版社，1988

[8] 谢希德，陆栋. 固体能带理论. 上海：复旦大学出版社，1999

[9] Charles Kittel, John Wiley & Sons. Introduction to Solid state Physics. New York：Inc, 1996

[10] 张立德. 纳米材料. 北京：化学工业出版社，2000

[11] 刘吉平，郝向阳. 纳米科学与技术. 北京：科学出版社，2002

[12] 薛增泉. 纳米科技探索. 北京：清华大学出版社，2002

[13] 朱静. 纳米材料和器件. 北京：清华大学出版社，2003

[14] 薛增泉，刘惟敏. 纳米电子学. 北京：电子工业出版社，2003

[15] 杜磊，庄奕琪. 纳米电子学. 北京：电子工业出版社，2004

[16] Donald A. Neamen(美)著；赵毅强，姚素英，解晓东等译. 半导体物理与器件(第三版). 北京：电子工业出版社，2005

[17] Guozhong Cao, Ying Wang，董兴龙译. 纳米结构和纳米材料：合成、性能及应用. 北京：高等教育出版社，2012

[18] 黄开金. 纳米材料的制备及应用. 北京：冶金工业出版社，2009

[19] 梁勇，冯钟潮. 激光制备纳米材料、膜及应用. 北京：化学工业出版社，2006

[20] 李凤生，刘宏英，刘雪东，姜炜. 微纳米粉体制备与改性设备. 北京：国防工业出版社，2004

[21] 朱红. 纳米材料化学及其应用. 北京：清华大学出版社，2009

[22] 李群. 纳米材料的制备与应用技术. 北京：化学工业出版社，2008

[23] 杨立荣，王春梅. 氧化锌纳米材料制备及应用. 北京：化学工业出版社，2016

［24］　曹茂盛. 材料合成与制备方法. 哈尔滨：哈尔滨工业大学出版社，2001

［25］　孙玉绣. 纳米材料的制备方法及其应用. 北京：中国纺织出版社，2010

［26］　高积强，杨建锋，王红洁. 无机非金属材料制备方法. 西安：西安交通大学出版社，2009

［27］　倪星元，沈军，张志华. 纳米材料的理化特性与应用. 北京：化学工业出版社 2006

［28］　张志琨，崔作林. 纳米技术与纳米材料. 北京：国防工业出版社，2000

［29］　顾宁，付德刚，张海黔. 纳米技术与应用. 北京：人民邮电出版社，2002

［30］　朱屯等. 国外纳米材料技术进展与应用. 北京：化学工业出版社，2002

［31］　周瑞发等. 纳米材料技术. 北京：国防工业出版社，2003

［32］　许并社等. 纳米材料及应用技术. 北京：化学工业出版社，2004

［33］　张全勤，张继文. 纳米技术新进展. 北京：国防工业出版社，2005

［34］　施利毅. 纳米科技基础. 上海：华东理工大学出版社，2005

［35］　任峰. 离子注入法制备纳米颗粒及其光学性质和电子显微学研究（博士学位论文）. 武汉：武汉大学，2006

［36］　纳米技术手册编辑委员会（日本）编/王鸣阳译. 纳米技术手册. 北京：科学出版社，2005

［37］　傅献彩，沈文霞，姚天扬. 物理化学. 北京：高等教育出版社，1990

［38］　王中林主编. Handbook of Nanophase and Nanostructured Materials. 北京：清华大学出版社，2002

［39］　贾冲. 利用氧化铝模板合成准一维纳米结构（博士学位论文）. 合肥：中国科学技术大学，2005

［40］　陈翌庆. 准一维纳米材料的气相合成、结构表征和物性（博士学位论文）. 合肥：中国科学技术大学，2003

［41］　雷勇. 纳米结构氧化钛微阵列体系和金属复型阵列模板的制备、结构和物性研究（博士学位论文）. 合肥：中国科学院固体物理研究所，2001.

［42］　张信义. 准一维纳米材料有序微阵列体系的模板合成及表征（博士学位论文）. 合肥：中国科学院固体物理研究所，2001.

［43］　霍海滨. 一维半导体纳米材料及其电子和光电子器件研究（博士学位论文）. 北京：北京大学，2007

［44］　李武. 无机晶须. 北京：化学工业出版社，2005

［45］　王中林主编. Nanowires and Nanobelts – – Materials, Properties and Devices Vol：Metal and Semiconductor Nanowires. 北京：清华大学出版社，2002

［46］　王中林主编. Nanowires and Nanobelts – – Materials, Properties and Devices Vol：Nanowires and Nanobelts of Functional Materials. 北京：清华大学出版社，2002

［47］　白春礼. 纳米科技及其发展前景. 科学通报，2001，46（2）：89 – 92

［48］　T. W. Odom, J. L. Huang, C. L. Cheung, and C. M. Lieber. Magnetic Clusters on Single – Walled

Carbon Nanotubes: The Kondo Effect in a One – Dimensional Host. Science, 2000, 290: 1549 – 1552

[49] M. S. Gudiksen and C. M. Lieber. Diameter – Selective Synthesis of Semiconductor Nanowires. J. Am. Chem. Soc. 2000, 122: 8801 – 8802

[50] Y. Cui, X. Duan, J. Hu, and C. M. Lieber. Doping and Electrical Transport in Silicon Nanowires. J. Phys. Chem. B, 2000, 104: 5213 – 5216

[51] X. Duan, J. Wang and C. M. Lieber. Synthesis and optical properties of gallium arsenide nanowires. Appl. Phys. Lett. , 2000, 76: 1116 – 1118

[52] X. Duan and C. M. Lieber. General Synthesis of Compound Semiconductor Nanowires. Adv. Mat. , 2000, 12: 298 – 302

[53] X. Duan and C. M. Lieber. Laser – Assisted Catalytic Growth of Single Crystal GaN Nanowires. J. Am. Chem. Soc. 2000, 122: 188 – 189

[54] Y. Huang, X. Duan, Y. Cui, L. Lauhon, K. Kim, and C. M. Lieber. Logic Gates and Computation from Assembled Nanowire Building Blocks. Science, 2001, 294: 1313 – 1317

[55] J. Wang, M. S. Gudiksen, X. Duan, Y. Cui, and C. M. Lieber. Highly Polarized Photoluminescence and Photodetection from Single Indium Phosphide Nanowires. Science, 2001, 293: 1455 – 1457

[56] Y. Cui, Q. Wei, H. Park, and C. M. Lieber. Nanowire Nanosensors for Highly Sensitive and Selective Detection of Biological and Chemical Species. Science, 2001, 293: 1289 – 1292

[57] Y. Cui, L. J. Lauhon, M. S. Gudiksen, J. Wang and C. M. Lieber. Diameter – controlled synthesis of single – crystal silicon nanowires. Appl. Phys. Lett. 2001, 78: 2214 – 2216

[58] M. Ouyang, J. L. Huang, C. L. Cheung, and C. M. Lieber. Energy Gaps in "Metallic" Single – Walled Carbon Nanotubes. Science, 2001, 292: 702 – 705

[59] Y. Huang, X. Duan, Q. Wei, and C. M. Lieber. Directed Assembly of One – Dimensional Nanostructures into Functional Networks, Science 2001, 291: 630 – 633

[60] X. Duan, Y. Huang, Y. Cui, J. Wang, and C. M. Lieber. Indium phosphide nanowires as building blocks for nanoscale electronic and optoelectronic devices. Nature, 2001, 409: 66 – 69

[61] X. Duan, Y. Huang, Y. Cui, and C. M. Lieber. Nonvolatile Memory and Programmable Logic From Molccule – Gated Nanowires. Nano Lett. 2002, 2: 487 – 490

[62] Y. Wu, R. Fan, P. Yang. Block – by – block growth of Si/SiGe superlattice nanowires. Nano. Lett, 2002 (2): 83 – 86

[63] L. J. Lauhon, M. S. Gudiksen, D. Wang, and C. M. Lieber. Epitaxial Core – Shell and Core – Multi – Shell Nanowire Heterostructures. Nature, 2002, 420: 57 – 61

[64] M. S. Gudiksen, L. J. Lauhon, J. Wang, D. Smith, and C. M. Lieber. Growth of Nanowire Superlattice Structures for Nanoscale Photonics and Electronics. Nature, 2002, 415: 617 – 620

[65] J. Hu, T. W. Odom, and C. M. Lieber. Chemistry and Physics in One Dimension: Synthesis and Properties of Nanowires and Nanotubes. Acc. Chem. Res. , 1999, 32: 435 – 445

[66] M. Morales and C. M. Lieber. A Laser Ablation Method for the Synthesis of Crystalline Semiconductor Nanowires. Science, 1998, 279: 208 – 211

[67] T. W. Odom, J. L. Huang, P. Kim, and C. M. Lieber. Atomic structure and electronic properties of single – walled carbon nanotubes. Nature, 1998, 391: 62 – 64

[68] P. Yang and C. M. Lieber. Nanostructured high – temperature superconductors: creation of strong – pinning columnar defects in nanorod/superconductor composites. J. Mater. Res. , 1997, 12: 2981 – 2996

[69] P. Yang and C. M. Lieber. Nanorod – Superconductor Composites: A Pathway to High Critical Current Density Materials. Science, 1996, 273: 1836 – 1840

[70] Y. Qin, X. D. Wang and Z. L. Wang. Microfibre nanowire hybrid structure for energy scavenging. Nature, 2008, 451: 809 – 813

[71] X. D. Wang, J. Zhou, J. H. Song, J. Liu, N. S. Xu and Z. L. Wang. Piezoelectric Field Effect Transistor and Nanoforce Sensor Based on a Single ZnO Nanowire. Nano Lett. , 2006, 6: 2768 – 2772

[72] J. H. Song, J. Zhou and Z. L. Wang. Piezoelectric and Semiconducting Coupled Power Generating Process of a Single ZnO Belt/Wire. A Technology for Harvesting Electricity from the Environment. Nano Letters, 2006, 6: 1656 – 1662

[73] B. A. Buchine, W. L. Hughes, F. L. Degertekin and Z. L. Wang. Bulk Acoustic Resonator Based on Piezoelectric ZnO Belts. Nano Lett. , 2006, 6: 1155 – 1159

[74] Z. L. Wang and J. H. Song. Piezoelectric Nanogenerators Based on Zinc Oxide Nanowire Arrays. Science, 2006, 312: 242 – 246

[75] Z. L. Wang. The new field of nanopiezotronics. Materials Today, 2007, 10: 20 – 28

[76] Z. L. Wang. Nanopiezotronics. Adv. Mater. , 2007, 19: 889 – 892

[77] P. G. Gao, J. H. Song, J. Liu and Z. L. Wang. Nanowire Piezoelectric Nanogenerators on Plastic Substrates as Flexible Power Sources for Nanodevices. Adv. Mater. , 2007, 19: 67 – 72

[78] F. Keller, M. S. Hunter, D. L. Robinson. Structural features of oxide coatings on aluminum. J. Electrochem. Soc. , 1953, 100: 411 – 419

[79] C. R. Martin. Nanomaterials: A Membrane – Based Synthetic Approach Science 1994, 266: 1961 – 1966

[80] 苏育志, 龚克成. 纳米结构材料的模板合成方法. 材料科学与工程, 1999, 4: 20 – 24

[81] H. Masuda, K. Fukuda. Ordered Metal Nanohole Arrays Made by a Two – Step Replication of Honeycomb Structures of Anodic Alumina. Science, 1995, 268: 1466 – 1468

[82] C. A. Foss, G. L. Hornyak, J. A. Stockert, C. R. Martin. Optical properties of composite membranes containing arrays of nanoscopic gold cylinders. J. Phys. Chem., 1992, 96: 7497 – 7499

[83] C. A. Foss, M. J. Tierney, C. R. Martin. Template synthesis of infrared – transparent metal microcylinders: comparison of optical properties with the predictions of effective medium theory. J. Phys. Chem., 1992, 96: 9001 – 9009

[84] G. L. Hornyak, C. J. Patrissi, et al. Fabrication, Characterization, and Optical Properties of Gold Nanoparticle/Porous Alumina Composites: The Nonscattering Maxwell – Garnett Limit. J. Phys. Chem. B, 1997, 101: 1548 – 1555

[85] C. A. Foss, et al. Template – synthesized nanoscopic gold particles: optical spectra and the effects of particle size and shape. J. Phys. Chem., 1994, 98: 2963 – 2971

[86] B. B. Lakshmi, P. K. Dorhout, et al. Sol – Gel Template Synthesis of Semiconductor Nanostructures. Chem. Mater., 1997, 9: 857 – 862

[87] C. R. Martin, R. V. Parthasarathy. Polymeric microcapsule arrays. Adv. Mater. 1995, 7: 487 – 488

[88] R. V. Parthasarathy, C. R. Martin. Synthesis of polymeric microcapsule arrays and their use for enzyme immobilization. Nature, 1995, 369: 298 – 301

[89] V. P. Menon, J. Lei, et al. Investigation of Molecular and Supermolecular Structure in Template – Synthesized Polypyrrole Tubules and Fibrils. Chem. Mater., 1996, 8: 2382 – 2390

[90] G. L. Che, B. B. Lakshmi, et al. Carbon nanotubule membranes for electrochemical energy storage and production. Nature, 1998, 393: 346 – 349

[91] H. Masuda, M. Satoh. Single Electron Device with Asymmetric Tunnel Barriers Jpn. J. Appl. Phys., 1996, 35: 1126 – 1131

[92] H. Masuda, M. Yotsuya, M. Asano, K. Nishio. Self – repair of ordered pattern of nanometer dimensions based on self – compensation properties of anodic porous alumina. Appl. Phys. Lett., 2001, 78: 826 – 828

[93] T. Yanagishita, K Nishio, M. Nakao, A. Fujishima, H. Masuda. Synthesis of Diamond Cylinders with Triangular and Square Cross Sections Using Anodic Porous Alumina Templates. Chem. Lett. 2002 (31): 976.

[94] T. Yanagishita, M. Sasaki, K Nishio, H. Masuda. Carbon Nanotubes with a Triangular Cross – section, Fabricated Using Anodic Porous Alumina as the Template. Adv. Mater., 2004, 16: 429 – 432

[95] P. Hoyer and H. Masuda. Electrodeposited nanoporous TiO film by a two – step replication process from

anodic porous alumina. J. Mater. Sci. Lett. , 1996, 15: 1228 – 1230

[96] P. Li, F. Muller, et al. Hexagonal pore arrays with a 50 420 nm interpore distance formed by self – organization in anodic alumina. J. Appl. Phys. 1998, 84: 6023 – 6026

[97] H. Masuda, H. Yamada, M. Satoh, et al. Highly ordered nanochannel – array architecture in anodic alumina. Appl. Phys. Lett. , 1997, 71: 2770 – 2772

[98] Y. Li, G. W. Meng, L. D. Zhang, et al. Ordered semiconductor ZnO nanowire arrays and their photoluminescence properties. Appl. Phys. Lett. 2000, 76: 2011 – 2013

[99] Jessensky, F. M ller, U. G sele. Self – Organized Formation of Hexagonal Pore Structures in Anodic Alumina. J. Electrochem. Soc. , 1998, 145: 3735 – 3740

[100] 徐源, G. E. Thompson, G. C. Wood. 多孔型铝阳极氧化膜孔洞形成过程的研究. 中国腐蚀与防腐学报, 1989, 9: 1

[101] R. C. Furneaux, W. R. Rigby, A. P. Davidson. The formation of controlled – porosity membranes from anodically oxidized aluminium. Nature, 1989, 337: 147 – 149

[102] C. G. Jin, G. Q. Zhang, T. Qian, X. G. Li and Z. Yao. Large – Area Sb_2Te_3 Nanowire Arrays. J. Phys. Chem. B, 2005, 109: 1430 – 1432

[103] Wu G S, Lin Y, Zhang L D et al. A novel synthesis route to Y_2O_3: Eu nanotubes. Nanotechnology, 2004, 15: 568 – 572

[104] K. Geim, K. S. Novoselov. The rise of graphene. Nat. Mater. , 2007, 6, 183 – 191.

[105] Y. Zhang, Y. W. Tan, H. L. Stormer, et. al. , Experimental observation of the quantum Hall effect and Berry's phase in graphene. Nature, 2005, 438, 201 – 204.

[106] C. Lee, X. Wei, J. Kysar, et. al. , Measurement of the elastic properties and intrinsic strength of monolayer graphene. Science, 2008, 321, 385 – 388.

[107] K. Geim, Graphene: status and prospects. Science, 2009, 324, 1530 – 1534.

[108] K. S. Novoselov, A. K. Geim, S. V. Morozov, et. al. , Electric field effect in atomically thin carbon films. Science, 2004, 306, 666 – 669.

[109] H. Li, G. Lu, Y. Wang, et. al. , Mechanical exfoliation and characterization of single – and few – layer nanosheets of WSe_2, TaS_2, and $TaSe_2$. Small, 2013, 9, 1974 – 1981.

[110] S. Chandra, S. Kandambeth, B. P. Biswal, et. al. , Chemically stable multilayered covalent organic nanosheets from covalent organic framework via mechanical delamination. J. Am. Chem. Soc. , 2013, 135, 17853 – 17861.

[111] Y. Hernandez, V. Nicolosi, M. Lotya, High – yield production of graphene by liquid – phase exfoliation of

graphite. Nat. Nanotech. , 2008, 3, 563 – 568.

[112] J. N. Coleman, M. Lotya, A. O'Neill, et. al. , Two – dimensional nanosheets produced by liquid exfoliation of layered materials. Science, 2011, 331, 568 – 571.

[113] K. G. Zhou, N. N. Mao, H. X. Wang, et. al. , A mixed – solvent strategy for efficient exfoliation of inorganic graphene analogues. Angew. Chem. Int. Ed. , 2011, 50, 10839 – 10842.

[114] M. B. Dines, Lithium intercalation via n – butyllithium of layered transition – metal dichalcogenides, Mater. Res. Bull. , 1975, 10, 287 – 291.

[115] E. Benavente, M. A. Santa Ana, F. Mendizabal, et. al. , Intercalation chemistry of molybdenum disulfide. Coord. Chem. Rev. , 2002, 224, 87 – 109.

[116] G. Eda, H. Yamaguchi, D. Voiry, et. al. , Photoluminescence from chemically exfoliated MoS$_2$. Nano Lett. , 2011, 11, 5111 – 5116.

[117] Z. Zeng, Z. Yin, X. Huang, et. al. , Single – layer semiconducting nanosheets: high yield preparation and device fabrication. Angew. Chem. Int. Ed. , 2011, 50, 11093 – 11097.

[118] Z. Zeng, T. Sun, J. Zhu, et. al. , An effective method for the fabrication of few – layer – thick inorganic nanosheets. Angew. Chem. Int. Ed. , 2012, 51, 9052 – 9056.

[119] L. Liu, T. Yao, X. Tan, et. al. , Room – temperature intercalation – deintercalation strategy towards VO$_2$ (B) single layers with atomic thickness. Small, 2012, 8, 3752 – 3756.

[120] J. Feng, X. Sun, C. Wu, et. al. , Metallic few – layered VS$_2$ ultrathin nanosheets: high two – dimentional conductivity for in – plane supercapacitors. J. Am. Chem. Soc. , 2011, 133, 17832 – 17838.

[121] M. Naguib, M. Kurtoglu, V. Presser, et. al. , Two – dimensional nanocrystals produced by exfoliation of Ti3AlC2. Adv. Mater. , 2011, 23, 4248 – 4253.

[122] M. Naguib, O. Mashtalir, J. Carle, et. al. , Two – dimensional transition metal carbides. ACS Nano, 2012, 6, 1322 – 1331.

[123] X. Li, W. Cai, J. An, et. al. , Large – area synthesis of high – quality and uniform graphene films on copper foils. Science, 2009, 324, 1312 – 1314.

[124] Y. Zhan, Z. Liu, S. Najmaei, et. al. , Large – area vapor – phase growth and characterization of MoS$_2$ atomic layers on a SiO$_2$ substrate. Small, 2012, 8, 966 – 971.

[125] Y. H. Lee, X. Q. Zhang, W. Zhang, et. al. , Synthesis of large – area MoS2 atomic layers with chemical vapor deposition. Adv. Mater. , 2012, 24, 2320 – 2325.

[126] N. D. Boscher, C. J. Carmalt, R. G. Palgrave, et. al. , Atomspheric pressure CVD of molybdenum diselenide films on glass. 2006, 12, 692 – 698.

[127] C. J. Carmalt, I. P. Parkin, E. S. Peters, Atomspheric pressure chemical vapour deposition of WS_2 thin films on glass. 2003, 22, 1499 – 1505.

[128] K. T. Nam, S. A. Shelby, P. H. Choi, et. al, Free – floating ultrathin two – dimensional crystals from sequence – specific peptoid polymers. Nat. Mater. , 2010, 9, 454 – 460.

[129] K. Baek, G. Yun, Y. Kim, et. al. , Free – standing, single – monomer – thick two – diminsional polymers through covalent self – assembly in solution. J. Am. Chem. Soc. , 2013, 135, 6523 – 6528.

[130] X. Zhang, J. Zhang, J. Zhao, et. al. , Half – metallic ferromagnetism in synthetic Co_9Se_8 nanosheets with atomic thickness. J. Am. Chem. Soc. , 2012, 134, 11908 – 11911.

[131] C. Schliehe, B. H. Juarez, M. Pelletier, et. al. , Ultrathin PbS sheets by two – dimensional oriented attachment. Science, 2010, 329, 550 – 555.

[132] H. Qin, D. Wang, Z. Huang, et. al. , Thickness – controlled synthesis of ultrathin Au sheets and surface plasmonic property. J. Am. Chem. Soc. , 2013, 135, 12544 – 12547.

[133] X. Huang, S. Li, Y. Huang, et. al. , Synthesis of hexagonal close – packed gold nanostructures. Nat. Commun. , 2011, 2, 292.

[134] X. Huang, S. Tang, X. Mu, et. al. , Free – standing palladium nanosheets with plasmonic and catalytic properties. Nat. Nano. , 2011, 6, 28 – 32.

[135] H. Wang, H. Dai, Strongly coupled inorganic – nano – carbon hybrid materials for energy storage. Chem. Soc. Rev. , 2013, 42, 3088 – 3113.

[136] L. Wang, D. Wang, X. Y. Dong, et. al. , Layered assembly of graphene oxide and Co – Al layered double hydroxide nanosheets as electrode materials for supercapacitors. Chem. Commun. , 2011, 47, 3556 – 3558.

[137] R. R. Nair, H. A. Wu, P. N. Jayaram, I. V. Grigorieva, A. K. Geim, Unimpeded permeation of water through helium – leak – tight graphene – based membranes. Science, 2012, 335, 442 – 444.

[138] H. Li, Z. Song, X. Zhang, et. al. , Ultrathin, molecular – sieving graphene oxide membranes for selective hydrogen separation. Science, 2013, 342, 95 – 98.

[139] Y. Peng, Y. Li, Y. Ban, et. al. , Metal – organic framework nanosheets as building blocks for molecular sieving membranes. Science, 2014, 346, 1356 – 1359.

[140] H. Li, Z. Yin, Q. He, et. al. , Fabrication of single – and multilayer MoS_2 film – based field – effect transistors for sensing NO at room temperature. Small, 2012, 8, 63 – 67.

[141] B. Radisavljevic, A. Radenovic, J. Brivio, et. al. , Single – layer MoS2 transistors. Nat. Nano. , 2011, 6, 147 – 150.

[142] S. Gao, Y. Lin, X. Jiao, et. al., Partially oxidized atomic cobalt layers for carbon dioxide electroreduction to liquid fuel. Nature, 2016, 529, 68 – 71.

[143] L. J. Guo. Recent Progress in Nanoimprint Technology and Its Applications. J. Phys. D：Appl. Phys., 2004, 37：P123, P141

[144] P. Choi, P. F. Fu, and L. J. Guo. Siloxane Copolymers for Nanoimprint Lithography. Adv. Funct. Mater. 2007, 17：65 – 70

[145] L. J. Guo. Nanoimprint Lithography：Methods and Material Requirements. Adv. Mater. 2007, 19：495 – 513

[146] E. C. Greyson, Y. Babayan, and T. W. Odom. Directed Growth of Ordered Arrays of Small – Diameter ZnO Nanowires. Adv. Mater. 2004, 16：1348 – 1352

[147] X. D. Wang, C. J. Summers, and Z. L. Wang. Large – Scale Hexagonal – Patterned Growth of Aligned ZnO Nanorods for Nano – optoelectronics and Nanosensor Arrays. Nano Lett., 2004, 4：423 – 426

[148] M. Geissler and Y. N. Xia. Patterning：Principles and Some New Developments. Adv. Mater. 2004, 16：1249 – 1269

[149] S. Y. Chou, P. R. Krauss, W. Zhang, L. J. Guo, and L. Zhuang. Sub – 10 nm Imprint Lithography and Applications. J. Vac. Sci. Technol. B, 1997, 15(6)：2897 – 2904

[150] 罗先刚, 姚汉民, 严佩英, 陈旭南, 冯伯儒. 纳米光刻技术. 物理, 2000, 29：358 – 363

[151] 耿磊, 陈勇. 纳米光刻技术现状与进展. 世界科技研究与发展, 2005, 27：7 – 11

[152] 崔铮, 陶佳瑞. 纳米压印加工技术发展综述. 世界科技研究与发展, 2004, 26：7 – 12

[153] 杨向荣, 张明, 王晓临, 曹万强. 新型光刻技术的现状与进展. 材料导报, 2007, 21：102 – 104

[154] 赵保军, 王英, 张亚非. 几种纳米加工技术的原理、特点及其应用. 纳米加工工艺, 2007, 4：44 – 48

[155] Y. N. Xia, Y. D. Yin, Y. Lu, and J. Mclellan. Template – Assisted Self – Assembly of Spherical Colloids into Complex and Controllable Structures. Adv. Funct. Mater. 2003, 13：907 – 918

[156] Tao, F. Kim, C. Hess, J. Goldberger, R. He, Y. Sun, Y. N. Xia, and P. D. Yang. Langmuir – Blodgett Silver Nanowire Monolayers for Molecular Sensing Using Surface – Enhanced Raman Spectroscopy. Nano Lett., 2003, 3：1229 – 1233

[157] D. Whang, S. Jin, Y. Wu, and C. M. Lieber. Large – Scale Hierarchical Organization of Nanowire Arrays for Integrated Nanosystems. Nano Lett., 2003, 3：1255 – 1259

[158] P. X. Gao and Z. L. Wang. Nanopropeller Arrays of Zinc Oxide. Appl. Phys. Lett., 2004, 84：2883 – 2885

[159] 刘欢, 翟锦, 江雷. 纳米材料的自组装研究进展. 无机化学学报, 2006, 22：585 – 597